恐龙图鉴

张玉光 主编
央美阳光 绘

青岛出版社
QINGDAO PUBLISHING HOUSE

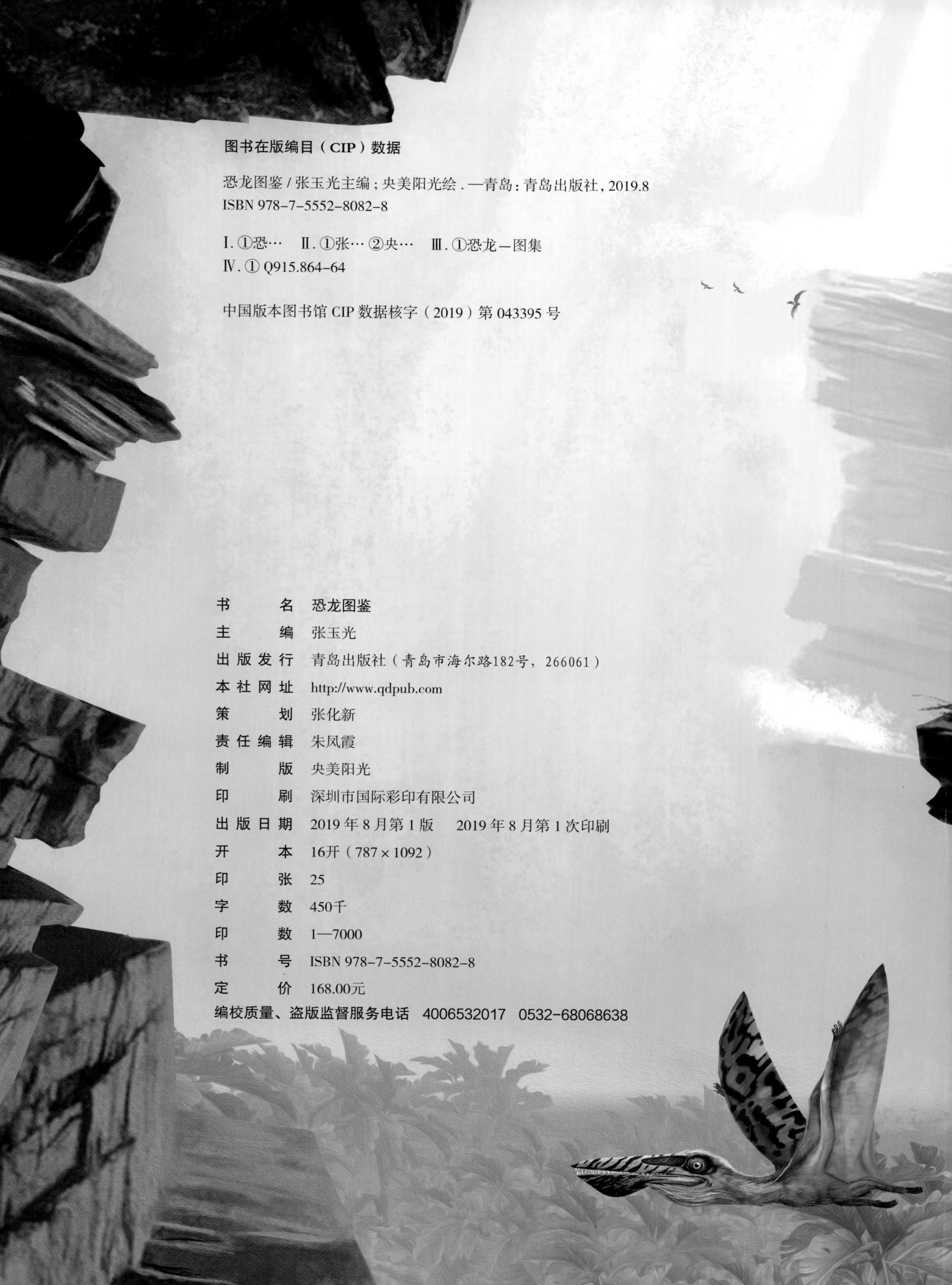

图书在版编目（CIP）数据

恐龙图鉴 / 张玉光主编；央美阳光绘．—青岛：青岛出版社，2019.8
ISBN 978-7-5552-8082-8

Ⅰ.①恐… Ⅱ.①张… ②央… Ⅲ.①恐龙－图集
Ⅳ.① Q915.864-64

中国版本图书馆 CIP 数据核字（2019）第 043395 号

书　　名　恐龙图鉴
主　　编　张玉光
出版发行　青岛出版社（青岛市海尔路182号，266061）
本社网址　http://www.qdpub.com
策　　划　张化新
责任编辑　朱凤霞
制　　版　央美阳光
印　　刷　深圳市国际彩印有限公司
出版日期　2019 年 8 月第 1 版　2019 年 8 月第 1 次印刷
开　　本　16开（787 × 1092）
印　　张　25
字　　数　450千
印　　数　1—7000
书　　号　ISBN 978-7-5552-8082-8
定　　价　168.00元
编校质量、盗版监督服务电话　4006532017　0532-68068638

前 言

Preface

我们脚下这颗巨大的星球已经诞生46亿多年了。在这漫长的时间里，除了最初的荒凉死寂，地球上曾先后出现了无数多姿多彩的生命。它们的足迹遍布全球，活跃在世界的每个角落：有的振翅高飞，翱翔于九天之上；有的占据一方，在陆地上称王称霸；有的舒展身体，在碧海中尽情徜徉……不过，没有哪一类史前生命像恐龙那样令人瞩目，独霸陆地1.6亿多年。恐龙时代是地球历史中令人惊心动魄的一段时期，也是一段充满光辉、令人热血沸腾的岁月。

现在呈现在广大读者面前的《恐龙图鉴》一书，凝铸着作者多年来在恐龙领域探索的心血。本书最大的特色是引导读者“认真做学问，轻松玩科普”，匠心独具地将原本一个个枯燥乏味、专业性极强的术语和知识点通过通俗轻松的语言、精美逼真的手绘插图、灵活多变的编排方式变得生动有趣起来。在编纂过程中，作者博采众长、实事求是，从化石开始，一步步引领读者深入神秘的恐龙王国，力图将有血有肉的中生代霸主——恐龙进行几近真实的还原，把这些“古动物明星”的真实面貌与生活展现在读者面前。

怎么挖掘恐龙化石？哪里才有恐龙化石分布？怎样区分植食恐龙与肉食恐龙？鸟类难道真的是恐龙的后裔吗？……一个个谜团，一个个疑问，基本可以在本书中找到答案。

全书通过20余万文字的权威叙述，全面揭秘恐龙和其他史前动物的奥秘；以600幅栩栩如生的手绘插图，海量复原各种各样的恐龙和其他远古生物；更有350余幅珍贵的化石标本和恐龙专家科考的照片，给广大恐龙爱好者带来一场“饕餮盛宴”。

从现在开始，让我们一起踏上探索恐龙世界的旅途，和恐龙面对面交流吧。

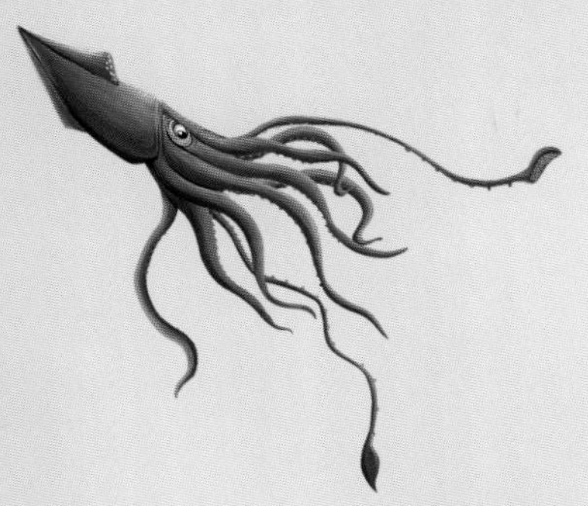

目 录

Contents

1 Part 走进神秘的恐龙世界

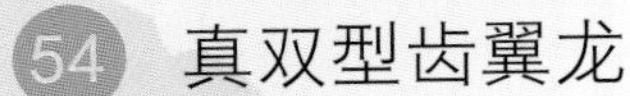

2 Part 不为人知的恐龙故事

3 Part 形形色色的恐龙家族

4 Part 恐龙精英的私密档案

5 Part 恐龙与鸟的千古“姻缘”

6 Part 进化路上的“同行者”

1 *Part*

走进神秘的恐龙世界

难言的过去

遥远的46亿年前，经过极其漫长、复杂的演化之后，在原本混沌的世界中诞生了宇宙中的新成员——地球。从此，这个舞台上开启了丰富多彩、万物竞流的新局面。之后的数亿年间，地球在逐级“进步”，不但经历了沧海桑田的海陆变迁，还带来了生命世界的无比繁荣与兴盛。在这充满无穷奥秘的地球生命演化史册上，毋庸置疑，恐龙曾是非常耀眼的动物“主角”。那么，兼具霸气与智慧的远古恐龙究竟是如何演化而来的？这其中似乎有证可循，但也少不了科学家在无数实证基础上的预言与推断。现在，让我们依据一些蛛丝马迹来还原那段鲜为人知的历史……

46亿年前

生命的摇篮

地球形成之初，火山活动异常频繁。水蒸气、氢气、甲烷、二氧化碳等地球内部的气体不断被携带到地球表面。随着时间的推移，它们慢慢形成大气层。后来，地球渐渐冷却，火山蒸汽遇冷，形成雨水降落到地面。随着雨水越来越多，原始的浩瀚海洋便形成了。

细菌与能量

多数科学家认为：原始海洋形成以后，一次偶然机会，溶解在海水里的含碳物质发生了系列化学反应。就这样，小小的细菌诞生了。细菌在增殖的过程中要不断消耗能量。但是，因为资源供给非常有限，它们之间不免要产生竞争。正是由于竞争，这些原始生命才得以发展进化。令人惊喜的是，在进化过程中，细菌可以进行光合作用，从阳光中汲取能量。

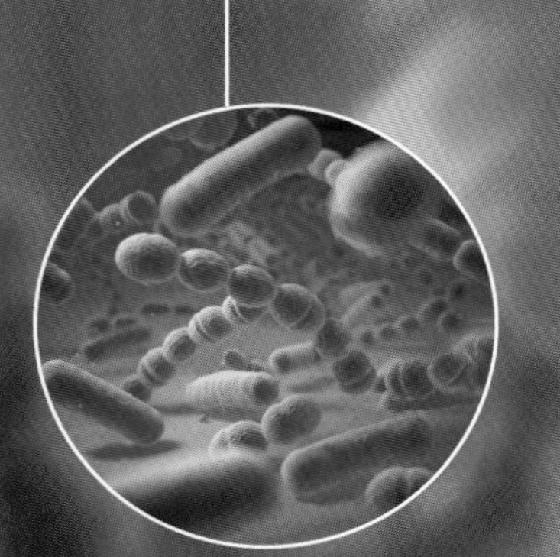

28 亿年前

蓝绿藻

在距今 28 亿年前的海洋里，蓝绿藻（又称“蓝藻”）出现了，成为地球上最早出现的原核生物。它们能进行光合作用，释放一定的氧气。它们死亡后，与泥沙沉积物混合，可形成能“呼吸”的叠层石。

生命的“黑烟囱”

许多科学家认为，原始生命很有可能出现在38亿年前的深海里。人们在深海中发现了一种形似“黑烟囱”的热泉，在它周围有许多含有养分的化学物质。最重要的是，在“黑烟囱”的四周生活着大量原始生物。科学家推测，这应该就是早期原始生命的萌芽地。直到现在，在水温可达300℃、压力超强的热泉周围，仍然呈环带状分布、生存着许多蠕虫和贝类生物。

海底热泉

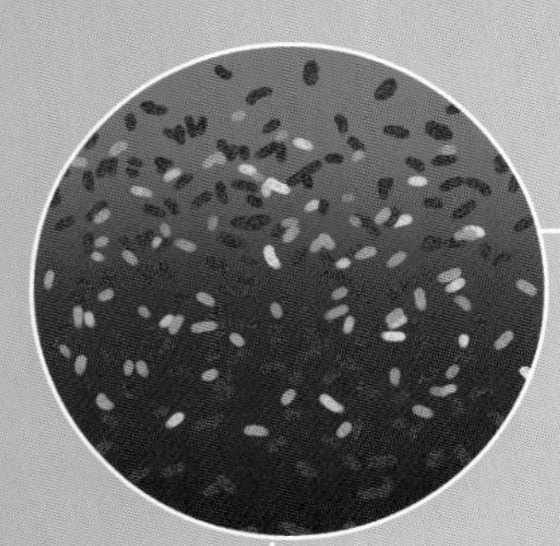

38亿年前

原始生命

现在

蠕虫和贝类生物

叠层石的秘密

叠层石是蓝藻等浮游生物繁衍生息形成的生物遗迹岩石。蓝藻能够进行光合作用，释放出氧气，从而使地球适宜孕育更多的高等生命，为生物进化铺平了道路。

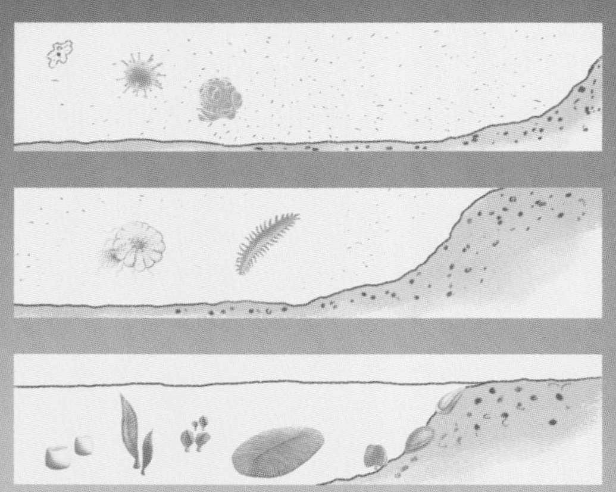

原始的低等动物

随着时间的推移，在神秘的海底以及附近区域出现了一些身体柔软的低等动物。它们没有头尾，没有四肢，甚至没有口和消化器官。这类动物形似植物，体形微小，数量庞大，大多固着在海底，依靠从水流中摄取营养维持生存。那时的海洋环境非常平静安详，几乎没有外来威胁。所以，它们既没有进攻的秘密武器，也没有用来御敌的法宝，一直过着平静安逸的水下“桃源生活”。

埃迪卡拉动物群

1947 年，古生物学家在澳大利亚南部的埃迪卡拉山附近发现了大量的古生物化石。经研究，这些化石距今已有约 5.6 亿年的历史。与现生动物身体结构呈两侧对称不同，化石所显示的生物身体结构大都呈辐射对称。它们被称为“埃迪卡拉动物群”。

埃迪卡拉动物群

你知道吗？

科学家们研究发现，大多数来自埃迪卡拉的动物身体是扁平的。这是为什么呢？其实，这与它们当时生存的环境有关。在那时，大气中氧气的含量只有 1% 左右，远远不及现在大气中氧气的含量。动物要想维持生命，就得扩大表面积，以获取更多的氧气。

无脊椎动物大爆发

埃迪卡拉动物群只兴盛了较短的时间就灭绝了。在之后很长一段时间内，早期生物的发展似乎一直处在停滞不前的状态。直到5.4亿年前的寒武纪，生物界才迎来真正的春天，门类众多、具有坚硬外壳的无脊椎动物在短短数百万年间爆发式地涌现出来。

三叶虫是寒武纪时期出现的非常具有代表性的无脊椎动物。它们因背甲从横、纵两方面都可分为三部分而得名。它们生命力非常强。在漫长的岁月长河中，三叶虫演化出了众多的种类。迄今为止，人们已经在寒武纪的岩层中发现了上万种三叶虫化石。

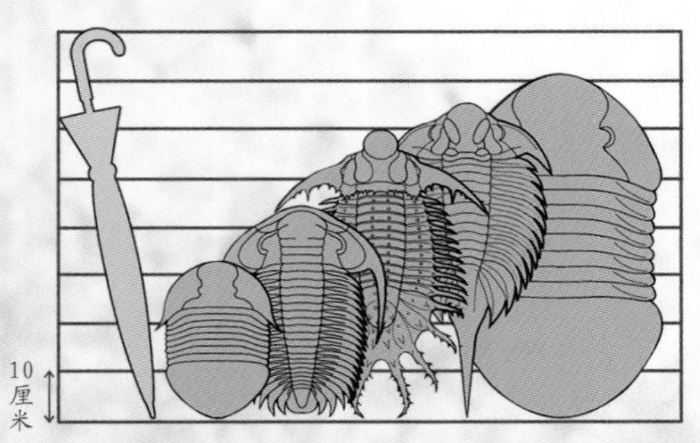

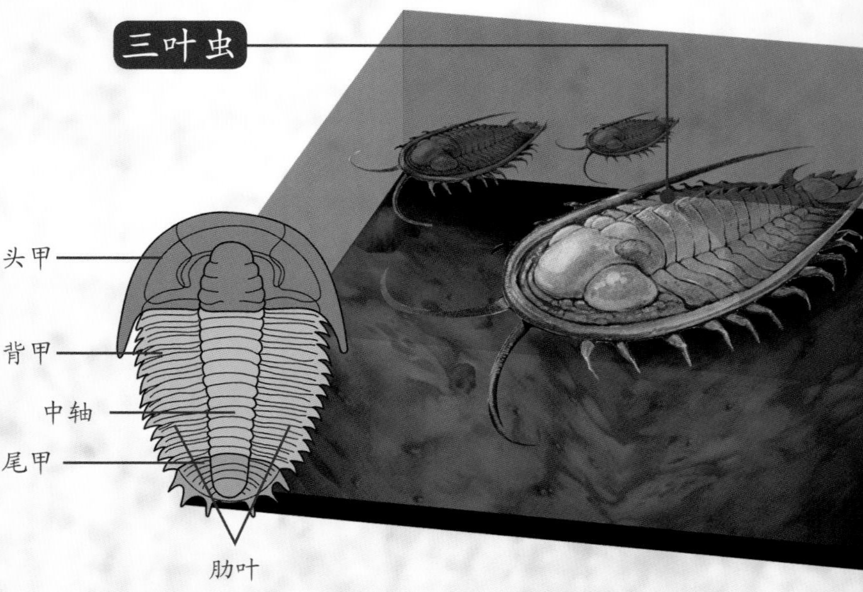

脊椎动物抢占一席之地

进入奥陶纪以后，海洋生物的进化进入高潮阶段。就是在这一时期，原始脊椎动物——无颌鱼类开始出现。这对于后续脊椎动物的繁荣和发展具有非常重要的意义，尽管当时无脊椎动物仍是生物界的霸主。

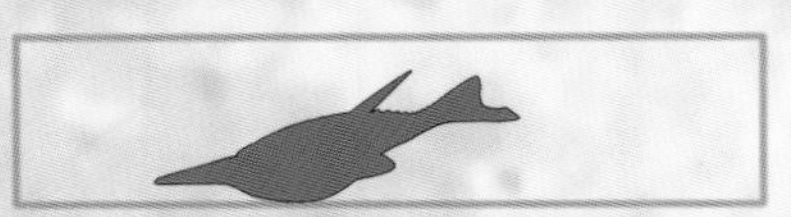

无颌类

无颌类没有上下颌骨，嘴巴无法灵活地张合，身体内没有骨化的脊椎，只能依靠不停地吮吸或水的自然流动来进食。

奇虾的体长可达1米。它们被研究者们认为是寒武纪时期海洋里的顶级掠食者。其头部长有巨爪，而且上面布满尖刺。虽然这种大家伙没有腿，但凭借柔软的多节身躯和体侧的片状物，它们可以自如地游动。此外，奇虾的眼睛构造也十分复杂。它们视力非凡，能让很多猎物无所遁形。

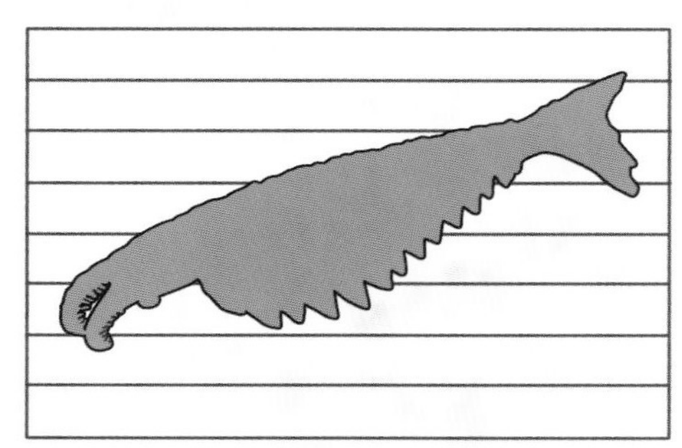

奇虾

有颌鱼类

在距今约4.2亿年前的志留纪末期，经过漫长的演化与发展，有颌鱼类走上了历史舞台。其中最具代表性的是盾皮鱼和棘鱼。

盾皮鱼

动物登陆

距今大约 4 亿年前，随着大陆板块的不断漂移、整合，一些原本生活在海洋里的鱼类“跑”到了内陆腹地的河流与湖泊中。可是，多变的气候时常让它们面临缺水的艰难考验。为了不再受水的限制，一些鱼类进化出了除鳃之外的另一种呼吸器官——肺。而且，在漫长的进化过程中，它们的鱼鳍变成了可以支撑身体重量的四肢。于是，在泥盆纪晚期，最早的两栖动物出现了。

原始肺鱼登上陆地　　石炭纪时期的两栖动物——双螈

爬行动物异军突起

科学家们推测，或许早在两栖动物出现后不久，爬行动物就已经作为一种新生力量出现了。虽然这一说法尚未被证实，但可以肯定的是，在石炭纪晚期，很多具有代表性的爬行动物已经在陆地上生活。

早期爬行类林蜥　　西洛仙蜥

摆脱限制

尽管爬行动物还不具备完善的体温调节系统，在极端天气来临时仍需要靠休眠来保存体力，但与两栖动物相比，它们具有了羊卵膜，可以摆脱对水的依赖，能够在陆地上繁衍生息。

异齿龙

恐龙的黄金时代

在爬行动物空前繁荣的时代，恐龙作为一个小小的分支逐渐发展起来。可是，这种能四肢直立、在体形和运动能力上拥有很大优势的动物一开始却备受欺凌。面对其他动物的公然挑衅，它们只能忍气吞声，在夹缝中默默生存。直到三叠纪晚期，恐龙借大灭绝事件的契机才发展起来，并逐渐建立了霸主地位。在此后的侏罗纪、白垩纪时期，这些实力军一直以统治者的身份主宰着整个动物界。

寻根溯源

恐龙的祖先是谁？其实多年来这一问题的答案一直存在着争议，直到人们在三叠纪早期的岩层中发现了兔鳄化石。化石显示：这只兔鳄前肢短小，后肢能够直立，尾巴翘起，有早期恐龙的影子。于是，有些科学家推断兔鳄就是恐龙的祖先。

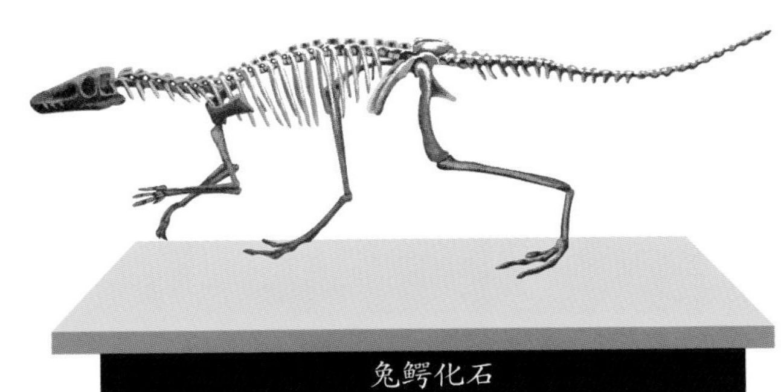
兔鳄化石

兔鳄复原图

横行“专权”

白垩纪时期，一些恐龙凭借家族势力在动物界有了“话语权”。它们藐视一切，将那些胆敢与自己相抗的对手打得节节溃败。尤其是霸王龙等大型杀手，更是被动物们视为不可侵犯的“神圣至尊”。

霸王龙在捕猎

恐龙是“石头”

在 19 世纪之前，人们对恐龙几乎一无所知。直到英国的曼特尔夫妇发现了一些奇怪的石头，恐龙才开始走进人们的视野。随着恐龙化石一点儿一点儿被发现，恐龙的面貌越来越清晰。如今，再提起恐龙，几乎无人不知、无人不晓。在屏幕里，恐龙威风霸气、勇猛无敌，其王者之气令人热血沸腾。可是，无论怎样演绎，现实中的恐龙也只是一堆不会动的“石头”罢了。为了让这些“石头”能“说话”，一群“固执”的学者前赴后继地投身于恐龙的探寻、研究之中，并乐此不疲。

恐龙复原图

化石骨骼复原

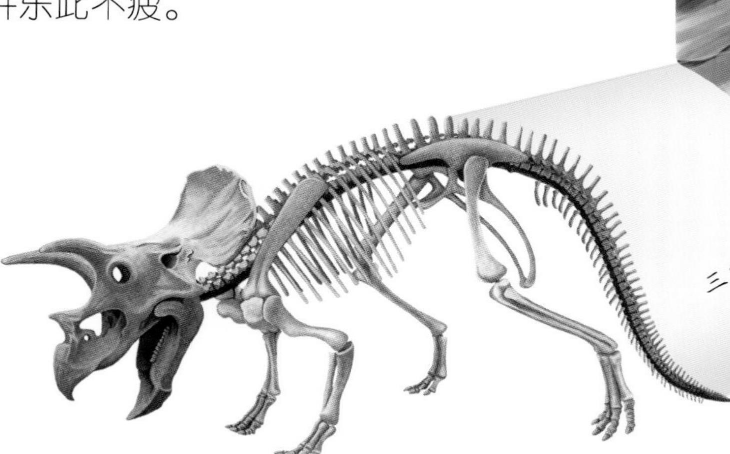

三角龙骨架

永川龙头骨

高圆球虫化石

何为化石?

截至今天，人类对于恐龙的认知几乎全部来自全世界不同地点产出的恐龙化石。化石是指生物死亡后，经过漫长的地质作用，其埋藏在地壳中的遗体、遗迹发生石化作用变成的像石头一样的东西。化石很坚硬，在地壳中保存的时间长得令人难以置信。它们是被保存下来的生物实证，跨越上亿年的时光，只为向人们揭开史前生物生存的秘密。

邂逅恐龙

对于许多人来说，1822 年也许是极为普通的一年，但对英国的乡村医生吉迪恩·曼特尔和他的夫人来说，这一年显得非同寻常。就是在这一年，曼特尔夫妇偶然间发现了一堆奇怪的骨骼和牙齿化石。凭着自己的一些解剖学基础知识，曼特尔医生将这些化石的主人画成了一只巨大的蜥蜴。可以说，这些化石就是打开恐龙研究大门的钥匙。

禽龙化石和曼特尔医生创作的恐龙画像

曼特尔夫妇

理查德·欧文

其实，在曼特尔夫妇之前，恐龙化石就曾被发现过，只不过由于那时知识水平有限，人们还不能对这些化石进行正确的解释。比如：早在 1000 多年前的中国晋朝就有人发现过恐龙化石，当时人们把这些化石当成了传说中的龙骨；1677 年，一个叫普洛特的英国人发现并记录了恐龙化石，还将其写进一本自然历史书中，但他并没有认识到这些化石的主人就是恐龙。直到曼特尔夫妇发现了禽龙化石，并进行了研究，人们才知道这些化石所显示的生物属于一种类似鬣蜥的早已灭绝的爬行动物。

1842 年，英国著名的博物学家、解剖学家理查德·欧文将这个物种的动物命名为“恐龙”。

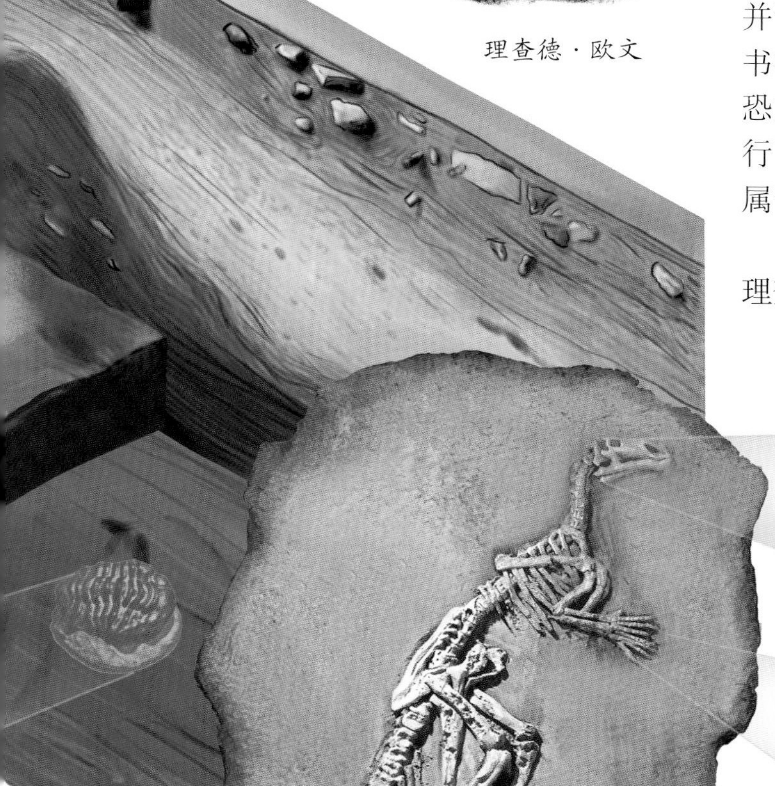

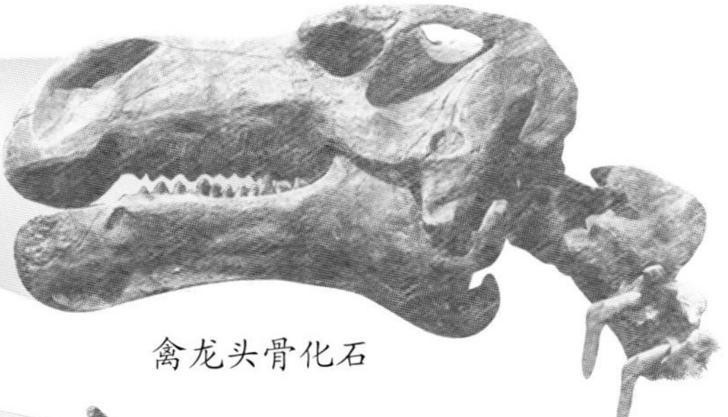

禽龙头骨化石

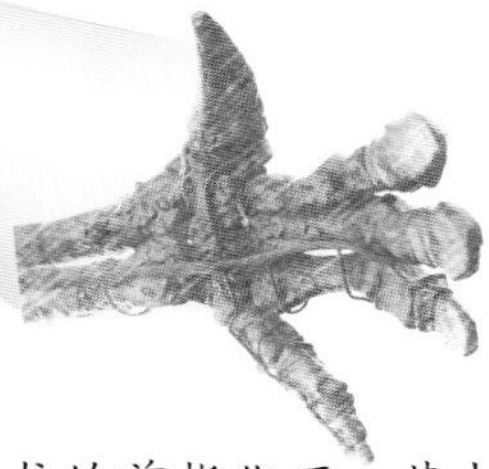

禽龙牙齿化石

禽龙的前指化石，其大拇指爪曾被当成鼻角

禽龙化石

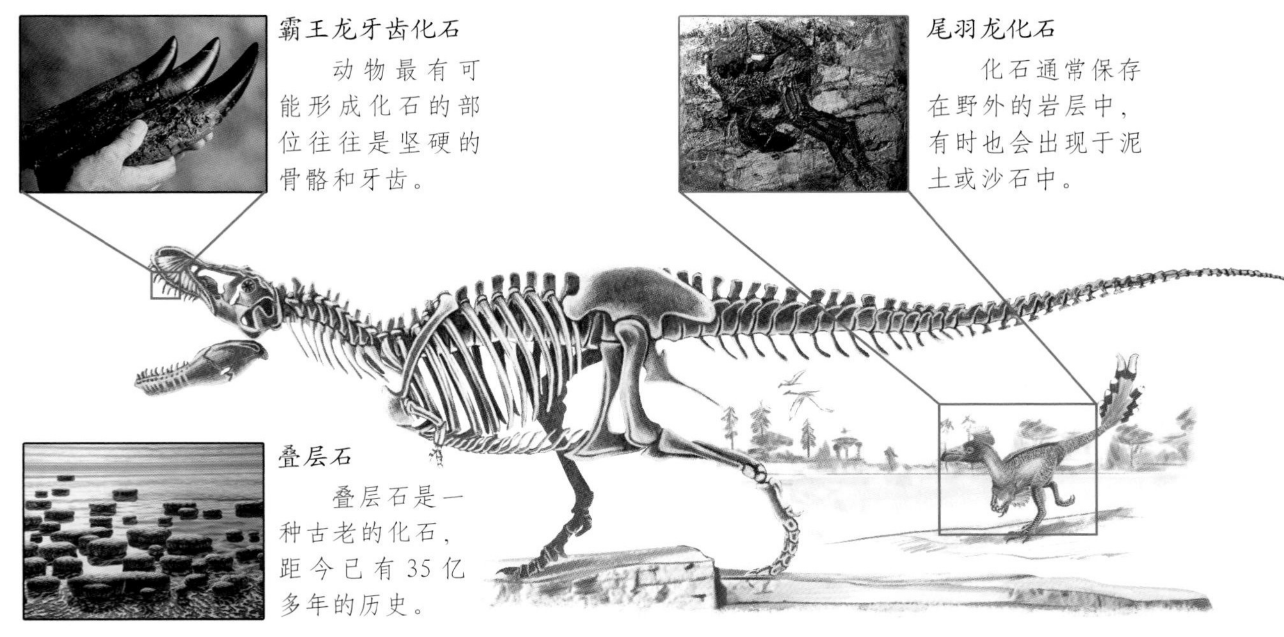

霸王龙牙齿化石

动物最有可能形成化石的部位往往是坚硬的骨骼和牙齿。

尾羽龙化石

化石通常保存在野外的岩层中，有时也会出现于泥土或沙石中。

叠层石

叠层石是一种古老的化石，距今已有35亿多年的历史。

从恐龙到化石

并非所有的恐龙都能在历史的漫漫长河中留下自己存在的证据，只有那些死亡后尸体被迅速掩埋的恐龙才有可能变成化石。化石的形成是一个相当漫长而复杂的过程，需要上万或者上百万年的时间。在化石形成的过程中，岩层压力的变化、地壳温度的影响、雨水的侵蚀都有可能让这些珍贵的“石头”破碎甚至消失。

石化过程

动物身体的坚硬部分，如骨骼和硬壳，是由矿物质构成的。矿物质在地下水的作用下会慢慢分解、重新结晶，变得更加坚硬，并最终形成新的矿物质沉积下来。这个过程叫作“石化作用”。

化石是这样形成的

一只恐龙死亡后会被湖水或河流淹没。尸体沉入水中，开始慢慢腐烂。

1

保留下来的恐龙骨骼和牙齿渐渐被泥沙掩埋、压实。

2

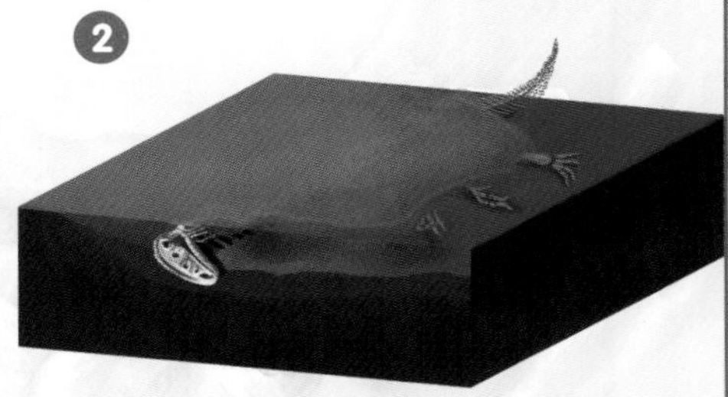

随着时间的推移，泥土一层又一层地沉积。恐龙牙齿和骨骼的矿物质在地下降解，重新结晶，经历“石化”作用，变得更加坚硬。

3

很多很多年以后，由于地壳抬升、风化剥蚀等作用的影响，恐龙化石出现在人们的视野中。

4

怎么找恐龙?

博物馆中的恐龙骨架高大威猛，王者之气扑面而来。面对它们时，除了感到震撼，你是不是同时脑海中会有些许疑惑：这些年代久远的化石是如何被发现的，又是如何被挖掘的呢？怎样才能找到恐龙化石呢？其实，恐龙化石的发现和重见天日是天时、地利、人和的综合结果，其中地利和人和尤为重要。

地利

寻找恐龙化石，地利是第一要素，因为化石可不是凭空出现的。所以，首先我们一定要了解哪里会有“龙”出没。

寻找化石

1. 前期野外地质踏勘，确定有无化石存在。 寻找恐龙化石的野外工作要针对中生代地层展开。因为恐龙是生活在中生代的动物，所以恐龙的生命遗存也只能在这一时期的地层中发现。

新疆五彩湾化石富集地

2. 查阅地质资料，多方寻找线索。 根据地质资料或相关文献记载，查找先前化石的发现记录。如果是在人类生活区域，可以向当地人们打听先前是否有化石发现的消息，利用群众提供的线索，减少不必要的徒劳工作。当在无人区寻找化石时，就要根据野外长期风化暴露出来的化石碎片来发现或寻找蛛丝马迹，依据化石在野外的暴露位置分析地层时代和环境。这样才能让沉睡已久的史前生命重见天日。

3. 进行小规模野外发掘。 在野外踏勘过程中，要根据已经掌握的资料逐步缩小范围，如在陆相恐龙地层存在的山头或者流水冲沟下游寻找线索，仔细巡查有无恐龙化石的残碎片。如果发现化石，极有可能就会在附近的山脊暴露处、下方流水搬运地或者岩石层位中有恐龙化石出露。

人和

并不是任何人都能识别出恐龙化石，只有拥有丰富的地质古生物学知识，并进行了充分的准备工作，才能避免陷入“入宝山却空手而归”的窘境。找到化石点后，真正的野外挖掘工作才算开始。对古生物学家来说，恐龙化石的发掘需要 99% 的艰辛加上 1% 的运气。

挖掘工作开始了！

①

野外生活区

1. 选择野外工作场地，组建生活区。要在距离工作区不远处的安全位置（一般选在四周开阔的高地上，以防止地质灾害）搭建生活帐篷，准备生活、工作物资。例如：准备好生活用水、食物、工作工具和辅助原料（石膏、胶水等）。

2. 进行小范围的试发掘，寻找化石点。当在野外找到破碎的未搬运的化石或已确定富含化石的层位时，要先进行小规模的试发掘，工具常用铁锹、刨子以及地质锤、扁铲等，以便为大规模发掘做好准备。

3. 大型发掘时，对化石进行顺序编号、绘图和拍照记录。如果有足够的证据证明该地点有恐龙化石，那就要开展大规模的发掘工作。除了动用大型工具，如铲车、电锤等，使岩层大面积出露，还要为室内科学研究做好前期一手资料的收集工作。要仔细做好文字和视频记录工作，使野外化石的原始保留形态在室内能够恢复。如果是雨期，还要在化石发掘地搭建遮雨棚，做好防雨工作。

4. 对于野外挖掘出来的风化或破坏严重的大型骨骼或者不易取出的小型骨骼，还要打石膏包（亦称“皮劳克”）。通过制作皮劳克将化石固定包裹起来，待回到室内再做进一步的修复工作。

5. 将化石小心运回室内，开展室内修复、研究工作。

②

试发掘现场

发掘辅助工具

刷子

郑州
南阳
西部
沈阳
成都
自贡
禄丰
昆明

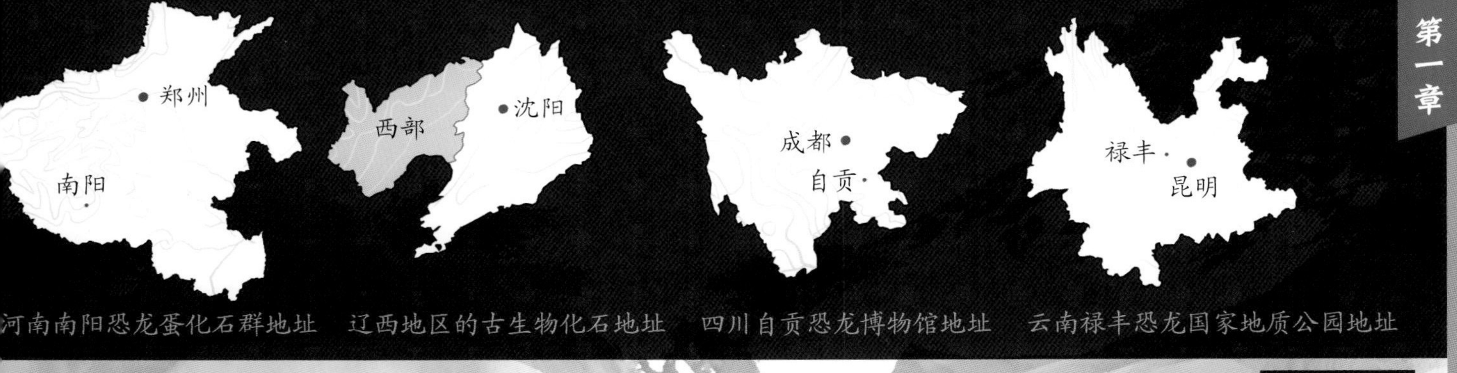

河南南阳恐龙蛋化石群地址　辽西地区的古生物化石地址　四川自贡恐龙博物馆地址　云南禄丰恐龙国家地质公园地址

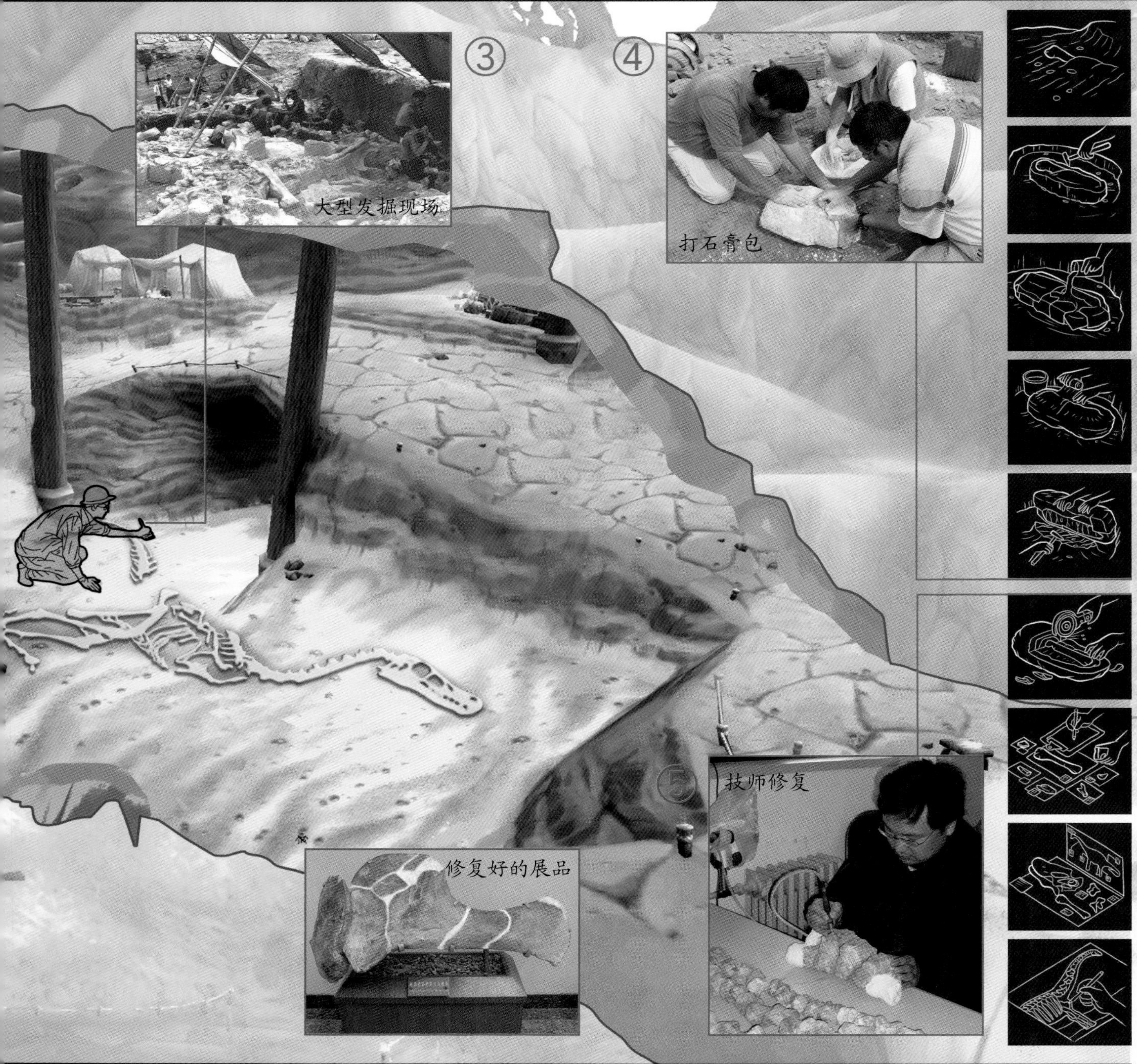
③
大型发掘现场
④
打石膏包
⑤
技师修复
修复好的展品

洗耳球

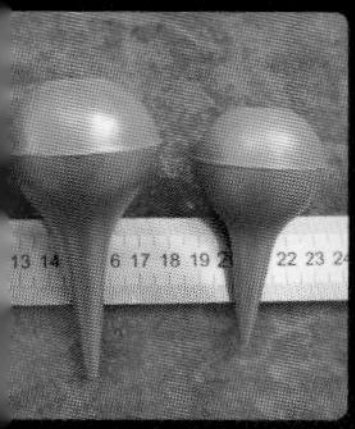

钢钎

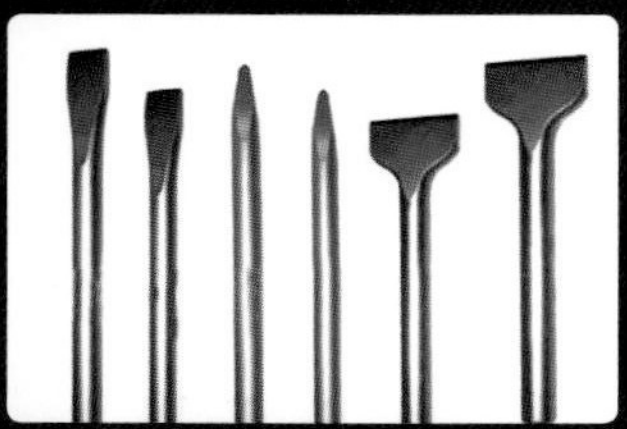

尼龙刷

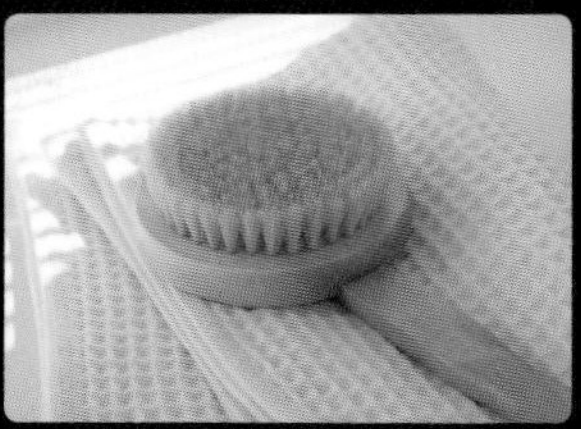

地质锤

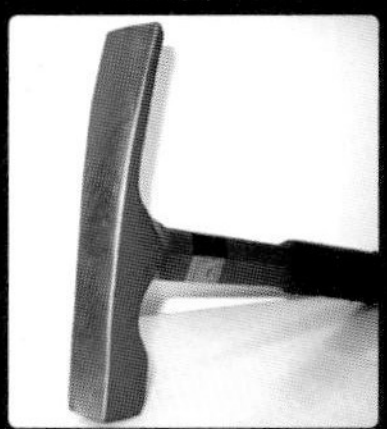

黏合剂

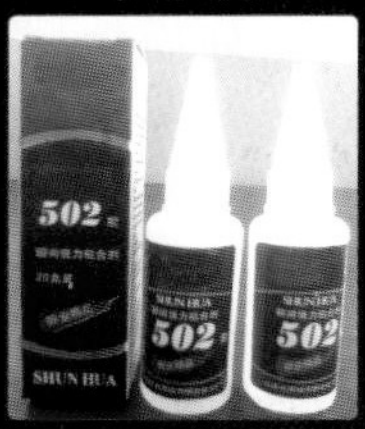
502
SHUN HUA

恐龙化石知多少

潜伏在地壳岩层中的化石是一位伟大的历史学家。它不用文字，也不用声音，就能将各种恐龙的面貌保存上亿年之久，并高度还原地展现在人们眼前。恐龙化石并非特指骨骼化石，还包括恐龙蛋、恐龙脚印、恐龙粪便等其他遗迹形成的化石。它们在地球岁月的磨蚀下尽显生命的瑰丽和精彩。

霸王龙头骨

鹦鹉嘴龙进食

寐龙复原图

辨骨识“龙”

恐龙死亡后，只有躲过食腐动物、昆虫以及细菌等多方视线，并在适当地质作用下，才能有幸成为化石。在这些经历漫长历史的化石中，尤以骨骼化石最为人们所熟悉。通过这些石头，科学家们能推断出恐龙的体形、种类、生存年代以及某些生活习性等。不过，比较完整的骨骼化石相对而言还是很稀少的。

妙不可言的科学推断

化石可以向我们传递很多重要的生命信息。例如：古生物学家可以通过判断化石所在的地层层位推断出恐龙的生存年代，或者通过骨骼化石的形态推断出它们是什么部位的秘密武器以及化石所显示的恐龙是否四肢发达、善于奔跑等。再者，化石的形态和结构还会告诉我们恐龙的捕食、御敌行为以及生活方式等。

蛋形大不同

恐龙大家族里有很多成员，并且这些成员的蛋的形态有明显的差异。古生物学家通过研究大量的恐龙蛋化石发现：植食恐龙的蛋多为椭圆形，蜥脚类恐龙的蛋接近于圆形，而肉食恐龙等兽脚类恐龙的蛋通常是长圆形或长形的。

牙齿会“讲话”

尽管恐龙的牙齿都属于槽生同型齿，终生都在生长，但是我们还是能从牙齿的一些细节上分辨出某一种类的恐龙究竟属于肉食一族还是植食一族。肉食恐龙的牙齿通常长短不一，排列也不紧密。而且，它们的牙齿往往呈匕首状，前后缘或后缘有小锯齿。一些大型肉食恐龙还会在锯齿基部发育出褶皱。这样的牙齿构造应该是为撕裂、咬碎肉类所准备的。

植食恐龙的牙齿通常又平又直，没有锯齿。它们的牙齿排列紧密，为的是便于咀嚼。很多植食恐龙牙齿的形状和大小甚至取决于它们常吃的植物的类型。

巨蛋猜猜猜

作为庞大的爬行动物家族中的成员，恐龙也是通过产蛋来繁殖后代的。恐龙蛋作为我们探秘恐龙世界的一条重要线索，也被地层定格和珍藏。那么，恐龙蛋化石是怎么保存下来的呢？恐龙蛋化石中又蕴藏着哪些秘密呢？

摆蛋有讲究

古生物学家对发掘出的恐龙蛋化石进行研究后发现，许多恐龙蛋的生理摆放是有科学依据的。例如：伤齿龙大都将蛋产在河岸、湖边或沼泽等湿润地带。它们会先用爪子在产蛋的地方建好巢穴，然后蹲坐下来，让身体成直立或半直立姿势。这样，它们在产卵时就可以把一个个蛋直立地插入松软的沙土中。这种竖立的排列方式能促进蛋内气囊的发育，从而保证胚胎的顺利成长。

蛋中有“因”

尽管与现生动物的蛋相比恐龙蛋的个头已经很出众了，但这些蛋与它们母亲的体形相比，实在渺小得可怜。为什么恐龙蛋不能再大一些呢？要知道，蛋越大就越需要较厚的蛋壳来支撑。如果这层“墙壁”太厚，睡在里面的小恐龙胚胎呼吸就会很困难。另外，小恐龙出生时想要钻破蛋壳也会变得异常艰难。所以，恐龙蛋的大小也是取决于繁殖后代的需要呢。

窥探胚胎发育的秘密

很多恐龙蛋化石里面珍藏着还未出世的幼龙胚胎化石。古生物学家要先对恐龙蛋化石进行扫描，如果发现胚胎化石，就会小心地把岩石敲开修掉或用化学试剂溶解掉。这项工作看似简单，其实要耗费大量工夫，有时古生物学家们甚至需要用一年的时间才能看到蛋壳中的胚胎骨骼和结构组织。不过，有了这些胚胎化石，我们就能获知恐龙出世之前是如何发育的，从而更全面地了解恐龙的“前世今生”。

伤齿龙产蛋图

安德萨角龙破壳而出

镰刀龙胚胎化石

圆顶龙胚胎模型

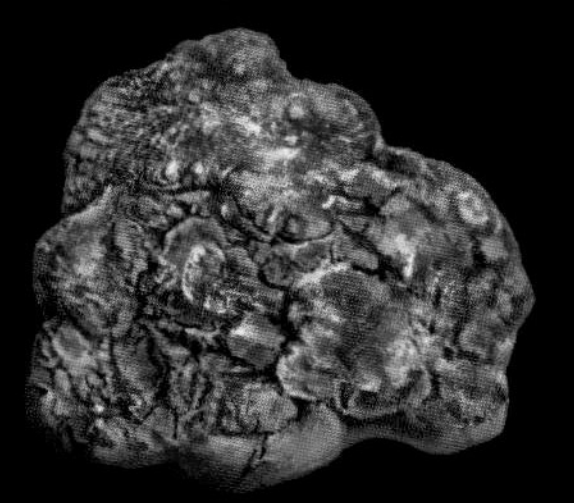

恐龙的粪便化石

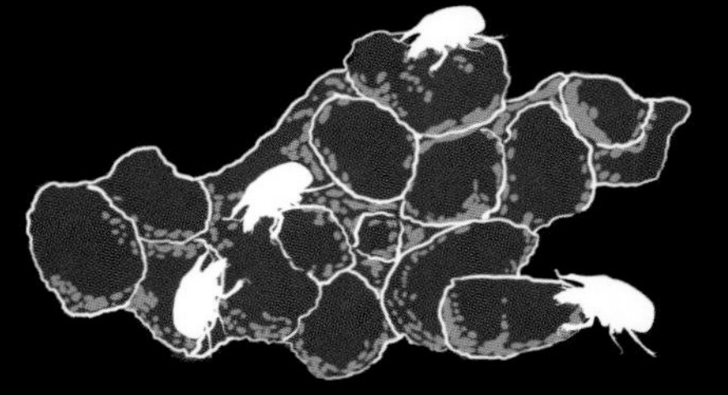

蜣螂会分解恐龙留下的粪便

食谱佐证

通过研究粪便化石中的成分，古生物学家可以推测出恐龙的食性：肉食恐龙的粪便大都夹杂着一些细碎的骨头残渣，而植食恐龙的粪便里通常有尚未被消化的植物叶片和种子。但是，因为粪便无法在各种外界因素的考验下原样保存下来，所以我们要弄清粪便是哪种恐龙遗留下来的非常困难。

肉食

植食

杂食

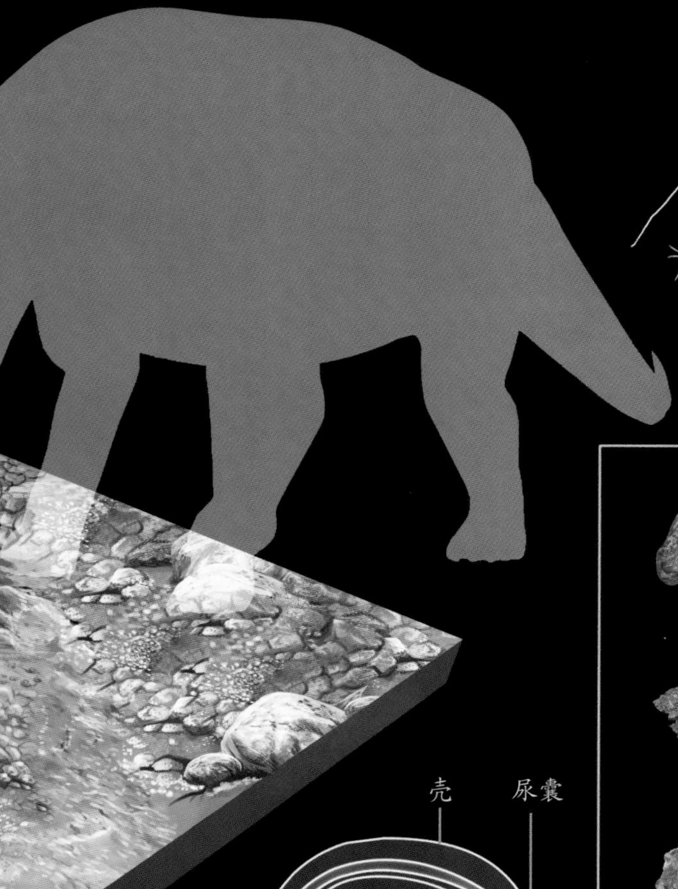

植食恐龙的粪便化石

肉食恐龙的粪便化石

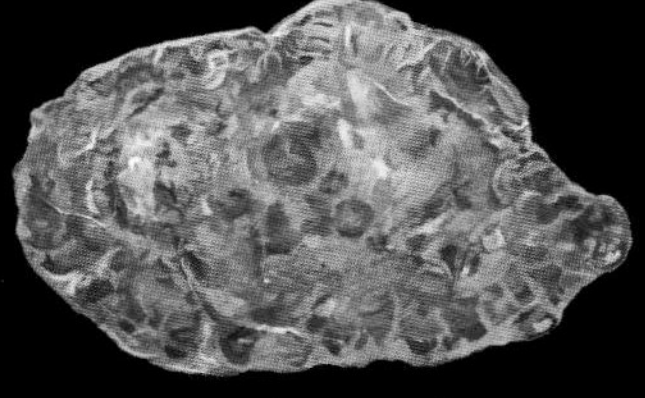

人们在恐龙粪便中发现了侏罗纪时期的植物

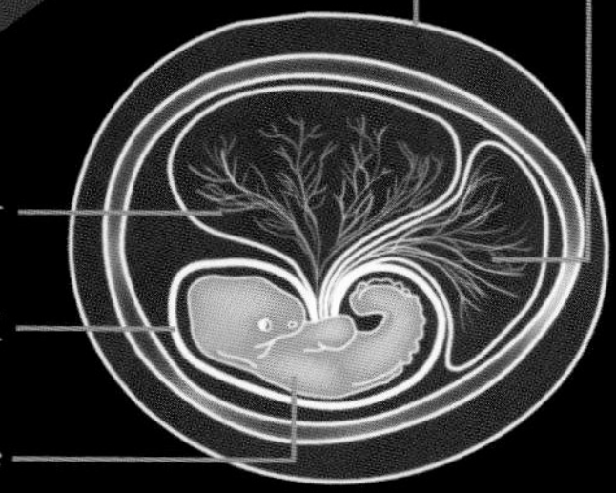

壳

尿囊

卵黄

羊膜囊

胚胎

恐龙的粪便

恐龙的食量一般很大，特别是大型植食恐龙食量尤其大。因此，它们产生的粪便也很多。可是，由于条件限制，只有少部分粪便会变成化石被保存下来，而且通常识别粪便化石很费劲。通过研究恐龙粪便化石，我们可以知晓恐龙更多的生理信息，重要的是，可以解密恐龙的食性。

罕见之谜

与恐龙骨骼化石相比，恐龙粪便化石非常少见。这是因为恐龙粪便形状不规则，即使是古生物学家的火眼金睛也很难发现。另外，粪便比骨骼要软得多，受气候、环境、昆虫分解等外界因素的影响，能够保留到现今的概率简直小之又小。

除了以上这些较为常见的种类，恐龙化石还包括一些比较稀有的类型，比如恐龙皮肤印痕、觅食痕迹、足迹、巢穴等方面的化石。这些珍贵的化石是恐龙专家们研究恐龙的重要资料。

恐龙的家谱

在研究恐龙的早期阶段，由于资料缺乏以及对恐龙的认知不足，古生物学家曾把恐龙当成一种自成一类的爬行动物，并把所有的恐龙统一归类到恐龙目当中。直到后来，随着对恐龙的认识渐渐丰富，古生物学家才意识到早期的分类存在重大错误。实际上，恐龙包括两个不同的类别，即蜥臀目和鸟臀目。

▼其实，不管是蜥臀目恐龙还是鸟臀目恐龙，它们的肠骨、坐骨和耻骨之间都带有孔，而这种孔在其他种类的爬行动物里是不存在的。古生物学家经过研究后认为，与其他爬行动物比起来，蜥臀目恐龙和鸟臀目恐龙之间显然有着更为接近的亲缘关系。

恐龙类
蜥臀目
兽脚类
始祖鸟
异特龙
板　龙
鸟臀目
剑　龙
角足龙类
似棘龙
头饰龙类
肿头龙
三角龙

恐龙分类演化图

值得一提的是，上述分类方式属于传统意义上的恐龙分类。而且，一直以来，古生物学家们对于恐龙的分类系统就存在不同的看法。

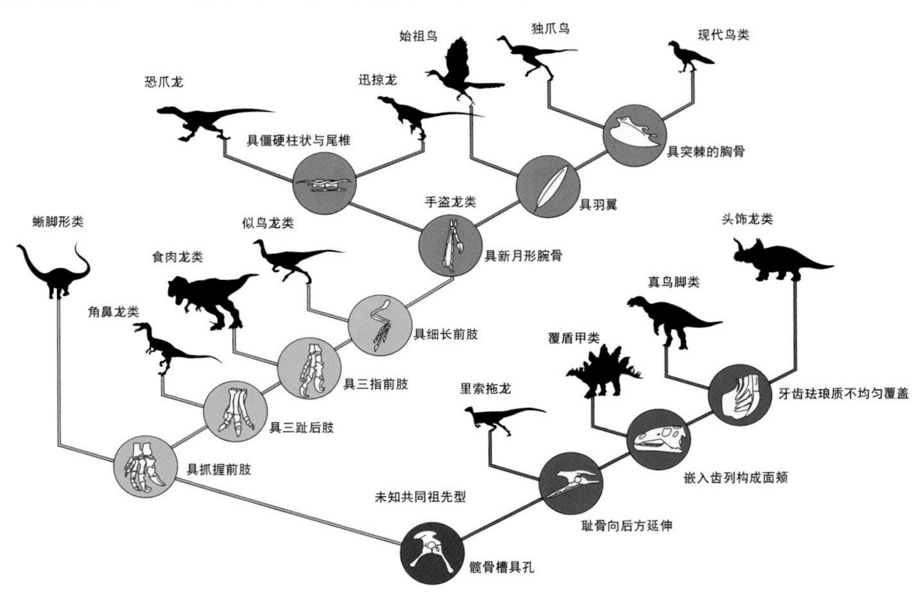

不同学者得出的不同恐龙分类图

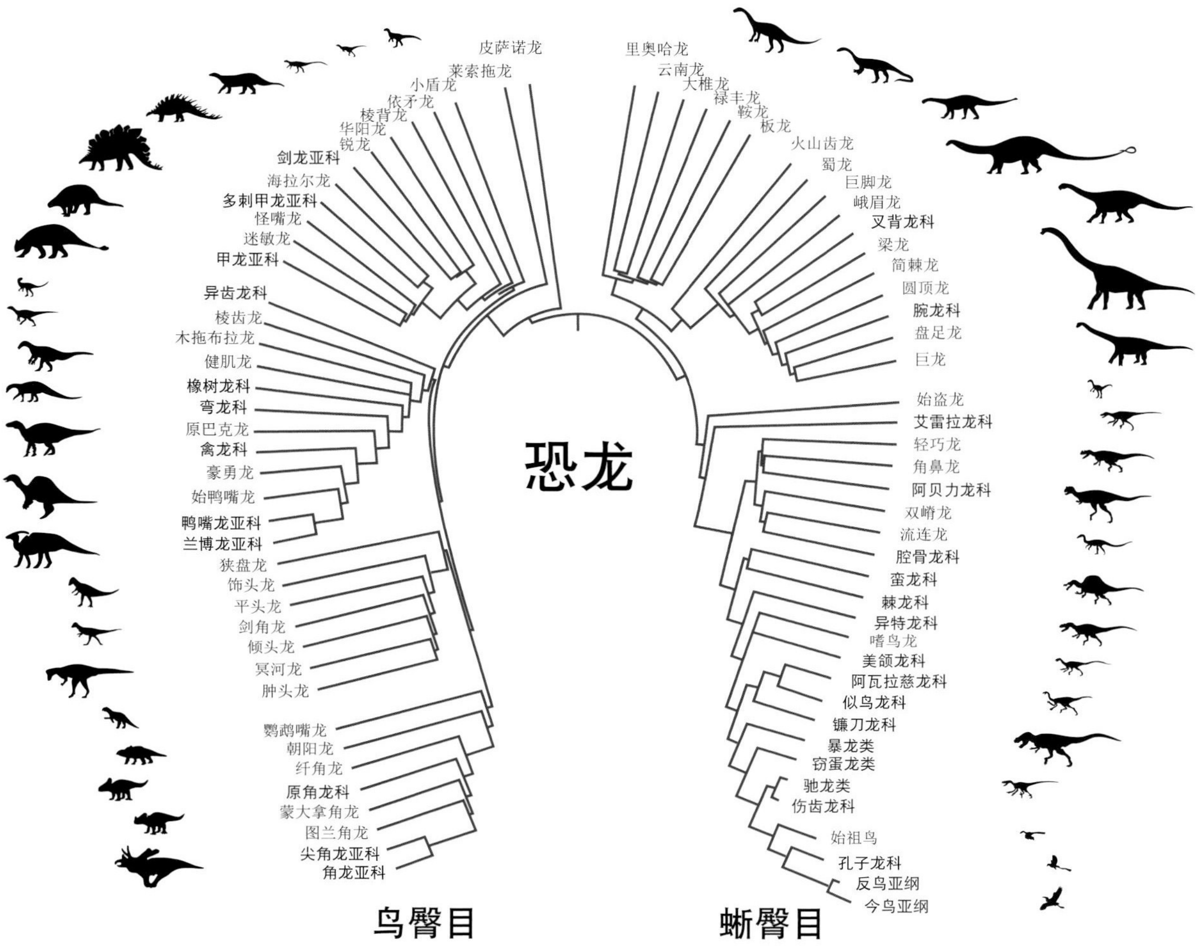

恐龙

鸟臀目

皮萨诺龙
莱索拖龙
小盾龙
依矛龙
棱背龙
华阳龙
锐龙
剑龙亚科
海拉尔龙
多刺甲龙亚科
怪嘴龙
迷敏龙
甲龙亚科
异齿龙科
棱齿龙
木拖布拉龙
健肌龙
橡树龙科
弯龙科
原巴克龙
禽龙科
豪勇龙
始鸭嘴龙
鸭嘴龙亚科
兰博龙亚科
狭盘龙
饰头龙
平头龙
剑角龙
倾头龙
冥河龙
肿头龙
鹦鹉嘴龙
朝阳龙
纤角龙
原角龙科
蒙大拿角龙
图兰角龙
尖角龙亚科
角龙亚科

蜥臀目

里奥哈龙
云南龙
大椎龙
禄丰龙
鞍龙
板龙
火山齿龙
蜀龙
巨脚龙
峨眉龙
叉背龙科
梁龙
简棘龙
圆顶龙
腕龙科
盘足龙
巨龙
始盗龙
艾雷拉龙科
轻巧龙
角鼻龙
阿贝力龙科
双嵴龙
流连龙
腔骨龙科
蛮龙科
棘龙科
异特龙科
嗜鸟龙
美颌龙科
阿瓦拉慈龙科
似鸟龙科
镰刀龙科
暴龙类
窃蛋龙类
驰龙类
伤齿龙科
始祖鸟
孔子龙科
反鸟亚纲
今鸟亚纲

其中比较特别的一种观点就是，在传统分类的基础上再增加一类——慢龙类。这一观点提出的根据主要是该类恐龙不一样的腰带骨骼排列方式以及有别于蜥臀目恐龙和鸟臀目恐龙的纤细牙齿。

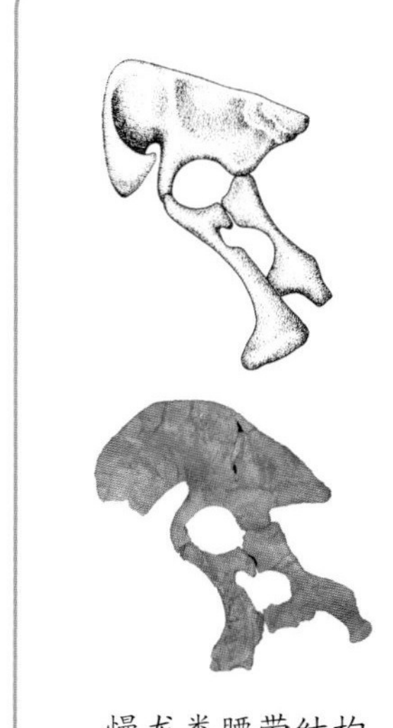

慢龙类腰带结构

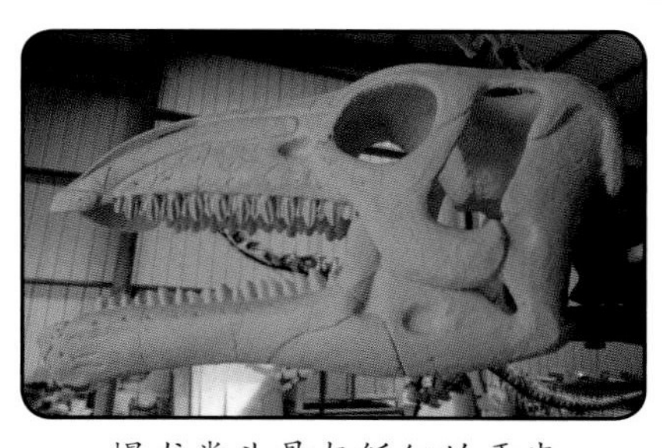

慢龙类头骨与纤细的牙齿

不过，根据近年来一系列新的发现和比较解剖学的研究，慢龙类已被归入兽脚亚目（蜥臀目）系统。慢龙类的成员有肃州龙、北票龙、阿拉善龙等。

肃州龙骨架

记录生命的“立体图鉴”

“地质时代是无法倒回去的流逝时光，而岩石地层是可以触摸的有形时代记忆。”尽管无法目睹史前生命的波澜壮阔，但凭借冰冷的岩层以及岩层中的骨骼碎片，人们依然可以感受到那些美好而又遥远的繁华场面。地层一直以其独有的方式记录和保存着生命的痕迹……

不同地质时期的生命螺旋

叠出来的“时光机”

与我们在野外看到的层层叠置的岩层不同，地层是在某一地质时期形成的岩层，主要包括沉积岩、火山碎屑沉积岩以及从它们变质而来的浅变质岩。通常情况下，地层的年龄总是上新下老。

生命宝库

不同时代沉积形成的地层中蕴藏着不同的生命密码。经过努力，人们在不同地层里发现了大量的生命遗迹。那么，该怎样区分这些遗迹所属的时期呢？为了解决这个难题，科学家们将漫长的地质历史划分为一个个地质年代。较大的常用单位是“代”，而“代”又细分为年代更短的单位“纪”。

代	纪	距今
新生代	第四纪	距今258万年前至今
	新近纪	距今2300万～258万年前
	古近纪	距今6600万～2300万年前
中生代	白垩纪	距今1.45亿～6600万年前
	侏罗纪	距今2亿～1.45亿年前
	三叠纪	距今2.51亿～2亿年前
古生代	二叠纪	距今2.99亿～2.51亿年前
	石炭纪	距今3.59亿～2.99亿年前
	泥盆纪	距今4.16亿～3.59亿年前
	志留纪	距今4.44亿～4.16亿年前
	奥陶纪	距今4.88亿～4.44亿年前
	寒武纪	距今5.42亿～4.88亿年前

哺乳动物进化得更高级，人类逐渐形成。

恐龙生活的时代

对于史前爬行动物而言，中生代是一个非同寻常的时期。正是在这一时期，爬行动物第一次在天空、海洋以及陆地空间占据了统治地位。对于恐龙而言，这更是一个具有里程碑意义的时代，因为它们在这 1.6 亿多年的时间里经历了从诞生到一跃成为无可比拟的鼎盛家族再到朝夕间走向灭绝的世事变迁。尤其是侏罗纪和白垩纪，成为恐龙称王称霸史上最闪耀夺目的时代。

初来乍到

约 2 亿 2500 万年前，也就是三叠纪晚期，恐龙开始从爬行动物中分化出来。这时，作为新生动物类群中的一个小分支，恐龙远不能与征服天空、海洋的其他爬行动物相提并论。因此，在为了与那些强大的爬行动物争夺统治权而进行殊死搏斗的过程中，恐龙只能于夹缝中求生存。

水龙兽与古鳄对决。

始盗龙

古生物学家通过研究始盗龙的一些特征得出结论：它们是地球上最早出现的恐龙之一。例如：始盗龙具有 5 根手指（其中 3 指清晰可见），而后来的食肉恐龙手指变得越来越少（霸王龙只有两根手指）；始盗龙的荐椎只有 3 块脊椎骨支撑着小巧的腰带，而后来的恐龙体形越来越大，支撑腰带的脊椎骨数目也在增加。

黑瑞拉龙

黑瑞拉龙同样是出现在三叠纪时期的一种恐龙。古生物学家通过研究化石发现：它们耳朵里有听小骨，可能听觉比较敏锐；身姿直立，说明它们奔走迅速、机敏灵活；拥有长长的爪子和长有锋利牙齿的上下颌，表明它们应该是令很多动物闻风丧胆的超级猎手。

崭露头角

三叠纪晚期，自然界中因地球气候异常出现了一次浩劫——生物大灭绝事件。这次事件让很多曾经风光无限的动物从此销声匿迹，而进化迅速的恐龙却幸运地活了下来。到侏罗纪时期，恐龙已经发展出好几个分支，之后逐步确立了自己的霸主地位。

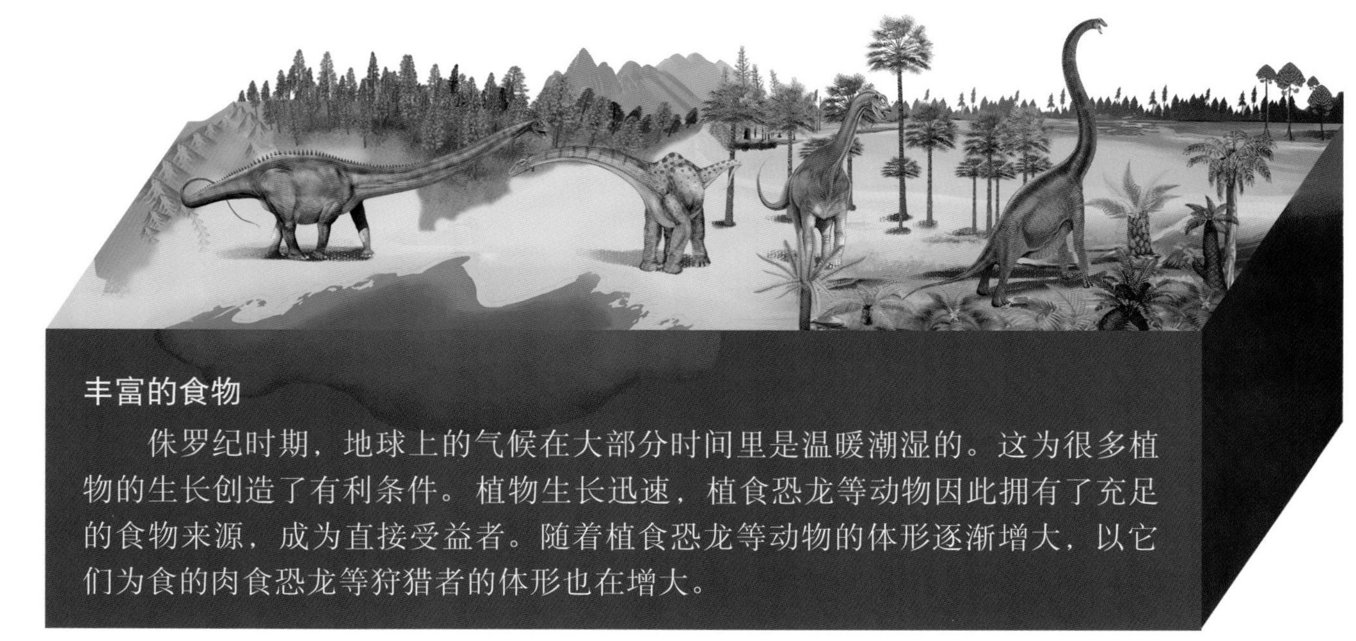

丰富的食物

侏罗纪时期，地球上的气候在大部分时间里是温暖潮湿的。这为很多植物的生长创造了有利条件。植物生长迅速，植食恐龙等动物因此拥有了充足的食物来源，成为直接受益者。随着植食恐龙等动物的体形逐渐增大，以它们为食的肉食恐龙等狩猎者的体形也在增大。

异特龙

侏罗纪有很多凶残可怕的肉食恐龙，异特龙就是其中的典型代表。异特龙年轻时体力旺盛、行动敏捷，能与猎物面对面较量，并可以在短时间内轻松取胜。随着年龄增长，它们的身体会变得越来越沉重缓慢。此时，异特龙会改变捕食策略，靠潜伏在树林中突袭猎物为生。

美颌龙

除了一些凶猛的大家伙，侏罗纪恐龙家族里还有一类和鸡差不多大小的微型恐龙，比如美颌龙。别看美颌龙体形很小，它们的行动可是非常敏捷的。事实上，它们是一种肉食恐龙，主要以猎食小动物为生。

高度繁荣

进入白垩纪，恐龙家族的成员已经在地球上生存了8000多万年。此时，它们继续统治着陆地，维护着自己的霸权地位，并繁衍出很多后代。有些恐龙不但体形非常庞大、行动迅速，而且头脑也十分机灵。鸭嘴龙、泰坦龙等植食恐龙以及霸王龙等肉食恐龙均出现在这一时期。

植物新面貌

与三叠纪、侏罗纪不同，白垩纪时期地球上的景观在某些方面与我们今天的世界有些类似。阔叶类树木、开花植物等在那时已经出现。繁茂的植物同样是恐龙生存的先决条件。

霸王龙

霸王龙曾是白垩纪时期陆地上最大的肉食动物。它们凭借着像公共汽车那么庞大的身体和强壮有力的头部四处横行霸道、捕杀掠食，几乎没有对手。

为恐龙而作

我们在很多博物馆里有时能见到巨大的恐龙骨架以及逼真的恐龙模型。不过，你知道吗？这些骨架和模型在最开始时可能只是一堆零散的、沾满泥土的化石。古生物学家到底用了什么“法术”，才让它们焕然一新呢？

复原工作很重要！

要把一堆散乱的恐龙化石重新理清顺序，然后恢复恐龙本来的面貌，可不是一项简单的工作。除了要对恐龙的骨骼构造了如指掌，还要有一定的细心和耐心。万事开头难，只有把最开始的复原工作做好，才能让接下来的事情一帆风顺。

1. 清理化石： 当挖掘工作结束以后，打包好的恐龙化石会被运往实验室。工作人员要小心翼翼地从皮劳克中取出化石，然后把每一块化石上包裹着的泥土、岩石之类的杂物清除掉。一定要注意：在清除的过程中千万不能对化石造成损伤。

实验室里的皮劳克

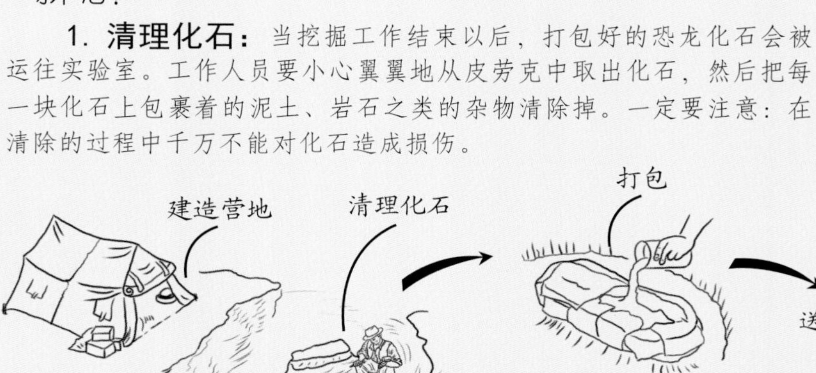

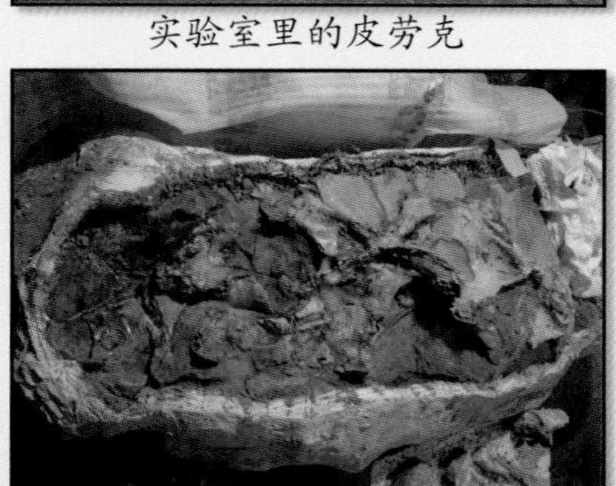
小心打开皮劳克，露出里面的化石。

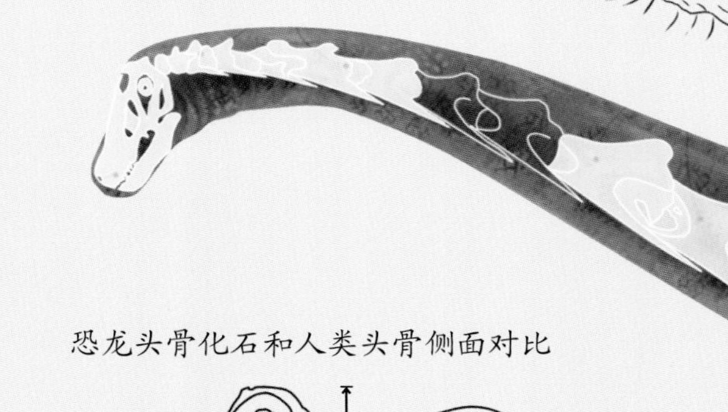

恐龙头骨化石和人类头骨侧面对比

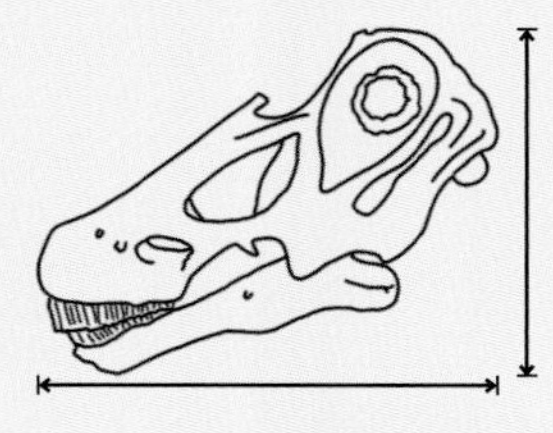
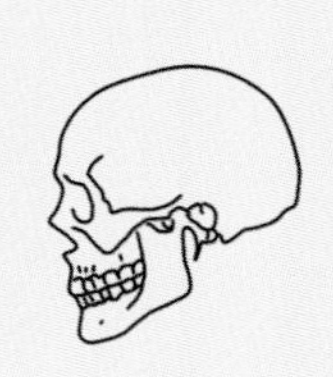

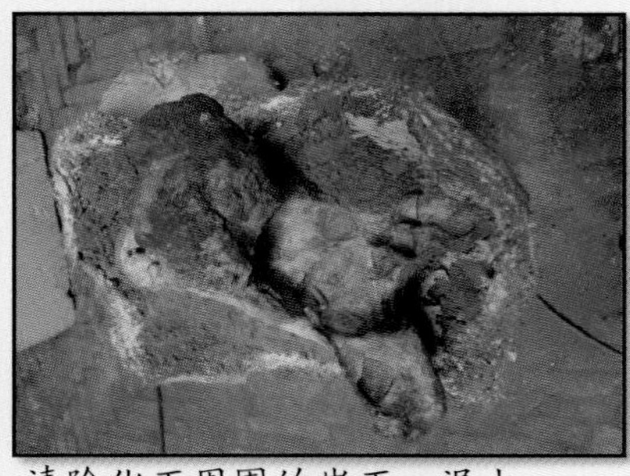
清除化石周围的岩石、泥土。

正面和背面对比

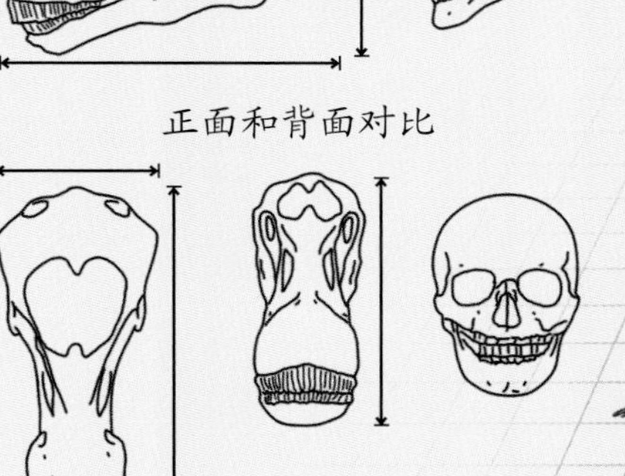

清理完成，化石暴露出来。

2. 研究与记录： 面对清理完成的化石，工作人员接下来要做的事情就是进行研究。他们要弄清楚这些化石属于哪种恐龙、位于恐龙身体的什么位置、彼此的名称是什么以及这些化石该怎么关联到一起。在此期间，工作人员会详细记录、研究得到的数据。另外，在有的化石表面可能还会存在恐龙肌肉附着的痕迹，而这种痕迹对后期还原恐龙肌肉结构有很大的帮助。

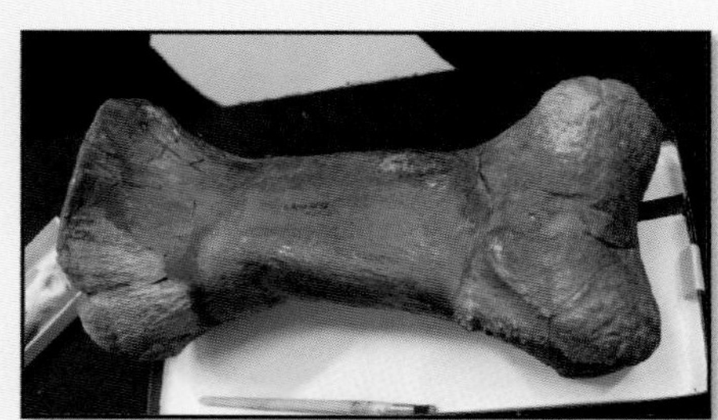

化石分类

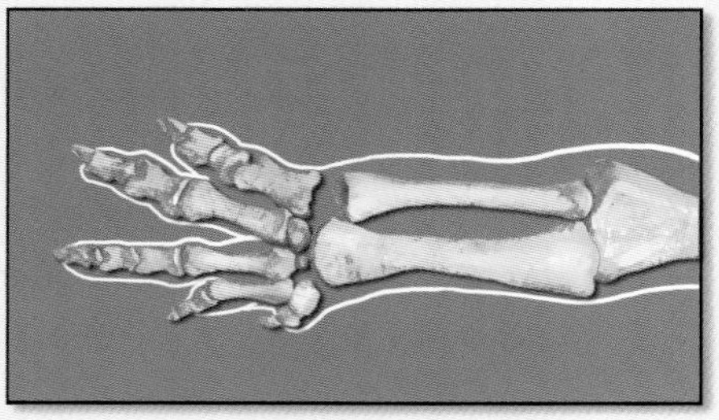

3. 进行复原： 值得注意的是，出土的骨骼化石或多或少会缺少些“零件”，不会存在结构100%完整的化石。这可怎么办呢？不要急，这时候我们之前记录的数据就派上用场了。工作人员会根据数据记录和已有化石，用一些材料（石膏之类）补完缺失的部位，然后对它们进行标记。至此，复原工作暂时告一段落。

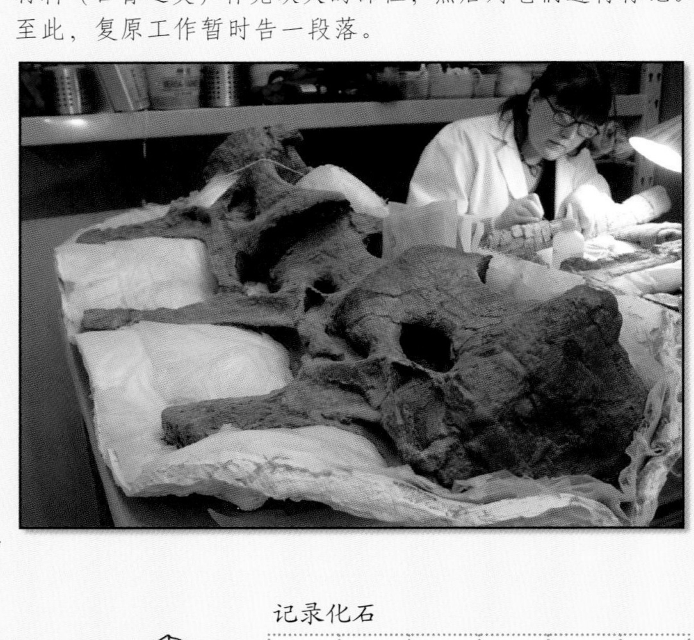

记录化石

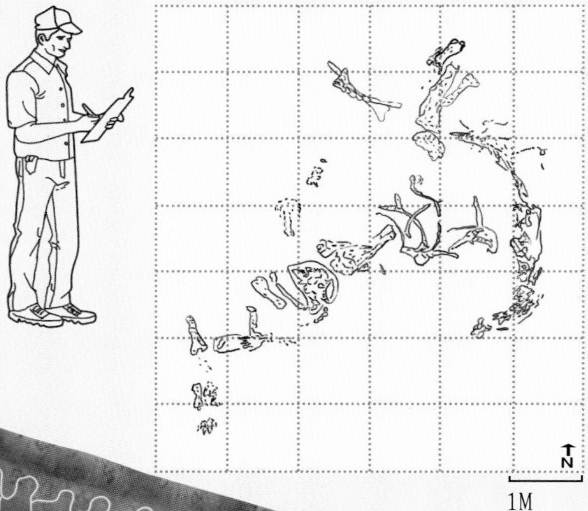

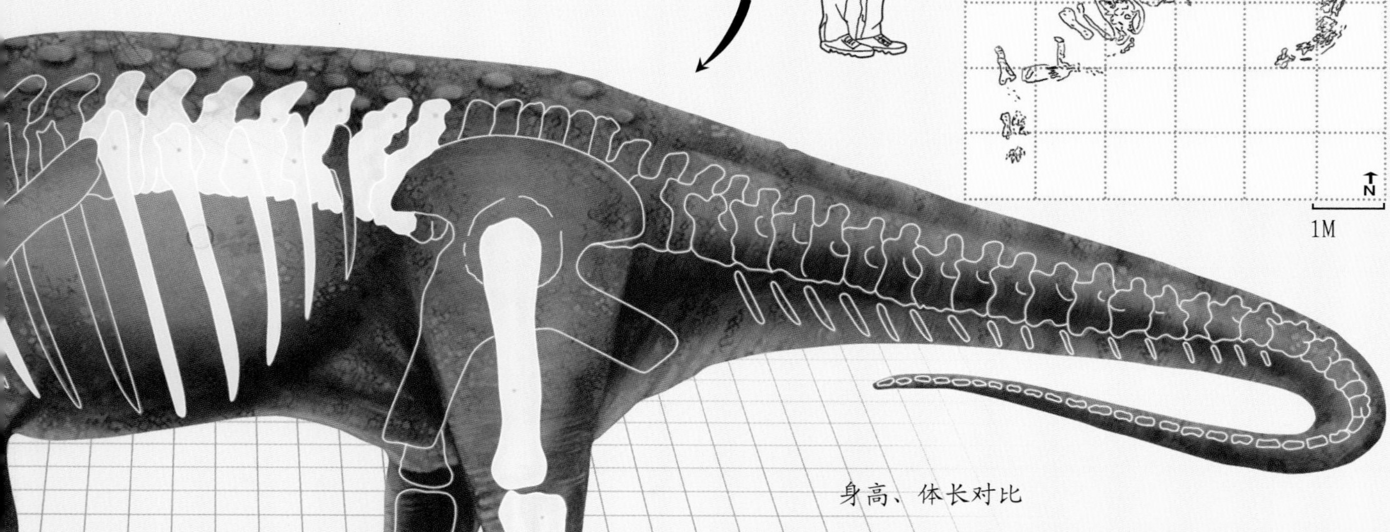

1M

身高、体长对比

让恐龙“站”起来！

把恐龙化石复原好，工作是不是就结束了？等等，先别急。你注意到没有，此时的化石和博物馆里展出的似乎有些不一样？这就涉及我们接下来的工作——让躺在地上的恐龙重新“站”起来，也就是“装架”。

1. 按照拟定好的装架姿势，分段制作结实耐用的金属钢架，然后组装起来。再把它和沉重的底座固定好，准备组装化石。

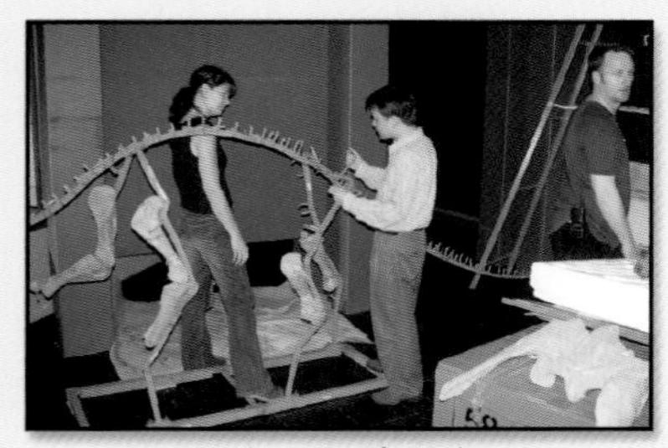

制作、组装钢架

2. 安装化石之前，先把它们按标记的编号进行摆放，或者直接按照骨骼所在的位置依次放置。这样做，一是为了安装时省事，二是为了防止出错。

安装前的准备工作——按照顺序摆放骨骼化石

“装架”不就是把分散的恐龙化石连在一起吗？多容易啊！你要是这样想的话，那可就错了。这可不只是专业人员的脑力活，更要求专业人员是技术过硬的好车工！

3. 通常，最先安装的部分是恐龙的腰带（骨盆）。这样做是为了保证钢架的稳定，便于工作人员在安装过程中掌握平衡。不过，必须注意安装位置是不是很牢靠，要不断加固安装位置，防止化石意外掉落。

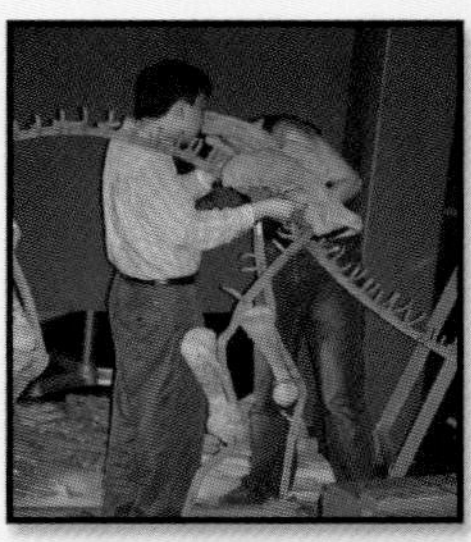

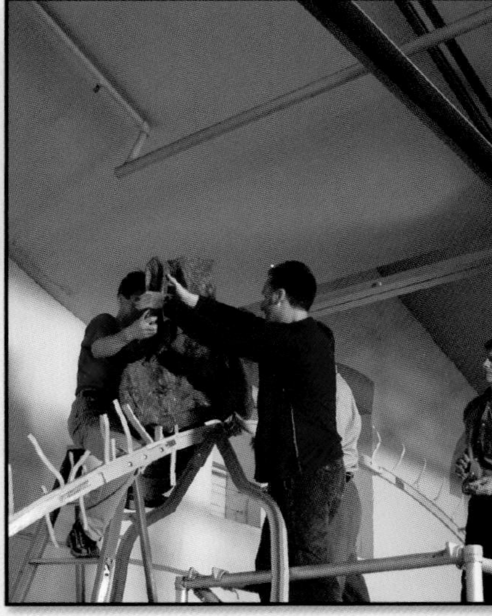

工作人员一边安装腰带（骨盆），一边进行加固。

4. 安装好腰带（骨盆）以后，再连续在其前后方安装对应的骨骼化石。在安装大型恐龙骨架的时候，可以动用机械设备，既事半功倍，又可以节省人力和时间。同时，不要忘记对已经装好的骨骼进行再加固。

继续安装对应位置的骨骼化石，对安装好的骨骼认真固定。

使用机械设备，省时省力，同时不要忘记再次进行加固。

5. 恐龙的头骨因为位于整个钢架的最前端，所以要最后安装。这样做不仅符合安装顺序，也利于保证钢架的平衡，避免珍贵的头骨化石受到意外损伤。

安装头骨，并进行加固。

6. 组装完成后，再次检查一下安全性。因为要进行公开展示，所以要给化石有损伤的部位做一下“美容”，涂抹上和化石颜色相同的油彩（不会损害化石），将损伤处遮盖住。

再次检查化石。

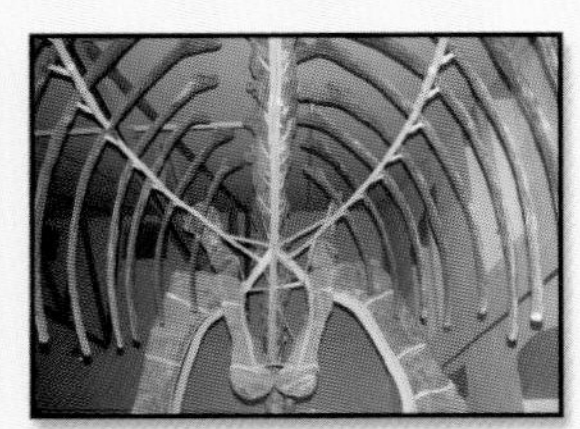

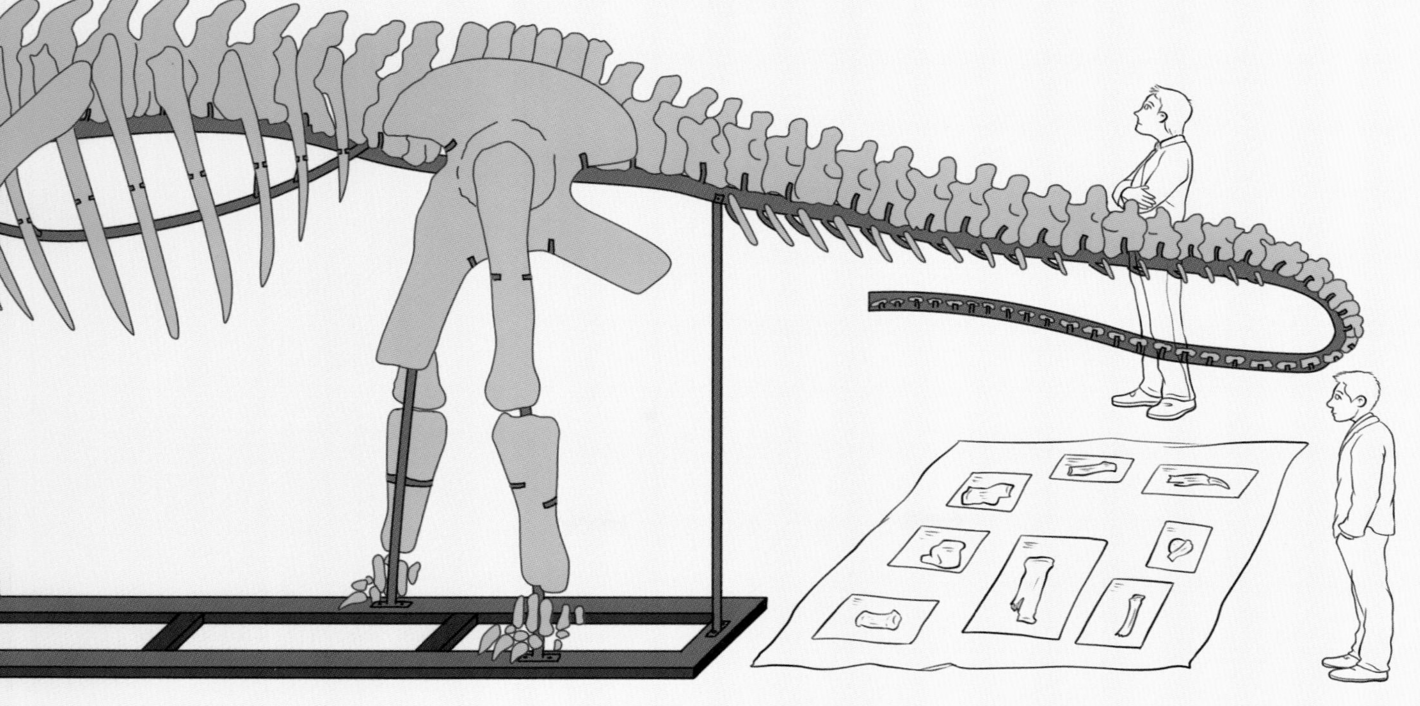

恐龙的远亲近邻

一部电影不是光靠一两个主角就能演绎的。同样，恐龙虽然是中生代戏份最重的主角，但在当时的天空与大海还有很多其他的重要角色。它们中有很多是恐龙的亲戚。接下来，就让我们一起来认识一下这些“明星”吧。

海洋

活跃在中生代海洋中的爬行动物

昔日的海洋霸主

一般认为，最初的生命诞生自原始海洋，陆地上和天空中的物种都是后期才发展起来的。在中生代，一些原本在陆地上生存的爬行动物放弃了以往的生活，选择重新回到“生命的摇篮”——海洋中。之后，它们逐渐繁衍出一系列强大的掠食动物，如鱼龙、蛇颈龙、沧龙等，并逐渐成为中生代海洋的统治者。不过，这些动物和“亲族”恐龙一样，最终纷纷消失在历史的长河中。

体形的变化

从陆地到海洋，搬家后的爬行动物生活环境产生了巨大变化。这意味着，它们必须在身体上作出适应环境的改变才能继续生存下去。

在海洋里，爬行动物们的身体由海水产生的浮力托举着，因此它们很少感受到体重的压力。但是，海水的巨大阻力成为它们面临的新难题。如果不解决这个问题，它们将寸步难行。于是，这些爬行动物为了减小阻力，纷纷改头换面，身体变成了流线型。

泳速最快的海生爬行动物——鱼龙

离不开空气

虽然跟以前相比海生爬行动物的生活环境发生了翻天覆地的改变，但它们终究还是要呼吸空气的。这些爬行动物每隔一段时间就会浮出水面呼吸新鲜的空气，然后潜入水中捕猎。这种行为和现代的鲸很像。

鸟类之前的“飞行员”

在鸟类出现之前，中生代天空的主宰是一群长着翅膀的爬行动物。古生物学家把它们称为“翼龙”（*Pterosaur*），其学名的意思是“长有翅膀的蜥蜴”。最早的翼龙出现在三叠纪末期。它们长有强壮有力的翅膀，反应迅速，大小不一。这种动物生存了大约 1.5 亿年，最后和恐龙一同退出了历史舞台，只留下珍贵的化石标本供后人观瞻。

恐龙和“翼龙军团”

丰富的种群

于三叠纪诞生，到白垩纪灭亡，翼龙经历了超过 1 亿年的时光。在这段漫长的岁月里，出现了 100 多个翼龙种类。如果对这个庞大的种群进行简单分类的话，可以把它们大致分成两类：

1. 长尾翼龙（喙嘴龙类）

顾名思义，这是一些有着长尾巴的翼龙。它们是翼龙早期发展阶段的类型，出现在三叠纪晚期，兴盛于侏罗纪，于白垩纪早期消亡。长尾翼龙身上拥有许多原始特征，比如牙齿尖利、尾巴细长、尾巴末端有菱形叶片等。

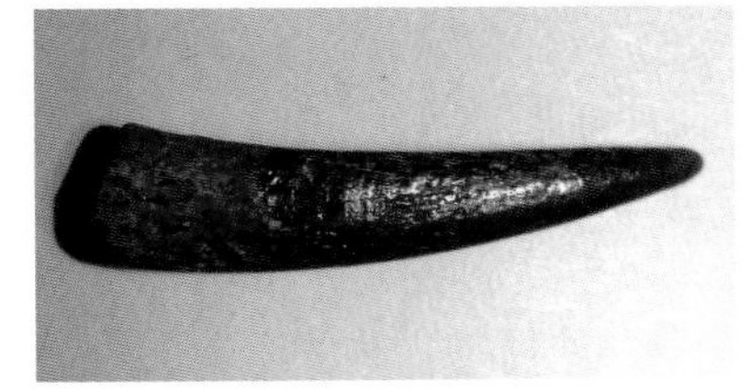

翼龙的牙齿

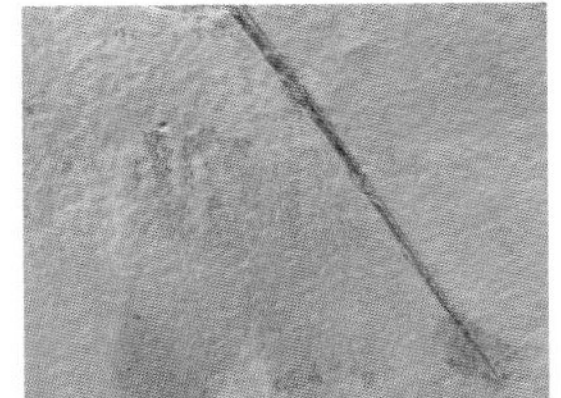

翼龙尾巴的形态

2. 短尾翼龙（翼手龙类）

这是一群出现在侏罗纪晚期的翼龙。它们在长尾翼龙灭亡后迅速崛起，取而代之成为天空中的主宰。短尾翼龙也可以叫“翼手龙类”。它们最大的特点就是那短到一点儿也不明显的尾巴。它们体形有大有小，口中无齿，有的种类还在头顶长着奇异的骨冠。

翼手龙类头顶不同的骨冠

皮肤翅膀

翼龙和鸟类不同，它们赖以飞行的翅膀是纯粹的皮肤，叫作“翼膜”。翼膜由鲜活的皮肉构成，被粗糙而有弹性的纤维进行了强化，而复杂的血管网络则保证了血液的供应。翼膜远比羽毛结构简单，受到损伤还能自动修复。但是，严重的创伤还是会在翼膜上留下伤疤，甚至会导致翼龙死亡。

幻龙 Nothosaurus

生活在海洋里的幻龙虽然和恐龙处于同一时代，但并不是“海洋里的恐龙”，而是一种海生爬行动物。因为总是被错认，所以它们又被人们叫作“伪龙”。

化 石 幻龙的骨架 >>>

在外表上，幻龙和现代鳄鱼有点像，都是体形既扁又长，长着4条小短腿。不过，幻龙的脚趾之间有明显的蹼连接。这点还是和鳄鱼不一样的。

水陆两栖

幻龙的四肢虽然还保留着5根脚趾，但已经开始向鳍演化，变成蹼状。这说明它们十分擅长在海里游泳。不过，幻龙和现代的海豹一样，偶尔也会跑到陆地上活动。比如：在繁殖期的时候，接近生产的雌性幻龙就会成群结队地来到岸上晒太阳。

晒太阳的幻龙

大小	体长一般为4米，也有几十厘米的类型
生活时期	三叠纪
栖息环境	海洋和陆地
食性	以鱼类为主
化石发现地	中国、欧洲、北非

奇怪的排盐方式

幻龙在上岸前，经常会张大嘴巴重重地打一个喷嚏。这并不是幻龙感冒了，而是它们需要通过这种方式把身体里多余的盐分排出来。

▼在中国贵州，古生物学家发现了大量保存完好的珍贵的幻龙化石。最关键的是，人们在这里发现了一种体长只有几十厘米的幻龙新种类——胡氏贵州龙。

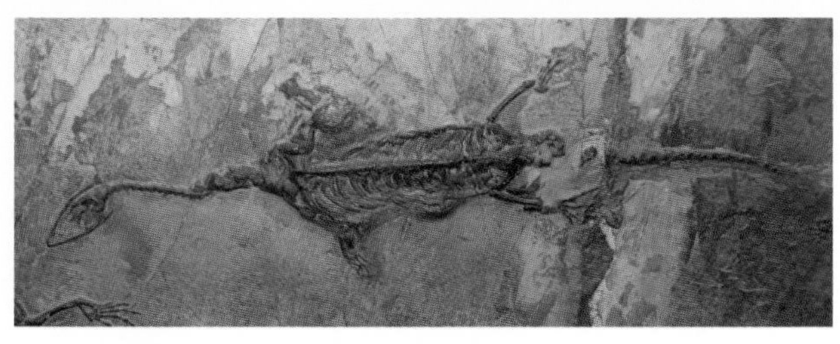

胡氏贵州龙标本

捕鱼达人

幻龙是捕鱼的好手。它们嘴巴里长满像针一样细密的牙齿。当它们把嘴巴合上时，嘴巴部位就会形成封闭的“牢笼”，只要猎物进去了，就别想逃出来。同时，它们脖子很长，脖颈间的肌肉非常发达，能够很轻松地做些高难度动作。古生物学家猜测，幻龙在游过鱼群的时候，经常会突然扭过头来袭击鱼类。

正在捕食的幻龙

蛇颈龙 *Plesiosaurus*

19 世纪 20 年代，英国著名的化石猎人玛丽·安宁发现了第一具蛇颈龙的化石标本：它看上去就像一条穿过巨大乌龟壳的凶恶大蛇。这种闻所未闻的生物从被发现的那一刻起，就因奇异的外表引起了世人的广泛关注。

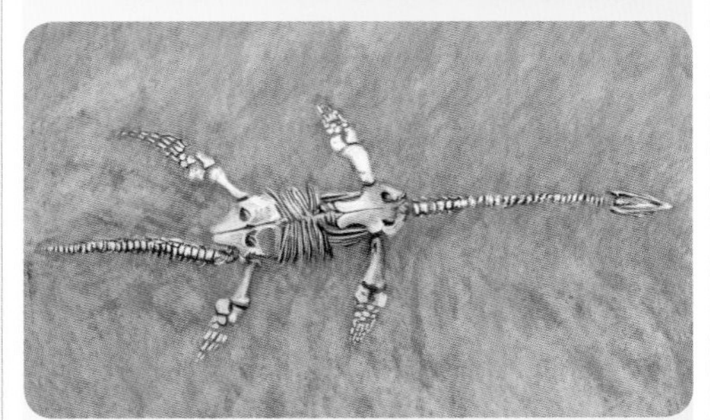

蛇颈龙的四肢已经彻底演化成两对很大的鳍状肢。它们大小相仿，是协助蛇颈龙在海洋中畅游的重要帮手。

重要的长脖子

蛇颈龙像长颈鹿一样，有长长的脖子。这是它们重要的生存法宝。蛇颈龙如果感到饥饿，就会用长脖子在海底搜寻美味的食物；遭遇危机时，要靠着灵活的长脖子调整方向才能逃跑。换言之，要是没有了长脖子，蛇颈龙生存下去的可能性会很低。

广泛的食谱

古生物学家在研究了蛇颈龙的化石后发现，这种史前生物的食谱远比我们想象的要丰富得多，包括鱼、鱿鱼、螃蟹、贝类……

大　　小	体长为 3 ～ 5 米，体重约为 1 吨
生活时期	三叠纪至白垩纪
栖息环境	海洋
食　　物	鱼类、软体动物等
化石发现地	英国、德国

◁虽然玛丽·安宁女士是最早发现蛇颈龙化石的人，但蛇颈龙的正式命名却是在多年后由英国的地质学家威廉·丹尼尔·科尼比尔完成的。

玛丽·安宁关于发现蛇颈龙的亲笔信

胃石的谜团

有很多动物在吃了不容易消化的食物纤维后，常常会主动去吃些石子来促进消化。蛇颈龙也属于这类。不过，蛇颈龙吃石子还有另一个目的，那就是用胃里的石子增加身体的重量，使自己能够自如地潜入海里捕食。

滑齿龙 Liopleurodon

蛇颈龙类主要分为两种类型：一种是长脖子、小脑袋的长颈蛇颈龙；另一种则是大头尖牙的短颈蛇颈龙，也叫“上龙类”。滑齿龙正是上龙类的成员。所以，别看滑齿龙和蛇颈龙外表差别这么大，它们却同属于蛇颈龙家族。

化 石　滑齿龙的头骨 >>>

滑齿龙那硕大的头骨长度超过1米。其中，占比例最大的是滑齿龙的大嘴，张开时简直可以算得上血盆大口。

大　　小	体长为5～7米，体重为1～1.7吨
生活时期	侏罗纪中期至晚期
栖息环境	海洋
食　　物	鱼类、软体动物等
化石发现地	英国、德国、法国、俄罗斯

▼ 滑齿龙的牙齿巨大而又锋利，看上去就像一把把弯曲的匕首。它们是滑齿龙的强大武器。任何猎物被这样的牙齿咬上一口，恐怕非死即残。

滑齿龙的牙齿

凶悍的巨兽

滑齿龙体形巨大，性情残暴，是侏罗纪时期海洋中的统治者，堪称大海里的“无情杀手”。它们颌部肌肉发达，拥有巨大的咬合力，仿佛能轻松把一辆小汽车咬成两截。此外，它们嘴巴里还长满尖利的牙齿，猎物只要被咬住，就几乎没有逃脱的可能性。因此，就连一些体形比滑齿龙大的动物也不敢轻易去招惹它们。

灵敏的嗅觉

滑齿龙虽然没有发达的视力，却依然能在漆黑如夜的深海里捕食。这是为什么呢？原来，滑齿龙的鼻子结构很特殊，上面拥有敏锐的嗅觉器官。当它们在游动的时候，只要水流穿过鼻孔，它们就能借此察觉到隐藏在水里的猎物的气味。因此，就算眼睛看不见，滑齿龙也能在深海中找到猎物。

菱龙 Rhomaleosaurus

菱龙属于蛇颈龙类的一个小分支，是上龙类（短颈蛇颈龙）的成员。1848年，第一具菱龙的骨骼化石在英国约克郡的一个采石场被矿工们发现。菱龙性情暴虐，是侏罗纪海洋中的顶级掠食者，经常攻击其他海洋动物，甚至连同族的成员也不轻易放过。

伪装者

菱龙号称侏罗纪的“伪装高手”。这是因为它们的身体表面存在着被称为“反隐蔽”的天然保护色——后背为深灰色，肚皮为白色。正是在保护色的掩护下，菱龙才能做到近距离偷袭猎物而不被发现。

化　石　菱龙的鳍状肢 >>>

菱龙在海洋中游泳的时候，就像鸟类挥动翅膀一样，用力摆动着两对健壮结实的鳍状肢。这种滑翔游动的游泳方式和现代企鹅的游泳方式很相似。

大　小	体长为 5 ～ 7 米
生活时期	侏罗纪早期
栖息环境	沿海
食　物	乌贼、海洋爬行类动物
化石发现地	英国、德国

一击必杀

和现代的很多肉食动物一样，菱龙在捕猎的时候通常“不鸣则已，一鸣惊人”。它们用锥子一般尖利的牙齿咬住猎物后，就会猛烈地翻转自己的身躯，利用巨大的动能把无法逃脱的猎物撕扯成肉块，然后吞咽下去。

在19世纪，除了英国矿工发现的化石，最著名的化石要数英国的“化石猎人”——玛丽·安宁发现的菱龙骨骼化石了。目前，这具化石被收藏在英国伦敦的自然历史博物馆中。

玛丽·安宁发现的菱龙化石

敏锐的感官

虽然菱龙没有长脖子的先天优势，但它们拥有比其他蛇颈龙类成员更加优秀的感官。菱龙视力很好，在昏暗的海洋里照样看得清晰，减小了猎物逃脱的概率。它们嗅觉也很出色，能够通过海水流经嘴巴和鼻孔的简短过程获得猎物的气味，并顺藤摸瓜地追踪过去。

狭翼鱼龙 Stenopterygius

在侏罗纪的海洋里，曾经生活过一种类似现代海豚的爬行动物——狭翼鱼龙。它们是陆地恐龙的亲戚，又叫“狭翼龙”。虽然它们的名字里有“翼龙”二字，但是它们跟翼龙家族可没有半点关系，而是属于海生爬行类——鱼龙的一支。

化 石　狭翼鱼龙 >>>

狭翼鱼龙的名字来自它们身体上狭窄的鳍。不过，它们的鳍状肢看似窄小无力，事实上却非常发达，是保证它们泳速的动力之一。

远古“海豚”

狭翼鱼龙拥有尖细的长嘴巴、结实健壮的鳍状肢、光滑的流线型身体。这样的外表让它们看起来和现代海豚非常相似。不过，显然它们并不是海豚，而是生活在侏罗纪的爬行动物。在这一段时期，最早的海豚还没有出现呢。曾经有人根据狭翼鱼龙和海豚相近的外形认为二者之间可能存在着亲缘关系，但这种猜测并没有得到古生物学家的支持。

大　　小	体长约为 4 米
生活时期	侏罗纪
栖息环境	浅海
食　　物	鱼类、头足类及其他海洋动物
化石发现地	英国、法国、德国、阿根廷

狭翼鱼龙复原图

游泳健将

狭翼鱼龙是海洋里的游泳高手：尖长的嘴巴和流线型的身体让它们可以劈波斩浪，较大地减小海水的阻力，而肌肉发达的鳍状肢与强有力的尾巴则为它们提供了强劲的动力。古生物学家推断，狭翼鱼龙的泳速最快能达到 100 千米 / 小时。这样的速度简直能与小汽车相媲美了！

▼ 古生物学家认为成年的雌性狭翼鱼龙是非常“不负责”的妈妈。在生下幼崽后（狭翼鱼龙并不是卵生，而是胎生），它们并不会抚养后代。

狭翼鱼龙及其幼崽

大眼鱼龙 | *Ophthalmosaurus*

在侏罗纪的海洋里，还生活着一种叫“大眼鱼龙”的海洋生物。它们头部两侧长有一双大得出奇的眼睛。这便是它们名字的由来。大眼鱼龙虽然长着细长的嘴巴，但牙齿却非常少，有的类型甚至根本就没有牙齿。

化石 大眼鱼龙的头骨 >>>

一双巨大的眼睛便是大眼鱼龙的标志性特征。据古生物学家测算，一条正常的成年大眼鱼龙的眼球直径约有22厘米，和一个篮球差不多大。

大　　小	体长为4～6米，体重约为900千克
生活时期	侏罗纪晚期
栖息环境	海洋
食　　物	鱿鱼等软体动物
化石发现地	欧洲、美国北部

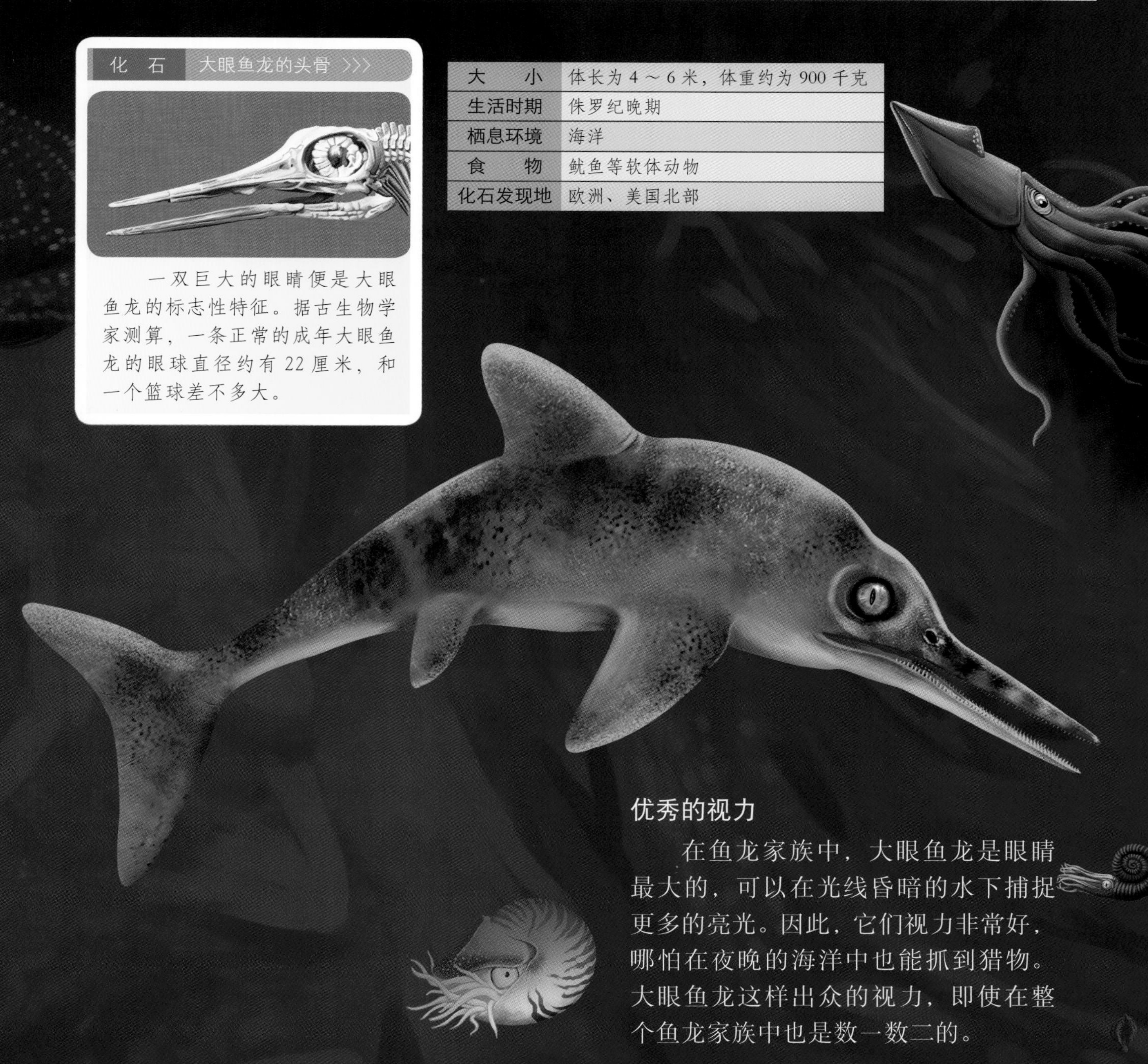

优秀的视力

在鱼龙家族中，大眼鱼龙是眼睛最大的，可以在光线昏暗的水下捕捉更多的亮光。因此，它们视力非常好，哪怕在夜晚的海洋中也能抓到猎物。大眼鱼龙这样出众的视力，即使在整个鱼龙家族中也是数一数二的。

保护膜

我们知道，海水越深，水压就越大。那么，经常在深海捕食的大眼鱼龙到底是怎样保证脆弱的眼睛不会被巨大的压力损害的呢？原来，大眼鱼龙眼睛的周围有一圈由环形骨质鳞片构成的巩膜。它们能在强大的水压下保护柔软的眼球。

▼ 大眼鱼龙游泳的速度非常快。这和它们流线型的身体、能提供强劲动力的尾鳍和准确掌控方向的鳍状肢以及负责平衡的背鳍有着密切的关系。

鱿鱼杀手

由于大眼鱼龙牙齿非常少或者干脆没有牙齿，因此它们在捕食的时候经常会挑选一些柔软无骨的软体动物下手。其中，味道鲜美的鱿鱼是大眼鱼龙的最爱。

沧龙 | Mosasaurus

沧龙是白垩纪时期的海洋霸主。它们虽然在白垩纪晚期才出现，却迅速崛起，一路乘风破浪，将曾经兴盛的鱼龙类、蛇颈龙类以及鲨鱼类统统打败，“君临”原始的海洋生物圈。可惜的是，沧龙最终还是和恐龙一样，消失于白垩纪末期的浩劫中。

化 石 巨大的沧龙骨架 >>>

从化石可以看出，沧龙身体扁平，长度惊人，和现代的一辆公共汽车差不多长，是白垩纪乃至中生代最大、最成功的海洋掠食者之一。

嗅觉与听觉

虽然沧龙眼睛小，视力差，但它们优秀的嗅觉弥补了这些缺陷。舌头是沧龙的嗅觉器官，可以帮助沧龙敏锐地感知到猎物的气味。据古生物学家推测，沧龙的舌头很可能和它们的祖先——古海岸蜥的舌头一样，是分叉的。另外，沧龙听觉也很发达，可以把微弱的声音放大几十倍，探测到很远的猎物。

▼ 从出土的化石可以发现，沧龙头骨巨大，上下颌十分强壮，咬合力惊人，圆锥状的牙齿非常锋利，能够将许多大型海洋动物一口咬断，然后吃到肚子里。

大　　小	体长近 15 米，体重约为 10 吨
生活时期	白垩纪晚期
栖息环境	海洋
食　　物	鱼类、贝类、软体动物等
化石发现地	亚洲、欧洲、北美洲

沧龙残破的头骨化石

“偷袭战”

体形强大的沧龙看上去威风霸道。实际上，它们在捕食的时候一向剑走偏锋，十分推崇“偷袭”战术。原来沧龙也是迫于无奈，谁让它们实在不适合持久的“追逐战”呢。捕猎时，沧龙会悄无声息地躲藏在海藻或礁石边上。只要有猎物靠近，它们就会猛地“跳”出来，一口咬住反应不及的猎物，然后大快朵颐。

克柔龙 Kronosaurus

克柔龙是生活在白垩纪的一种远古巨兽。它们有着短粗有力的脖颈以及巨大狰狞的头部，很像现代的鳄鱼。虽然这副模样和蛇颈龙相差甚远，但事实上，克柔龙属于蛇颈龙的一个分支，又叫“巨头蛇颈龙”。

化 石 克柔龙的头骨 >>>

克柔龙的头部大得出奇，大约占据整个身体长度的 1/3。从化石可以看出，克柔龙的嘴巴非常大，颌骨几乎和头骨等长。

大 小	体长约为 10 米，体重近 11 吨
生活时期	白垩纪
栖息环境	海洋
食 物	鱼类、软体动物、其他海洋爬行类动物
化石发现地	澳大利亚、哥伦比亚

血盆大口

古生物学家对克柔龙化石进行研究后发现：它们的头部巨大而又扁平，差不多能达到 3 米；大嘴巴几乎和头部等长，里面长满尖锐锋利的牙齿。克柔龙在捕猎的时候，会像鳄鱼一样张开巨大的双颌，用匕首一般锋利的牙齿咬住猎物。被克柔龙伤及的动物常常会因为伤势过重而无力反抗，只能乖乖地变成它们的食物。

克柔龙捕食

旺盛的食欲

克柔龙胃部的化石残留物表明，它们是一种和现代鲨鱼食性相近的动物，碰到什么都要尝尝味道，经常大吃特吃。克柔龙还会捕食其他海洋爬行类动物，比如蛇颈龙。在它们强壮有力的双颌面前，实力较弱的蛇颈龙不堪一击。

水面呼吸

虽然克柔龙生活在海洋里，但它们和其他蛇颈龙类成员一样都需要浮到水面上呼吸新鲜空气。有时候，一天之中，克柔龙为进行换气，需要露出水面好几次。

▼ 2015 年 4 月下旬，澳大利亚农场主罗伯特·哈康在自己的农场里发现了一块 1 亿多年前的克柔龙化石。这是一块足有 1.6 米长的颌骨化石，被古生物学家认为是目前世界上保存最完整的克柔龙颌骨化石。

克柔龙颌骨化石

海王龙 Tylosaurus

海王龙性格凶残，是中生代海洋里可怕的掠食者之一。它们虽然不是恐龙，却和恐龙生活在同一时代，最后灭绝于 6600 多万年前的那场劫难，与恐龙算得上“同生共死”。

化 石　海王龙的骨架 >>>

海王龙以扁平修长的体形闻名白垩纪。它们身体最长能达到 14 米，是最长的沧龙科成员之一。海王龙主要以咬、撞为攻击手段，是凶猛的掠食动物。

食物链的顶端分子

海王龙是一种残暴的肉食动物，巨大的体形使它们成为中生代海洋中食物链顶部的成员。这种大块头最喜欢的事就是在海洋里横冲直撞，然后咧开大嘴，用尖利的牙齿到处捕食。海王龙的食谱非常宽泛，几乎包括所有体形比它们小的动物，甚至包括小沧龙。

大　　小	最长为 14 米，体重约为 10 吨
生活时期	白垩纪
栖息环境	海洋
食　　物	鱼类、海龟、其他海洋爬行类动物
化石发现地	欧洲、北美洲

同类相杀

海王龙脾气很是暴躁，同类之间经常会因为领地的问题发生争执，随后一言不合便大打出手。这样做的结局不是两败俱伤，就是一方死亡。

游泳达人

海王龙十分擅长游泳，是海洋里的游泳健将。它们那像船桨一样的鳍状肢可以控制方向，而长长的尾巴给了它们遨游海洋的动力。海王龙的尾巴有力地左右摆动，让海王龙泳速迅捷，鲜有对手。许多海洋动物就是因为游泳输给海王龙才成了它们的口中餐。

▼海王龙的命名过程十分曲折。这和19世纪中后期恶名昭彰的“化石战争”有关。两位著名的古生物学家为了证明自己的能力，对海王龙的学名数次进行更改。直到1872年，马什才最终确定了海王龙这个名称。

化石战争的两名主角——
爱德华·德林克·科普（左）
奥塞内尔·查利斯·马什（右）

薄片龙 Elasmosaurus

在外表上，薄片龙和大多数蛇颈龙一样，长着长脖子、小脑袋。不过，和同族的兄弟姐妹比起来，薄片龙脖子的长度要更加夸张。在 1868 年薄片龙化石第一次被发现时，人们还因此闹了个乌龙。当时的古生物学家错把薄片龙的长脖子当成了尾巴。

薄片龙是“脖子最长的蛇颈龙”，长长的脖子甚至比余下的身体部分还要长。这样诡异的比例让它们看上去活像长着超长脖子的“侏儒”。

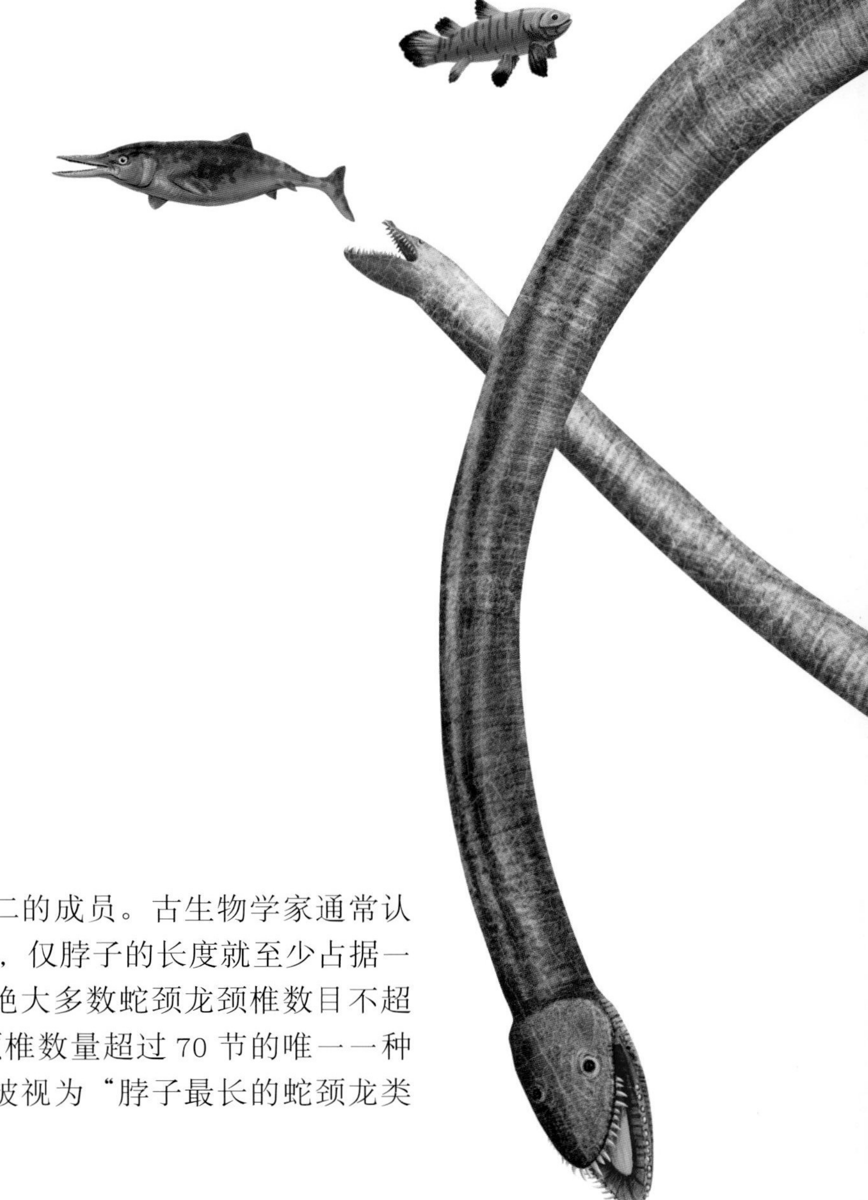

大　　小	体长约为 14 米
生活时期	白垩纪晚期
栖息环境	海洋
食　　物	鱼类、乌贼、贝类
化石发现地	美国

夸张的长脖子

薄片龙是蛇颈龙家族里独一无二的成员。古生物学家通常认为，薄片龙的体长最大能达到 14 米，仅脖子的长度就至少占据一半。古生物学家曾作过统计，发现绝大多数蛇颈龙颈椎数目不超过 60 节，薄片龙却是目前已知的颈椎数量超过 70 节的唯一一种蛇颈龙类成员。这样看来，薄片龙被视为“脖子最长的蛇颈龙类成员”真是一点儿也不夸张。

通常情况下，薄片龙是利用长脖子的方便来袭击路过的猎物的。由于海洋里光线昏暗，很多海洋动物难以看清较远的距离。阴险的薄片龙便仗着脖子长埋伏起来，等待猎物的到来。一旦有倒霉的海洋动物进入自己的领地范围，薄片龙就会猛地弹起长脖子发动攻击，然后轻松把对方吃掉。

▼ 薄片龙经常会在海底四处搜寻没有棱角的小鹅卵石，然后吞咽下去。它们这样做不仅是为了帮助胃部研磨不好消化的食物，也是为了增加体重，以方便游泳和在水中下潜。

脖子长也吃亏

薄片龙超长的脖子虽然为它们提供了无数的便利，但也种下了致命的祸根。当它们面对沧龙等强大的掠食者时，细长的脖子总是让它们力不从心，甚至一不小心就会沦为对方的口食。

真双型齿翼龙 Eudimorphodon

如果说中生代的陆地由恐龙做主，那么这个时代的天空则由翼龙来支配。真双型齿翼龙作为最古老的天空王者之一，虽然名字里带着一个“龙”字，但其实并不是恐龙，充其量和恐龙沾亲带故罢了。

作为一种古老的翼龙类，真双型齿翼龙并没有保留太多原始的特征。它们在外表上和后来的翼龙差不多，身体两侧的翼膜同样长在一对前肢的第四指上。

火眼金睛

真双型齿翼龙的视觉非常敏锐。每当拍打着翼膜在海面上低空飞行时，它们通常一眼就能准确分辨出海水中鱼类的位置以及昆虫在空中飞舞的轨迹，然后找准时机一口吃掉它们。

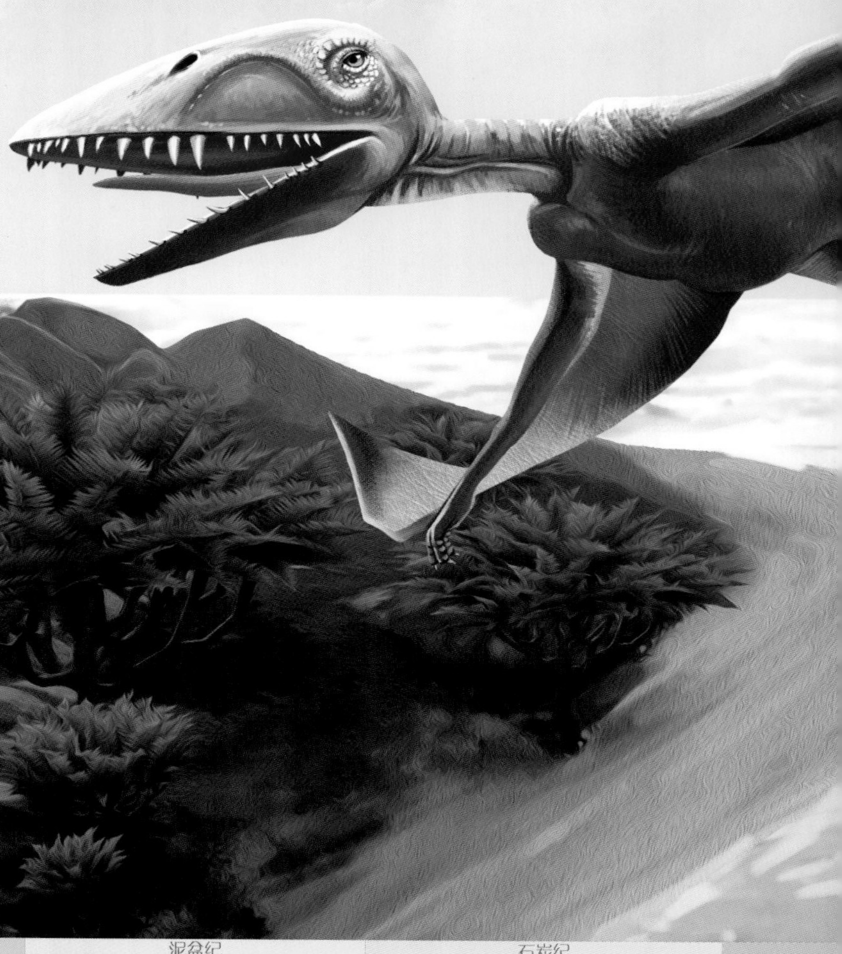

大　小	翼展约为 1 米
生活时期	三叠纪晚期
栖息环境	海岸
食　物	鱼类
化石发现地	意大利、格陵兰岛

▼ 和晚期的翼龙相比，真双型齿翼龙尾巴要长很多。它们的尾巴坚硬挺直，末端还长有近似菱形的怪异物。这既是其身份的证明，也是它们的尾翼。古生物学家推测，真双型齿翼龙在飞行时很可能就是靠菱形的尾翼来控制方向、平衡身体的。

特别的牙齿

真双型齿翼龙的牙齿既是它们名字的来由，也是它们身上比较有特点的地方。古生物学家研究化石后发现，在真双型齿翼龙短小的嘴巴里，密密麻麻地分布着 100 多颗牙齿，一颗挨着一颗。这些密布的牙齿主要分成两种：一种靠前，向外突出，一种长在后面。前者可以帮助真双型齿翼龙叼住外表光滑的鱼类，后者则可用来咀嚼食物。

喙嘴龙 Rhamphorhynchus

喙嘴龙是一种原始而著名的翼龙。和晚期翼龙不同，它们身上存在着许多原始特征，比如长有尖尖的牙齿、细长的尾巴等。它们虽然以鱼类为食，但并不像现代的很多水鸟一样采取静伺或潜水的方式捕食，而是在飞行的过程中掠食。

化　石　喙嘴龙的尾巴 >>>

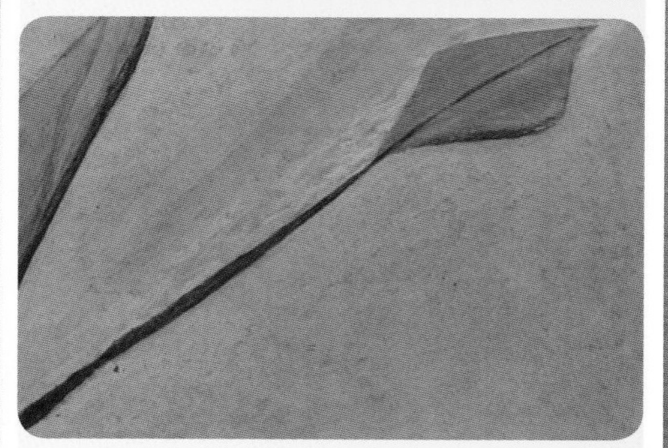

和许多早期翼龙一样，喙嘴龙的尾巴很有时代特征，在末端长有菱形"锤子"。古生物学家认为它除了起装饰作用，还有掌控平衡的功能。

高明的"飞行员"

喙嘴龙的飞行技巧十分高超。它们在捕食的时候，经常会近距离贴在水面上飞行。一旦有鱼类出现在水面，喙嘴龙就会突然放低身子，几乎是贴着水面飞去，然后探出长嘴巴，用牙齿叼住猎物后离开。

大　　小	翼展约为 1 米，体重约为 10 千克
生活时期	侏罗纪中期
栖息环境	海岸
食　　物	鱼类、昆虫
化石发现地	德国

为什么会飞？

喙嘴龙不是鸟类。它们身体表面光秃秃的，没有羽毛，却能在天空中飞翔。这是为什么呢？事实上，喙嘴龙和鸟类不同，羽毛并不是其飞行的必需品。它们利用胸骨上的肌肉来控制两侧的一对翼膜，然后用长尾巴控制飞行的方向，就可以飞上天空。

解析身体

在喙嘴龙化石被发现之初，古生物学家就进行了深入的研究，并在此基础上进行了复原。他们发现喙嘴龙的眼眶很大，说明它们长有大大的眼睛，视力可能很好。而且，喙嘴龙拥有锋利的牙齿，应该属于无肉不欢的肉食者。另外，喙嘴龙还长着长长的尾巴。这可能是其控制方向、保持身体平衡的秘密武器。

喙嘴龙的尾巴末端并不是一开始就呈锤子状的。一般，幼年喙嘴龙的尾巴末端是柳叶刀的形状，后来才会慢慢变成锤子状。

翼手龙 | Pterodactylus

翼手龙是较为人们熟知的翼龙类成员，属于翼龙家族里的晚辈。和那些“老前辈”比起来，翼手龙演化得比较高级，尾巴基本消失，脖子又长又灵活，具有很强的飞行能力。

化石　翼手龙 >>>

在侏罗纪晚期，原始的长尾翼龙已数量大减，濒临灭绝，像翼手龙这样的短尾翼龙在当时的天空中则十分常见。

大　　小	翼展达 0.3 ~ 7 米
生活时期	侏罗纪晚期至白垩纪
栖息环境	海岸
食　　物	鱼类、昆虫
化石发现地	欧洲

步履蹒跚

翼手龙是一种会飞行的爬行动物。这意味着它们既能在天空中翱翔，也可以在陆地上行走。不过，随着翼手龙的飞行能力越来越强，它们的步行能力却一退再退。它们走起路来往往显得非常笨拙、不协调。因此，翼手龙一生中很少在地面上行走。

到底会不会飞？

目前，在古生物界，人们对于翼手龙究竟会不会飞行颇有争议。一方认为，大型翼手龙身体笨重，飞行负担太大，它们很可能只是爬到高处，然后张开翅膀，顺着风力滑行而已；另一方则认为，翼手龙翼膜宽广，只要用力扇动翼膜，就能被巨大的升力托举起来，让自己顺利飞行。至今，这个争议也没有定论。

▼ 迄今为止，古生物学家已经发现了十几种翼手龙的化石。它们的头骨化石显示：这些动物有比较聪明的头脑，能够在空中做出一系列精准的高难度动作。

细心的父母

在繁殖期间，雌性翼手龙会像现代大多数鸟类一样，在树木、山崖、岩石等地搭建舒适的家，然后把卵产在里面。当翼手龙宝宝出生后，“家长们”会用心照料它们，直到这些小家伙学会飞行并能够独立生活为止。

南翼龙 Pterodaustro

南翼龙是白垩纪时期翼龙类中比较有代表性的一类。它们的化石最早于 20 世纪 60 年代末发现于南美洲。除了长有长长的脑袋，南翼龙最显著的特点就是下颌上长着像梳子似的密密麻麻的牙齿。

化　石　南翼龙头骨 >>>

南翼龙嘴巴里的牙齿足有上千颗，密密麻麻地挤在一起，让人看了不禁有些头皮发麻。在功能上，它们和现代须鲸的角质须有些相似，能过滤水中的食物。

大　小	翼展约为 3 米，体重约为 5 千克
生活时期	白垩纪早期
栖息环境	海岸、湖泊边
食　物	浮游生物
化石发现地	南美洲

神奇的“牙刷”

南翼龙的嘴巴很特别，上颌明显向上弯曲，下颌两边则长满像铁丝一样尖细的牙齿。这些长长的牙齿像牙刷的硬毛般根根直立。所以，南翼龙永远没办法在闭上嘴巴的同时把牙齿也藏进嘴里。

科学的姿势

吃鱼的翼龙大多数是技艺高超的“飞行员”。它们总是在飞行时把嘴巴探入水中捕食。但是，南翼龙很可能没办法这样做。这跟南翼龙的飞行技巧没有关系，纯粹是因为模仿其他翼龙的进食方式很容易让南翼龙下颌脱臼。因此，南翼龙吃饭的“正确姿势”应该是站在水里，将长喙伸入水中左右摆动来觅食。

重要的“筛子”

在密集的牙齿的帮助下，南翼龙的嘴巴变成了“筛子”：它们觅食时，会把长喙探入水里，然后抬起头来，让水流从细密的齿缝中流出，筛选出微小的浮游生物，最后合上嘴巴，把食物吞到肚子里。

▼ 古生物学家推测，南翼龙在地上行走时，一般是四肢着地，把暂时用不着的翼膜折叠起来，慢慢行走。这样比较稳定，否则脖子前的大脑袋很难让它们的身体保持平衡。

南翼龙的行走姿势

南翼龙在水中捕食

宁城热河翼龙 Jeholopterus ningchengensis

宁城热河翼龙属于小型蛙嘴龙科翼龙类，其化石于 20 世纪末被发现于中国内蒙古宁城县道虎沟野外地层中，是迄今为止发现的最完整的蛙嘴龙科化石。宁城热河翼龙化石保存了精美的翼膜以及遍布全身的可疑“毛发”，具有非常重大的研究价值与生物学意义。

大小	体长约为 16 厘米，翼展约为 90 厘米
生活时期	侏罗纪中期
栖息环境	平原、林地
食物	昆虫或鱼类
化石发现地	中国

高明的技巧

宁城热河翼龙虽然个头不大，但拥有相对较大的翼膜，十分擅长飞行。它们的双翼展开后长度接近 1 米，同时轻巧的身体减轻了其飞行的负担。在捕食猎物的时候，宁城热河翼龙可以在空中快速地转动身体，猛然提速，然后一口把猎物吞到肚子里。

化石 宁城热河翼龙标本 >>>

和发现的其他蛙嘴龙科化石比起来，宁城热河翼龙的化石近乎完整。通过化石，我们可以清楚地看到宁城热河翼龙的一些外表特征，如长有略短的脖子、较短的掌骨以及长长的脚趾等。

▲ 相比于其他爬行动物而言，宁城热河翼龙无论是从外表上还是从食性上，都更加接近现代哺乳动物的翼手目成员——蝙蝠。

“毛”是什么?

古生物学家在宁城热河翼龙的化石上发现了古怪的“毛发”。难道这些“毛发”是翼龙的原始羽毛吗？最初，研究人员的确是这样想的。但是，随着研究的深入，他们渐渐发现，这些“毛发”实际上是一种粗丝，和羽毛完全是两种东西，与哺乳动物的毛发也截然不同。

“毛”的作用

宁城热河翼龙身上的“毛发”既然并不是羽毛，那到底有什么用呢？古生物学家初步认为，这些“毛发”应该与调控体温、辅助飞行以及在捕猎时消音等功能有着紧密的关系。

掠海翼龙 *Thalassodromeus*

通常而言，翼龙的骨骼轻巧脆弱，经过亿万年的时间洗礼后，很难形成化石保存下来。但是，出土自巴西的掠海翼龙化石却是个例外。当它重见天日的时候，古生物学家对它近乎完整的外形感到十分惊诧和万分喜悦。

化 石　掠海翼龙头骨 >>>

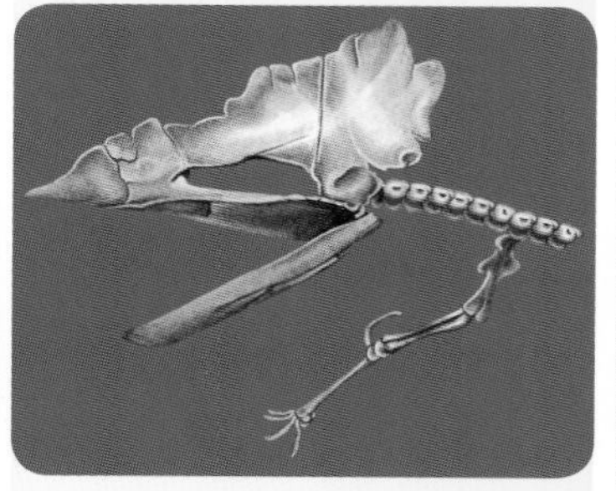

掠海翼龙最大的特点就是头顶上戴有“高帽子”。这是属于它们的独特冠饰。巨大的骨质冠大约占据头部体积的3/4。这在古往今来的所有动物中比较少见。

“剪刀嘴”

掠海翼龙的嘴巴又长又尖，就像锋利的剪刀。这是它们用来捕食的最佳工具。当展开宽大的双翼飞掠过水面时，它们会把剪刀一样的尖喙探入水中，叼取藏在水下的鱼类为食。这种飞行捕鱼的方式和现代剪嘴鸥的捕鱼方式很相像。

“高帽子”

由于巨大骨质冠的存在，掠海翼龙的形象在现代人看来显得非常怪诞，让它们很有几分“怪物”的风采。掠海翼龙的“高帽子”既扁又长，看上去既像单薄的刀片，又像锋利的矛头，让人感到惊奇。有人认为掠海翼龙飞行时全靠这种骨质冠来控制平衡，也有人觉得这种骨质冠应该是负责调节体温的器官，还有人认为骨质冠能帮助掠海翼龙吸引异性。至于骨质冠到底能起到什么作用，古生物学界一直没能达成统一意见。

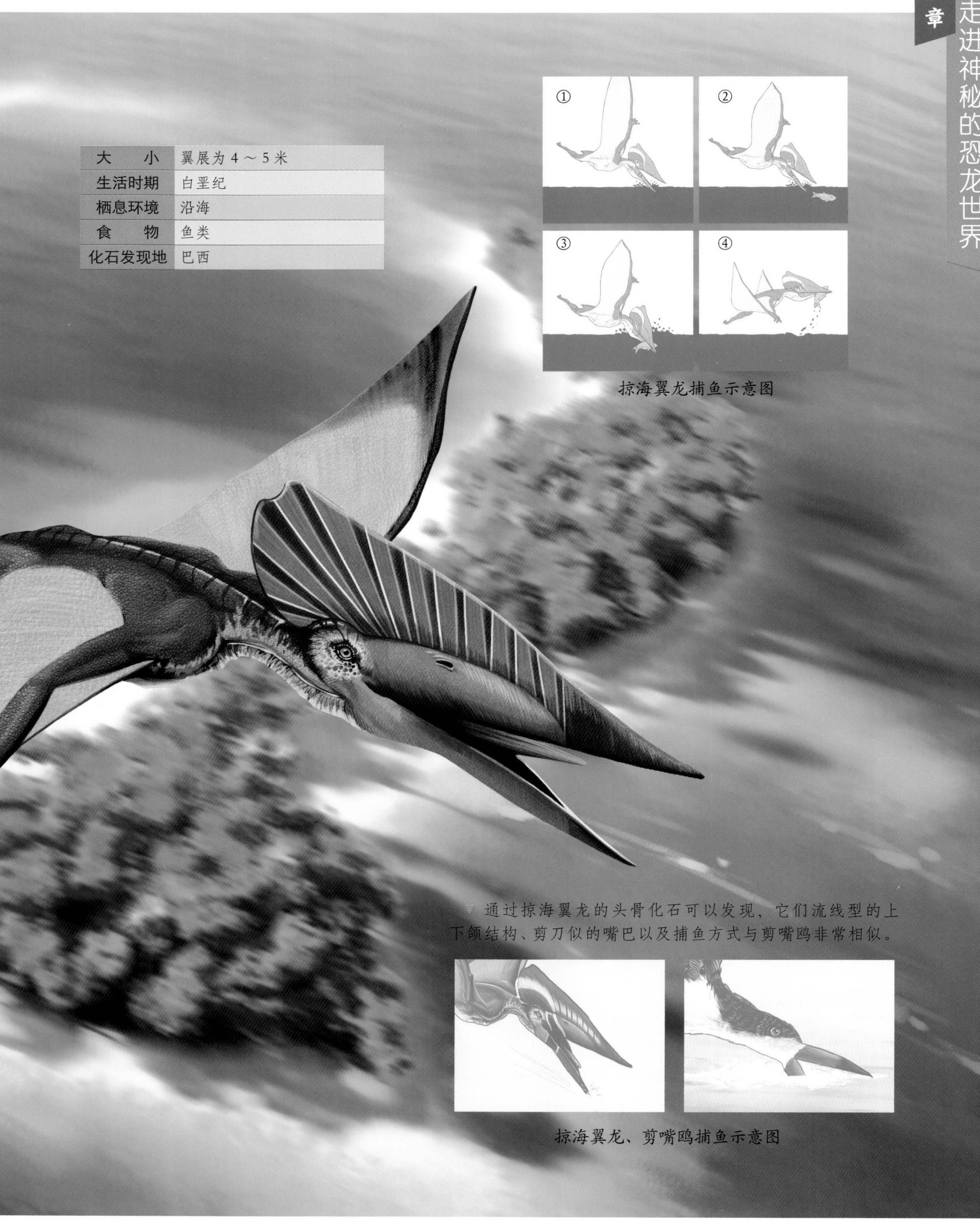

大　　小	翼展为 4 ～ 5 米
生活时期	白垩纪
栖息环境	沿海
食　　物	鱼类
化石发现地	巴西

掠海翼龙捕鱼示意图

通过掠海翼龙的头骨化石可以发现，它们流线型的上下颌结构、剪刀似的嘴巴以及捕鱼方式与剪嘴鸥非常相似。

掠海翼龙、剪嘴鸥捕鱼示意图

阿凡达伊卡兰翼龙 *Ikrandraco avatar*

俗话说：“艺术高于现实。”科幻电影《阿凡达》里的外星动物“伊卡兰”虽然是虚构的，但显然是以几种远古翼龙为原型塑造的。在 2014 年，中国的古生物研究团队向世界宣布，他们发现了一种史前翼龙的化石标本，其外形和“伊卡兰”非常相似。所以，研究团队将其命名为“阿凡达伊卡兰翼龙”。

大　　小	翼展约为 1.5 米
生活时期	白垩纪
栖息环境	湖岸
食　　物	鱼类
化石发现地	中国辽西地区

化　石　阿凡达伊卡兰翼龙的头骨 >>>

古生物学家发现的阿凡达伊卡兰翼龙化石显示，这种翼龙头骨顶部平直，下颌长着半圆形的骨突，牙齿尖利。这样奇特的外形让它们和电影《阿凡达》里的魔兽“伊卡兰”十分相像。

电影与现实的对比

▲ 根据数据计算，电影里庞大的飞行魔兽“伊卡兰”的双翼展开后长度足有 12 米，和地球上最大翼龙的双翼差不多长。现实中的阿凡达伊卡兰翼龙则有些“小家子气”，翼展长度只有 1.5 米左右。

独树一帜的外形

伊卡兰翼龙下颌部的骨突是它们身体最大的特异之处。迄今为止，古生物学家从未在其他翼龙类成员身上发现这样的“头饰”，即使在现生动物身上也没有相似的例子。可以说，伊卡兰翼龙的形态造型“只此一家，别无分号”。

捕猎进行时

和大多数翼龙类成员一样，伊卡兰翼龙也是低飞掠食的动物。在1.2亿年前的白垩纪，伊卡兰翼龙如果肚子饿了，就会扇动双翼，在天空中划过一道优美的弧线，随即压低身子，紧贴着湖面飞行，将下巴上的骨突伸到湖水里感应猎物的所在，然后迅速捕获水面下的鱼群吃个痛快。

锋利的下巴

因为伊卡兰翼龙长在下巴上的骨突没有实例验证，所以人们对其作用一无所知。不过，古生物学家经过研究发现，伊卡兰翼龙半圆形的骨突边缘非常平滑，简直和刀片差不多，表面没有能够调温的血管印痕。因此，他们推测：伊卡兰翼龙在飞行和捕食时，会用锋利的骨突切割流体，以减小阻力。

风神翼龙 | Quetzalcoatlus

20世纪70年代初，道格拉斯·劳森在美国和墨西哥边界偶然发现了一块1米左右的细长条形化石，那是一种未知翼龙的翼指骨化石。自此，轰动世界的风神翼龙进入人们的视野。它们是地球上已知的最大的飞行动物之一。

化　石　风神翼龙的尖嘴 >>>

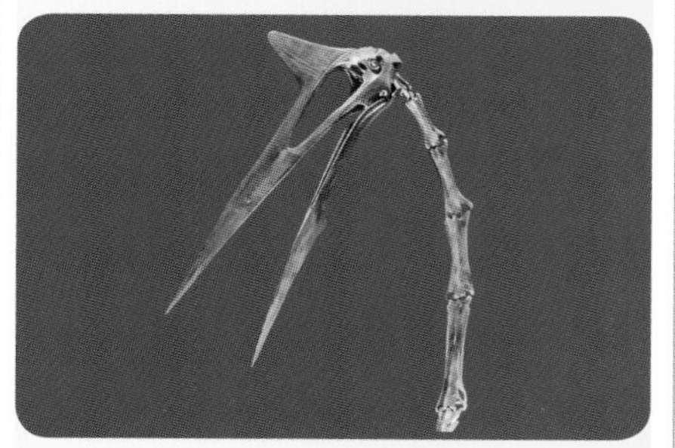

风神翼龙尖长的嘴巴就像一把锋利的长矛。这是风神翼龙最强的武器。别看风神翼龙嘴巴里没有牙齿，但它们把尖嘴快速地向下戳去时，依然能够产生巨大的杀伤力。

奇特的外表

从已经发现的化石来看，风神翼龙的外表很特别。除了拥有比普通翼龙大几倍的体形，它们头顶上还长有用途不明的脊冠。风神翼龙的眼眶很大，几乎占据头骨全长的一半，嘴巴又尖又长，里面没有牙齿。它们的脖子足有2米长，而且很灵活，像蛇颈一样。

凶残的"大秃鹰"

风神翼龙一点儿也不挑食，除了吃活着的动物，也会吃动物尸体。在空中飞行的风神翼龙会时刻观察着地面，一旦发现动物尸体，就会俯冲而下，以绝对的优势赶走其他食腐动物，独霸"美食"。风神翼龙尖长的嘴巴是它们食腐的最佳工具。

大　小	翼展为10～11米，体重约为250千克
生活时期	白垩纪晚期
栖息环境	平原、林地
食　物	小型恐龙、恐龙幼崽、腐肉
化石发现地	美国

▼ 站立的风神翼龙和现代长颈鹿差不多高，双翼展开则足以横跨整个网球场。像它们这样巨大的飞行动物，即便翻遍地球的生物发展史，也非常少见。

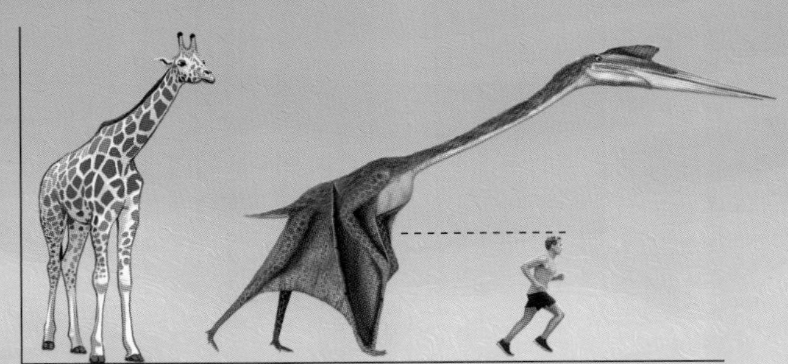
风神翼龙和长颈鹿对比

御风而行

风神翼龙的骨骼非常轻盈，前肢肌肉很强壮，所以即使它们体形庞大，也丝毫不影响飞行。不仅如此，风神翼龙还经常在白天进行远距离飞行，活动区域很可能远远超过其化石发现地的分布范围。它们这样做是为了寻找能够果腹的猎物。

无齿翼龙 *Pteranodon*

无齿翼龙的名字直截了当地点出了它们最大的特点——没有牙齿。它们是晚期翼龙中体形最大的成员之一，展开双翼后和小型客机差不多大小。它们头顶上那大大的奇怪骨冠很可能在飞行时起到控制平衡的作用。

化　石　无齿翼龙的头骨 >>>

无齿翼龙的嘴巴细长尖锐，很像现代鹤类的喙。虽然它们的上下颌骨中没有牙齿生长的痕迹，但这并不影响它们进食。

栖息之策

无齿翼龙不可能一天到晚总是在天上飞来飞去，总得有休息的时候。休息时，无齿翼龙很可能直接落到地面上，把双翼收拢起来，到处行走、爬动，也有可能像蝙蝠那样把自己倒挂在树枝、岩壁上。

大　　小	翼展为 7 ～ 9 米，体重约为 15 千克
生活时期	白垩纪晚期
栖息环境	沿海
食　　物	鱼类
化石发现地	北美洲

骨冠能做什么?

无齿翼龙的头顶上戴有十分独特的“帽子”，那是骨质冠。无齿翼龙狭长的骨质冠向后延伸，几乎和尖长的嘴巴处于同一条直线。那么，这种骨质冠到底有什么用呢？有人猜测它们是无齿翼龙用来装饰和求偶的工具。不过，大多数古生物学家认为：它们相当于飞机的尾翼，可以帮助无齿翼龙在飞行过程中更好地掌控平衡。

没牙怎么吃?

虽然无齿翼龙没长牙齿，但这并不影响它们的日常生活。原来无齿翼龙的咽喉部位长有奇怪的皮囊。古生物学家猜测，无齿翼龙很可能和现代的游禽鹈鹕一样，直接把长嘴伸入水中吞食鱼类或者其他食物。

▼ 无齿翼龙几乎一整年都聚集在海边进行繁衍生息。这是因为它们钟爱海鱼。迄今为止，古生物学家已经在沿海地区发现了超过1000具无齿翼龙的化石。这表明它们当时在临海一带很常见。

恐龙狂野

恐龙曾经遍布中生代陆地的诸多角落。虽然在白垩纪末期它们就已经灭绝了，但它们的尸骨在漫长岁月的催化下变成了珍贵的化石。恐龙化石的分布非常广泛。下面，我们要向大家介绍一些国内外著名的恐龙化石“盛产地”。

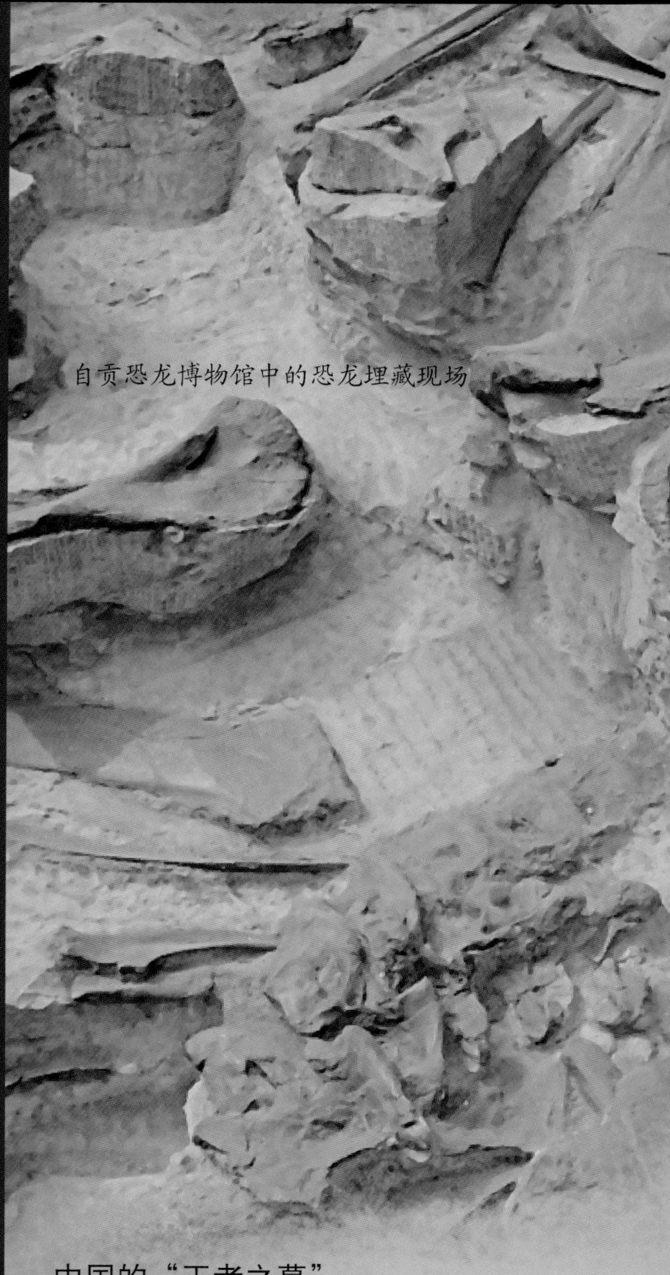
自贡恐龙博物馆中的恐龙埋藏现场

四川：举足轻重的恐龙之都

四川自古就有“天府之国”的美誉，是巴蜀文化的发源地。如果向前追溯亿万年，这里可算得上侏罗纪恐龙的“极乐净土”。

根据古生物学家多年来的科研成果，我们可以发现，在四川省将近 50 万平方千米的土地上，几乎任何一个地方都有关于发现恐龙化石的记录，其中包含的时间段横跨整个侏罗纪。可以说，你能够在这里看到侏罗纪各个时期不同种类的恐龙化石。

古生物学家们在四川的发现

1915 年，美国地质学家乔治·D·劳德伯克带领调查组在四川荣县寻找油气藏的时候，意外发现了巨齿龙的部分化石（包括 1 枚牙齿和 1 段股骨的化石）。

1936 年，中国著名古生物学家杨钟健先生等人在四川荣县考察时，于西瓜山上发现了第一具峨眉龙骨架化石。

杨钟健先生

中国的“王者之墓”

中国是世界上恐龙化石出土种类和数量最多的国家之一。偌大的国土，除了福建、海南和台湾等，大部分省区基本有恐龙化石的发现。不过，恐龙化石最具特色的地点主要为四川、云南、河南等地。

复原后的峨眉龙

1944 年，中国地质学家岳希新先生在四川威远发现了鲜为人知的鸟脚类恐龙——岳氏三巴龙的化石（包括部分椎骨、肩胛骨以及前后肢骨的化石）。

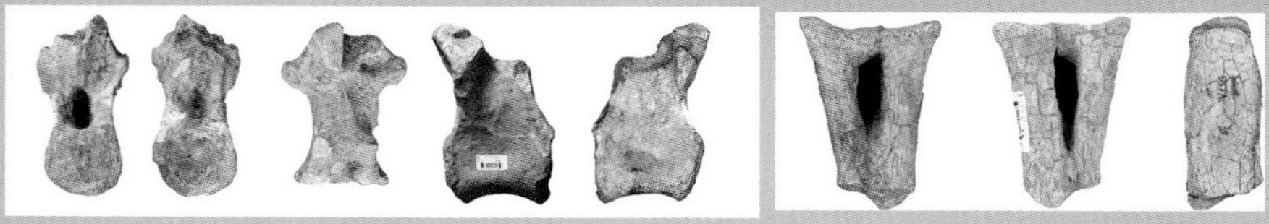

岳希新先生

1957 年，在今天的重庆合川（重庆当时由四川省管辖，还不是直辖市），古生物学家找到了大型蜥脚类恐龙——合川马门溪龙近乎完整的化石骨架。化石标本长约 22 米，仅脖子的长度就接近一半。时至今日，这具骨架化石在国际上的地位仍是十分重要的。它被收藏于成都理工大学博物馆。

合川马门溪龙化石骨架

除了恐龙的骨骼化石，古生物学家还在四川发现了许多珍稀的恐龙足迹化石，比如三叠纪晚期的磁峰彭县足迹化石、侏罗纪晚期的岳池嘉陵足迹化石等。截至目前，在全国发现的恐龙足迹化石中，四川的足迹化石占据的比例达一半以上。

云南：追根溯源的“恐龙之乡”

如果要谈论中国人研究本国出土恐龙化石的早期历史，那么必定绕不开云南这处“恐龙之乡”。

卞美年先生（左二）和杨钟健先生（右二）
（1933 年贾兰坡摄于周口店办事处西房门外。）

20 世纪 30 年代末，中华大地硝烟弥漫。云南因为地处西南大后方，算得上比较安定的地区。中国老一代古生物学家卞美年先生、杨钟健先生在云南禄丰盆地工作期间，偶然发现了大量已灭绝的恐龙骨骼化石。据资料记载，当时出土的禄丰恐龙化石标本数量多达几百具，主要分为许氏禄丰龙和巨型禄丰龙两个种类。

卞美年先生（右三）和杨钟健先生（右二）
（1934 年 5 月，考古学家在周口店办事处的院子里。）

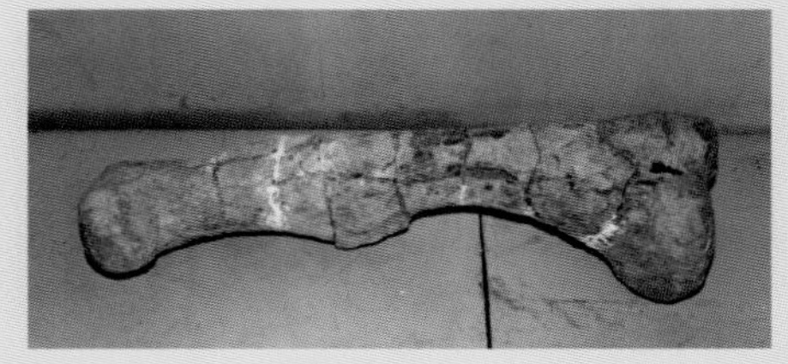
修复后的禄丰龙大腿骨化石

1941 年，在许氏禄丰龙的骨骼化石发现几年后，杨钟健先生对其进行了研究、装架。这不仅是中国最早装架的恐龙化石骨架，还是由中国人自己发掘、研究和组装展出的第一具恐龙化石骨架，有着“中国第一龙”的美誉。

1958 年发行的“禄丰龙”邮票

1984 年，云南禄丰县宋家坡出土了一具完整的禄丰龙化石骨架。骨架长约 6 米，高 2 米多，是过去几十年来发现的最完整的禄丰龙化石骨架。

1987 年，古生物学家在晋宁找到了较为完整的双嵴龙化石和大量形态丰富的恐龙脚印化石。

1941 1958 1984 1987

许氏禄丰龙化石骨架

“禄丰龙”邮票

新洼金山龙化石骨架

禄丰野外风景

新的发现

新中国成立以后，古生物学家对于恐龙化石的研究进入一个崭新的阶段，越来越多的恐龙化石被人们发掘出来。尤其在进入 20 世纪 80 年代后，古生物学家在云南有了更多的新发现。

楚雄世界恐龙谷入口

1988 年，古生物学家在金山镇发现了比禄丰龙化石时代更早、意义更加特殊的金山龙化石。

1995 年，在禄丰县的川街恐龙山，一个迄今为止世界最大的侏罗纪早期的恐龙“坟场”被发现。当地政府在这里建立了享誉全球的“世界恐龙谷”。

1997 年，古生物学家在川街地区找到了侏罗纪晚期的马门溪龙动物群化石。

2000 年，禄丰县出土了侏罗纪早期体形巨大的蜥脚类恐龙——川街龙的化石。

1988 1995 1997 2000

恐龙谷内风景一览

巨大的川街龙化石骨架

如今的云南已经成为举世瞩目的恐龙化石产地。当地政府灵活利用资源，建立了以恐龙为主打品牌的旅游文化产业。

河南：寻根访祖的“恐龙之家”

如果把四川称为“恐龙之都”、把云南誉为“恐龙之乡”的话，那么把河南叫作“恐龙之家”一点儿也不为过。

1993 年，古生物学家在河南南阳这片并不富庶的土地上发现了大量恐龙蛋化石。它们大多以成窝的形式出现，其质量和数量都是前所未有的。这些恐龙蛋化石的发现在世界古生物学圈子里掀起了波澜。而且，随着发掘的深入，越来越多的“稀世珍品”重见天日。

1993 年，人们在河南西峡县的一个山坡上发现了闻名世界的恐龙胚胎化石“路易贝贝”（Baby Louie）。这个名字来自为这窝恐龙蛋化石进行拍照的摄影师——路易·皮斯霍斯。

路易贝贝

登载在《美国国家地理》杂志封面上的“路易贝贝”复原图

在现场勘查恐龙蛋化石的古生物学家

恐龙蛋化石遗址洞

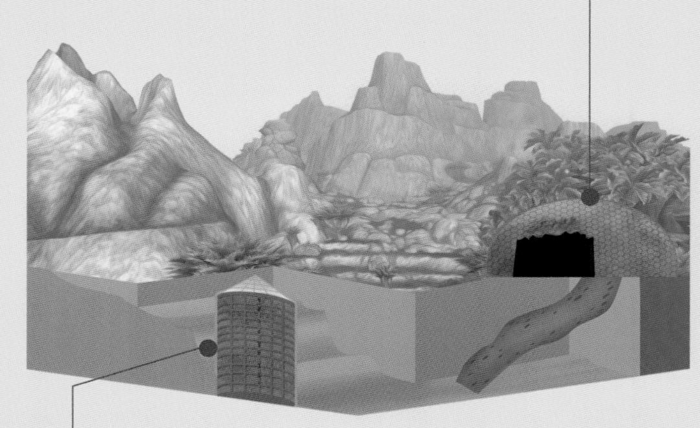

不同的恐龙蛋化石层

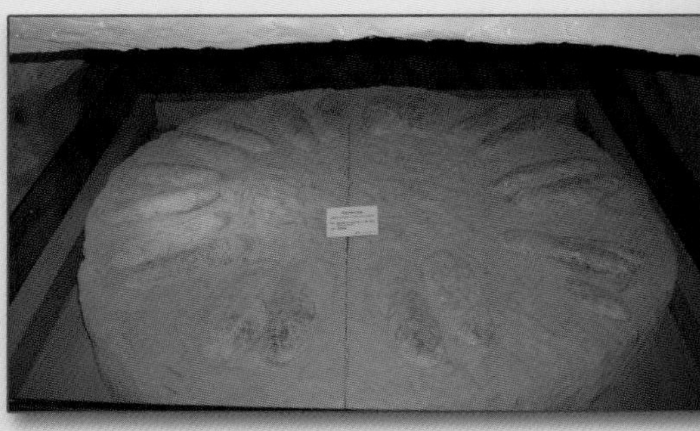

20 世纪 90 年代，在河南内乡曾出土过一窝直径约为 2 米的长形恐龙蛋化石，堪称无价珍宝。

河南南阳恐龙蛋化石群国家级自然保护区地址

西峡

内乡

南阳

镇平

淅川

多年来，由于国家和河南当地政府的重视，人们在恐龙蛋化石密集的区域设立了保护区，即南阳恐龙蛋化石群保护区。根据当地国土部门的统计，到目前为止，这里出土的恐龙蛋化石数量不少于万枚。这样庞大的数量占据全国恐龙蛋化石产量的90%以上。而且，经古生物学家现场初步勘测，当地恐龙蛋化石的地下储量不少于2万～3万枚。

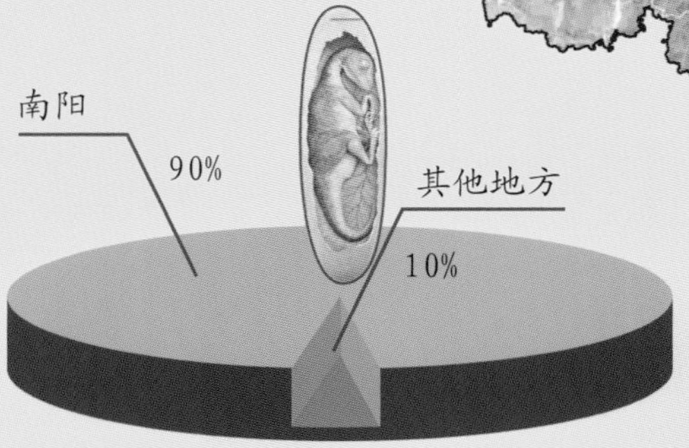

南阳

90%

其他地方

10%

南阳恐龙蛋化石数量在全国的比例

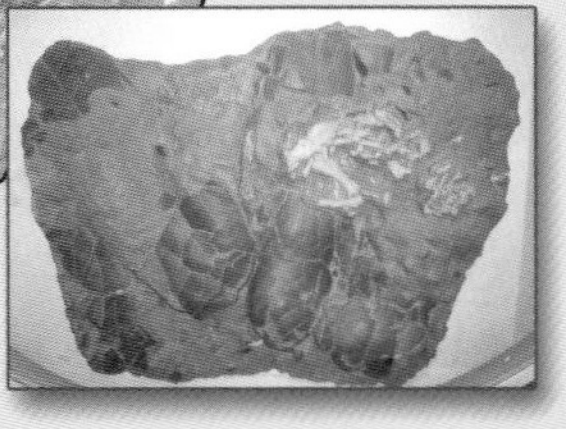

不同类型的恐龙蛋化石

除了恐龙蛋化石，南阳龙骨骼化石同样是古生物学家在河南的重大发现。在恐龙蛋化石如此密集的地区发现恐龙骨骼化石是十分罕见的。它打破了一直以来“恐龙骨架化石与蛋化石两者不能并存”的定论，具有重大的意义。

南阳龙和恐龙蛋的复原

国外的“恐龙坟场”

说完国内主要的恐龙化石产地，让我们把目光投向国外。相对于中国的恐龙化石发现来说，国外的恐龙化石种类应该更加丰富多样一些，研究工作也开展得更早些。下面是国外几个重要的恐龙化石产地，让我们一起去见识一下吧！

沧海桑田

巴塔哥尼亚主要位于阿根廷境内，大部分地区被沙漠覆盖着。但是，在白垩纪的时候，这里生长着茂盛的植被，山清水秀，水草丰美，十分适合动物生存，和现在相比判若两样。在这里，体形巨大的植食恐龙自由自在地生活着，一些以它们为食的大型肉食恐龙也定居于此。

巴塔哥尼亚欢迎八方游客的恐龙广告牌

正在野外工作的古生物学家

阿根廷巴塔哥尼亚：巨龙的国度

提到南美洲的阿根廷，许多人可能会想到足球、球队。不过，若把时间倒退 1 亿多年，在那个人类远未出现的中生代，这片土地上却生活着自地球诞生以来体形最大的一批远古巨龙。

生活在阿根廷的巨龙们

1. 阿根廷龙：1987 年，阿根廷出土了一批残缺的巨大的恐龙骨骼化石，包括部分脊椎、荐椎、肠骨、股骨以及胫骨等部位的化石。这些骨骼化石全都大得吓人，其中最大的脊椎骨化石足有一个成年人大小。看到这些化石以后，古生物学家意识到，他们发现了一个了不得的庞然大物。于是，1993 年，这种巨大的恐龙被命名为“阿根廷龙”。有资料显示，阿根廷龙生前身长在 30 ～ 40 米之间，体重达到 90 吨以上。

阿根廷龙的椎骨化石

阿根廷龙椎骨的复原模型

儿童与阿根廷龙化石骨架的对比给人以强烈的视觉冲击力。

柱子一样粗壮的阿根廷龙股骨化石

2. 南方巨兽龙：1993 年，古生物学家在巴塔哥尼亚地区发现了较为完整的兽脚类恐龙骨架化石。1995 年，这种恐龙被命名为“南方巨兽龙”。它们是一种大型肉食者。不过，由于骨骼不全，人们对其体形争议很大。目前，较为权威的数据表明，南方巨兽龙体长在 12 ～ 13 米之间，是肉食恐龙家族里体形排在前列的大家伙。

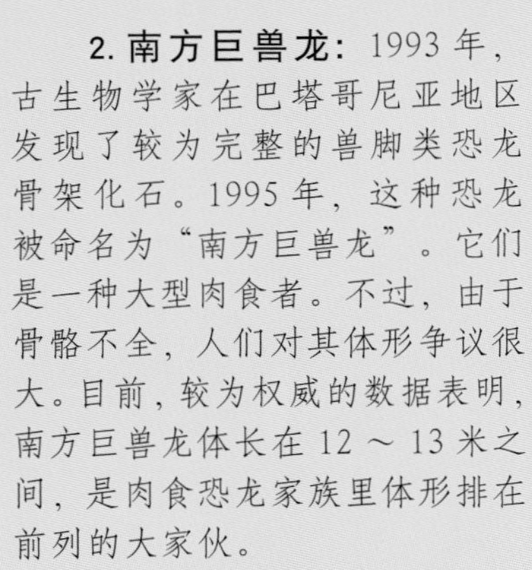

图片为南方巨兽龙头骨化石。锋利的牙齿显示出它是凶残的肉食者。

恐龙国家纪念公园：侏罗纪恐龙的安息地

美国是全世界名列前茅的恐龙大国，拥有许多恐龙化石产地，恐龙国家纪念公园就是其中之一。该公园位于科罗拉多州和犹他州交界处，面积约有800平方千米，是全世界最具多样性的侏罗纪晚期恐龙化石遗址。古生物学家在这里发现了上千具蜥脚类、兽脚类恐龙的骨骼化石。

刻有“恐龙国家纪念公园”的石碑标志

恐龙国家纪念公园内有一段长长的化石岩墙，上面密密麻麻地镶嵌了1500多块恐龙骨骼化石。它们都是经洪水堆积作用而形成的奇妙遗存。

恐龙国家纪念公园的内部环境

堆积的尸骨

经过多年的发掘和研究，古生物学家发现，恐龙国家纪念公园里的骨骼化石分布比较密集，偶尔还会在某片区域出现化石一层叠着一层堆积的情况。他们结合当地环境分析后认为：早在侏罗纪晚期，这里气候温暖潮湿，水源充足，植被茂盛，生活着大量恐龙，但由于地势平坦，每逢雨季就会发生洪水。泛滥的河洪把死去的恐龙冲走，堆运到水流减缓的地方。之后，它们被沉积物覆盖，最终变成化石。

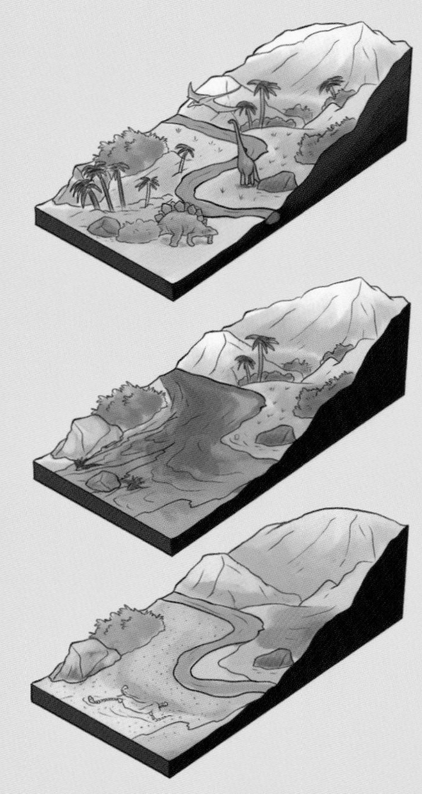

镶嵌有恐龙骨骼化石的陡峭岩壁

加拿大艾伯塔省恐龙公园：世界自然遗产

说完了美国，让我们把目光投向它北方的邻居——加拿大。加拿大有着“枫叶之国”的美誉，就连国旗上都印着枫叶的标志。位于加拿大南部的艾伯塔省以白垩纪晚期各种珍贵的恐龙化石享誉世界。出于保护化石的目的，在国家和当地政府的支持下，艾伯塔省恐龙公园于 1955 年正式建立，并成为世界重要的恐龙化石发现地。1979 年，联合国教科文组织将这里列入《世界遗产名录》。

艾伯塔省恐龙公园的标牌

艾伯塔省恐龙公园内部风景

古今差异

现在我们所看到的艾伯塔省恐龙公园是一片辽阔的荒原。长年累月的大风侵蚀改变了这里的地貌，形成了石柱、山峰以及五颜六色的岩层交相辉映的奇特地形。

但是，在白垩纪时期，这里应该是一片植被繁盛的地区。郁郁葱葱的森林覆盖了这片土地，吸引了许多植食恐龙在这里繁衍生息。这间接刺激了肉食恐龙数量的增加。

从 19 世纪 80 年代起，古生物学家在艾伯塔省恐龙公园陆续发现了超过 300 具保存良好的恐龙化石，种类达 30 余种，包括角龙、暴龙、鸭嘴龙等“恐龙明星”的化石。

风蚀作用下形成的“天然怪岩柱”

封存在密封框下的恐龙化石发掘原址

艾伯塔省恐龙公园内部的恐龙化石

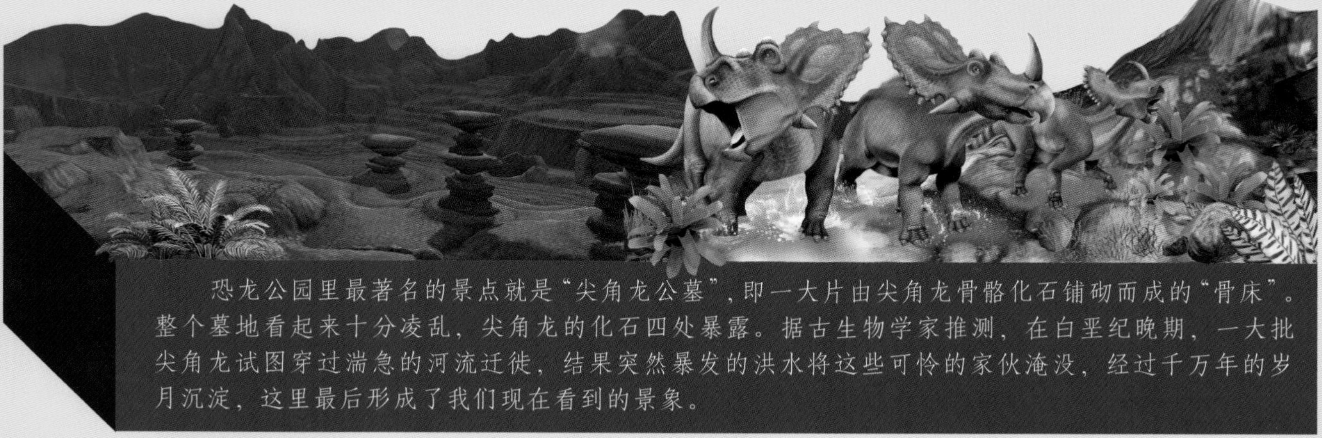

恐龙公园里最著名的景点就是“尖角龙公墓”，即一大片由尖角龙骨骼化石铺砌而成的“骨床”。整个墓地看起来十分凌乱，尖角龙的化石四处暴露。据古生物学家推测，在白垩纪晚期，一大批尖角龙试图穿过湍急的河流迁徙，结果突然暴发的洪水将这些可怜的家伙淹没，经过千万年的岁月沉淀，这里最后形成了我们现在看到的景象。

2
Part

不为人知的恐龙故事

疯狂的灭绝

大约在 6600 万年前，在地球上生存繁衍了近 1.6 亿年的恐龙家族突然绝迹。恐龙为什么会突然消失？它们灭绝的原因是什么？到底是谁杀死了恐龙？……这些问题成为困扰科学界多年的“疑难杂症”。虽然过去了这么多年，但恐龙专家们至今仍没有确定病因。不过，他们却开出了不少偏方。

猜想一：环境气候变变变！

在白垩纪末期，地球上的环境发生了巨大的变化。原本平缓的地形在强烈的地质作用下隆起，形成新的高原、山脉。此外，温暖湿润的气候变得寒冷干燥，令不具备耐寒本领的恐龙面临着极大的威胁。受气候改变影响最大的则是蕨类与裸子植物。它们数量锐减，导致植食恐龙因缺乏食物而大量死亡，连带着肉食恐龙也遭了殃。

步入死亡的恐龙

猜想二：火山惹的祸

大约在 6600 万年前，全球绝大多数地区发生了剧烈的地壳运动，地震与火山爆发频频发生。大气中充斥着大量二氧化碳，使得海水酸化。生态环境的恶化程度超出恐龙的承受范围，最终导致恐龙灭绝。

猜想三：都是被子植物的错！

白垩纪晚期，蕨类与裸子植物因为气候变化而数量剧减，作为新兴势力的被子植物则趁势崛起，占据了不少地盘。为了生存，许多植食恐龙不得不以被子植物为食，但被子植物中生物碱等毒素的含量要比裸子植物中的含量多几十倍。体形巨大的植食恐龙食量大，摄入过多的被子植物，导致体内毒素积累过多，最终被毒死。在食物链的作用下，肉食恐龙也间接中毒。

“活化石”银杏

从恐龙时代存活至今的古老植物桫椤

桫椤林

猜想四：盛极而衰，自然选择

我们总说恐龙是突然灭绝的，但是将这个“突然”换成现代的时间来衡量，起码有几十万年的时间。人们通过研究恐龙化石的数量发现，恐龙在发展到鼎盛时期后很快就走了下坡路，等到白垩纪晚期才彻底消失。这其实是一个自然规律，任何生命都要经历“诞生—发展—兴盛—衰亡—灭绝”的过程，恐龙也不例外。所以说，恐龙灭绝是一种正常的现象。

超新星爆炸想象图

猜想五：不请自来的天外“恶客”

一颗大质量恒星在衰亡时剧烈爆炸的现象被称为“超新星爆炸”。白垩纪末期，太阳系附近发生了超新星爆炸，释放出巨大的能量和宇宙射线。强烈的射线穿透大气层，直射地球上的生命。恐龙不幸中招，几乎完全丧失了自我防御能力，最后只能黯然地退出历史舞台。

猜想六：一“石”激起千层浪

20 世纪中后期，科学家们相继在意大利、美国、加拿大、丹麦、西班牙、新西兰以及中国等国家和地区的白垩纪地层中发现了含铱黏土富集的情形。在这里简单说明一下，铱是一种特殊痕量元素，在地球表面的含量十分稀少，只有在地核与地外星球上才会大量分布。科学家因此联想到：会不会在 6600 多万年前的白垩纪末期，一颗巨大的小行星从天而降，引发了各种连锁反应，从而导致了恐龙灭绝呢？

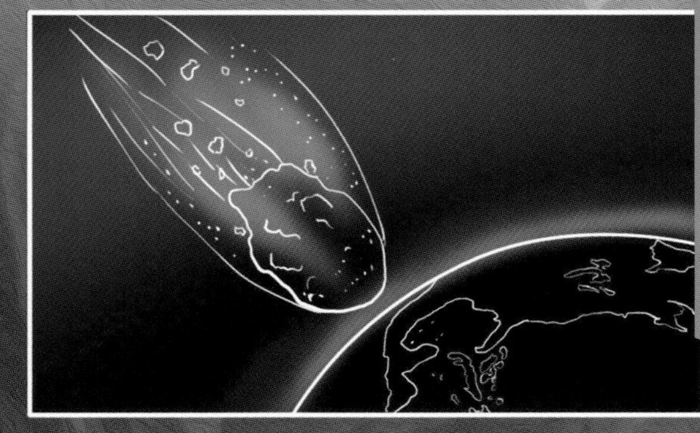

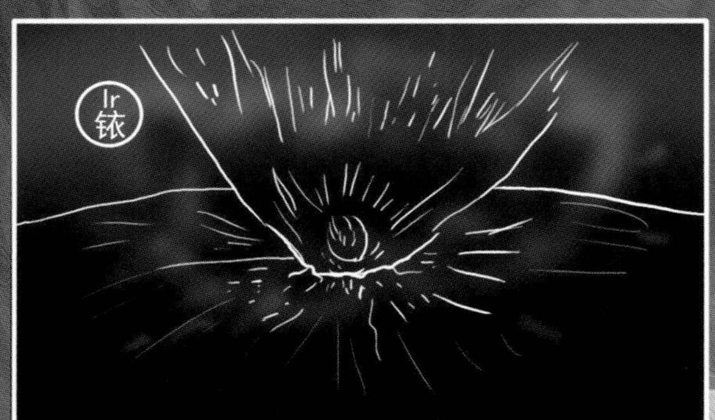

小行星撞击想象图

陨石撞击后留下的巨大撞击坑

▶铱

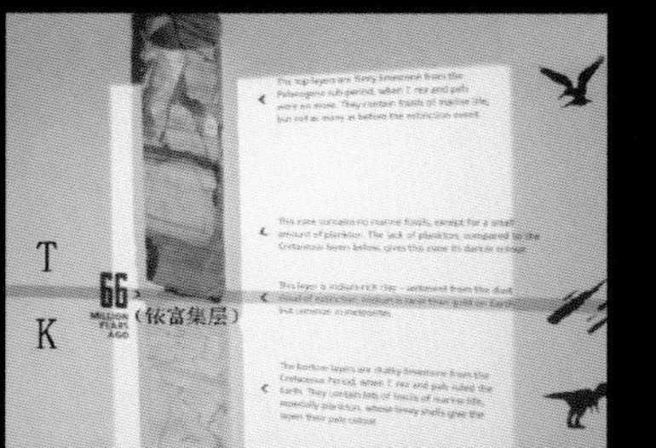

恐龙的通性

恐龙是中生代耀眼的明星。虽然它们消亡于未知的灾难，但现代人对这些神秘古生物的探究与好奇从未停止过。从化石来看，这些大家伙的模样千奇百怪。那么，问题来了，古生物学家们是如何确认恐龙这个种群的呢？恐龙之间又有什么共通之处呢？

卵生动物

从目前掌握的资料来看，所有恐龙都是靠产蛋来繁衍后代的。这点和鳄鱼、乌龟等大多数现生爬行动物一样。它们在陆地上用脚或口鼻掘出土坑，当作自己的巢穴，方便接下来产蛋。

窃蛋龙与后代

雌雷龙产蛋

恐龙与蛋，谁先谁后？

这个问题简直就是“先有鸡还是先有蛋”的翻版。如果从哲学的角度去思考，恐怕问题将会陷入一个死循环。但是，假如从生物学的角度来考虑，这个命题就很有趣了。

蛋在最早的时候叫“羊膜卵”，意思是外表包裹着一层羊膜的受精卵。羊膜不仅可以保护受精卵，还能帮受精卵摆脱对水的依赖，从而直接在陆地上孵化、繁衍。可以说，羊膜卵的出现是地球生命演化历史的一次大变革，推进了爬行动物的诞生。恐龙作为中生代爬行动物的主要种群，自然也要遵从自然规律——先有蛋，后有恐龙。

羊膜卵结构图

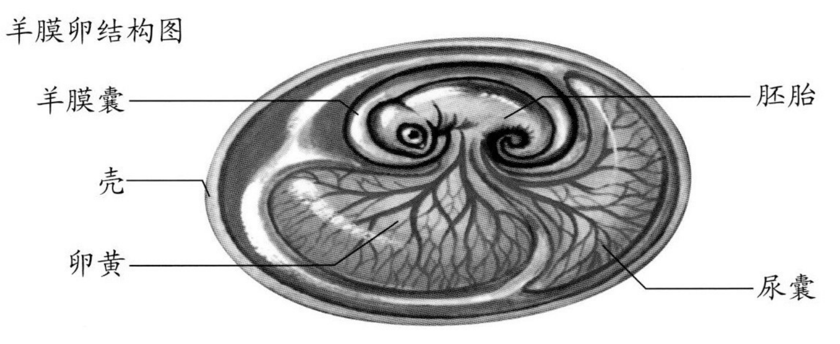

恐龙看蛋

直立行走

世界各地发现的化石表明，恐龙的四肢一般长在身体正下方，从而使恐龙能够直立行走。这点与现生爬行动物有很大不同——四足爬行动物的四肢都是从身体侧边长向两旁的。

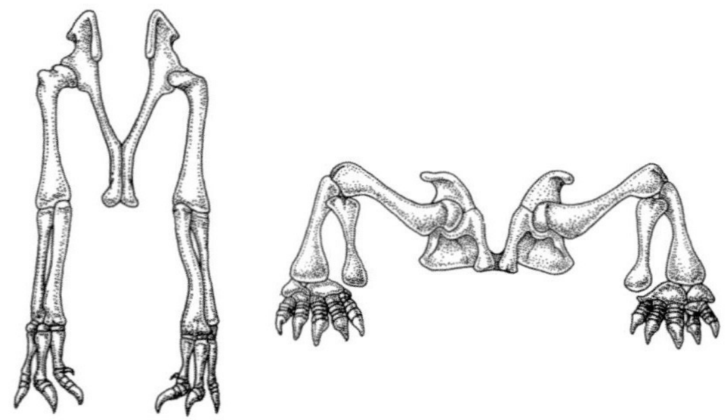

恐龙（左）与其他爬行动物（右）的骨骼对比

恐龙的四肢一般长在身体正下方，可以让恐龙直立行走。

恐龙怎么走路？

恐龙的行走方式主要有两种——四足行走和两足行走。另外，还有的恐龙用四足和两足都可以行走，比如鸭嘴龙。

蜥蜴行走时，其四肢与身体呈横向直角关系。

▼ **1. 四肢行走**：采用这种方式行走的大部分是植食恐龙。它们身躯庞大，四肢粗壮，走路慢慢悠悠，看起来一点儿都不着急的样子。

▼ **2. 双足行走**：采用双足行走的恐龙大多是凶猛的肉食类。它们后肢非常粗壮，能站立行走；前肢相对瘦弱，有些种类的前肢则比较灵活，可以抓取食物。另外，它们有的虽然可以自由奔跑，但仅限于体形娇小的类型。

臀骨决定脑袋

恐龙凭借强大的实力统治地球长达 1.6 亿多年。在这段漫长的岁月里，它们不断繁衍生息，后代不断发展壮大，形成了一个种类繁多的庞大家族。在这个家族里，成员特征复杂，外表千姿百态。那么，面对恐龙家族的诸多成员，古生物学家是怎样区分和识别它们的呢？

两大阵营

古生物学家们根据恐龙臀部的骨盆（科学上称之为“腰带”）的构造，将恐龙分为两大类：一类叫蜥臀目，一类叫鸟臀目。

◄ 鸟臀目恐龙的腰带为四射型，其肠骨、坐骨分别维持原来的两个方向，唯有耻骨分别向前上方和后下方两个方向放射排列，并且耻骨和坐骨排列保持水平方向。它们的腰带与现生鸟类的腰带相类似，不过它们跟鸟类之间似乎没有丝毫的演化关系。这类恐龙在恐龙家族中多属于体形中等的类群。

◄ 蜥臀目恐龙的腰带为三射型，其肠骨、耻骨和坐骨分别按照一个方向放射排列。它们的腰带与蜥蜴的腰带十分类似，所以它们得名“蜥臀目恐龙”。这类恐龙在恐龙世界里往往属于体形庞大和习性凶猛的类群。

恐龙：我们还有更多种类！

如果将鸟臀目和蜥臀目恐龙继续往下划分的话，还有更多类别：

鸟臀目

1. 鸟脚类： 这个类别的成员都是植食恐龙，一般用两足行走，偶尔也有用四足行走的。它们的前肢比较灵活，可以用来抓取食物。它们的化石在恐龙化石中是数量最多的，在世界多地有发现。

2. 剑龙类： 这类恐龙身躯庞大，通常用四足行走。它们的肩膀与尾部一般长有尖棘。古生物学家认为这是用来防御敌人的。其背部通常有两排用途不定的骨板，可能是用来求偶或者调节体温的。

3. 角龙类： 角龙类恐龙通常头上长有各种不同的角。它们在各自体形上差别很明显，有的小如山羊，有的大如巨象。它们多以植物为食，很可能过着群居生活。

4. 甲龙类： 这类恐龙体形健壮敦实，外表多披着厚厚的骨板铠甲，长有锋利的棘刺，有的种类尾部还长着尾锤，看上去就像危险的战车。

蜥臀目

1. 原蜥脚类： 原蜥脚类恐龙在三叠纪晚期出现，是蜥臀目中出现最早的恐龙，一般体形较大，用后肢站立行走。从牙齿看，它们以植食为主，但不排除食肉的可能。还有人认为它们属于杂食类。

2. 蜥脚类：这类恐龙是原蜥脚类恐龙的非直系后裔。该类恐龙由于身体笨重，因此全部采用四足行走。在所有陆生脊椎动物中，它们属于体型巨大的种类，一般长着小脑袋、长脖子，大腿粗壮，尾巴较长，以吃植物为主。

3. 兽脚类：该类恐龙全部用两足行走，牙齿巨大、锐利，外形恐怖，性格凶残，是中生代恐龙世界的顶尖掠食者，一般位列金字塔顶端，处于恐龙食物链的顶层。

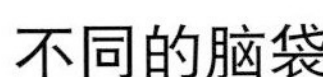

不同的脑袋

恐龙的腰带不仅决定了恐龙的种类，还影响了恐龙头部的形态。

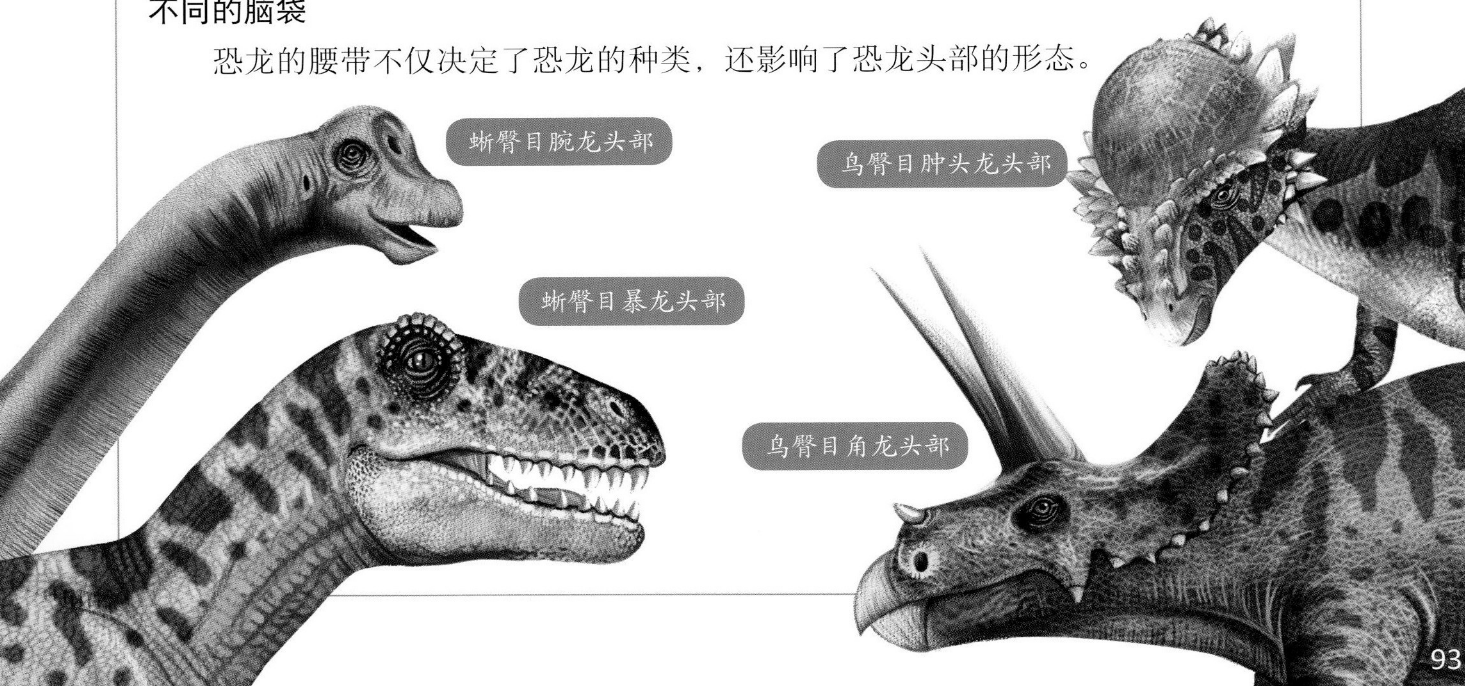

头骨与骨骼

在恐龙早已消逝的今天，古生物学家通过恐龙骨骼化石来了解、还原恐龙的体貌特征。恐龙的骨骼化石会“说话”，可以告诉我们许多鲜为人知的故事。

一只恐龙有多少块骨头？

这个问题并没有统一的答案，因为不同类别的恐龙骨骼数量是不一样的。但是，一般来说，它们的骨骼数量会在 300 块上下浮动。

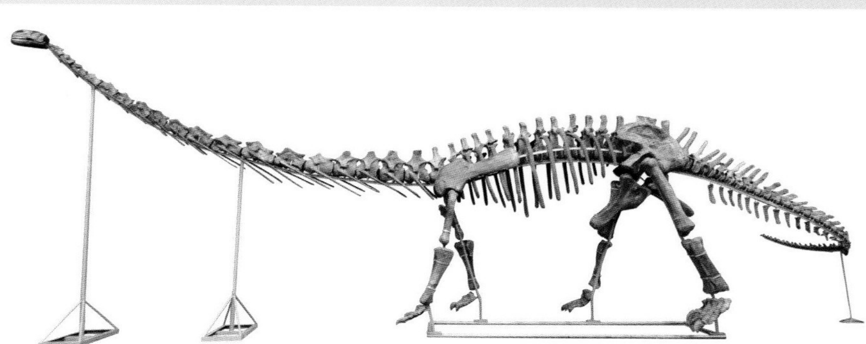

马门溪龙的骨架

来解剖恐龙吧！

正常成年人一共有 206 块骨头，几乎每块都有自己的名字。古生物学家在野外将恐龙骨骼化石发掘回来后，也需要进行骨骼的比较、解剖，并为它们取名字。对照右图，看看你认识恐龙的哪些骨骼。

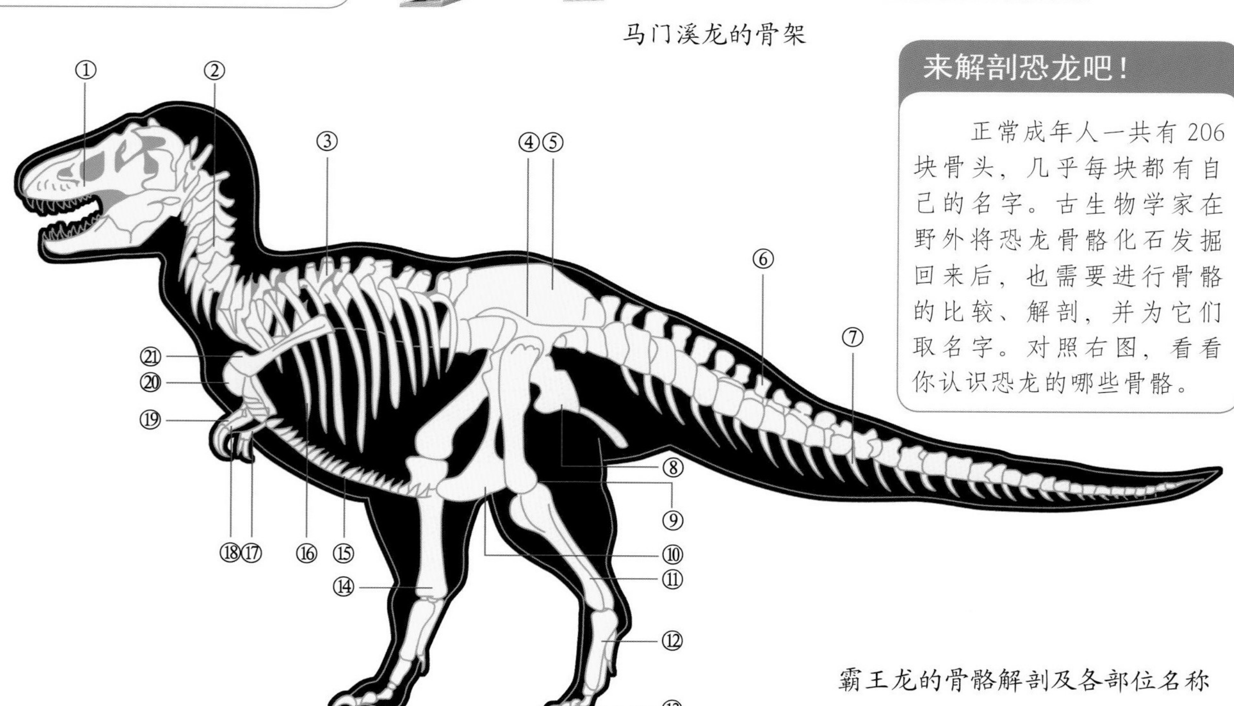

霸王龙的骨骼解剖及各部位名称

①头骨 ②颈椎 ③背椎 ④荐椎 ⑤肠骨 ⑥尾椎 ⑦脉弧 ⑧坐骨 ⑨股骨 ⑩耻骨 ⑪腓骨 ⑫跗骨 ⑬趾骨 ⑭胫骨 ⑮腹膜肋 ⑯肋骨 ⑰尺骨 ⑱桡骨 ⑲肱骨 ⑳乌喙骨 ㉑肩胛骨

1. **头骨**：顾名思义，是构成恐龙头颅的骨头。它们的大脑、眼睛等重要器官生长在头部。
2. **脊椎**：是脊椎动物的关键部位。恐龙的脊椎包括颈椎、背椎、荐椎、尾椎。
3. **肩带**：由位于肩部的乌喙骨和肩胛骨组成。
4. **前肢**：分为上肢和前足部分，包括肱骨、尺骨、桡骨和指（趾）骨。
5. **腰带**：也叫“骨盆”。恐龙的腰带由肠骨、坐骨和耻骨构成。
6. **后肢**：分为腿和足，包括股骨、腓骨、胫骨、跗骨以及趾骨。强健的后肢可以支撑恐龙行走。

不同种类恐龙的骨骼特征

不同种类的恐龙有着不同的形态体貌。以蜥脚类、兽脚类和鸟脚类恐龙为例，我们来看看它们各自的骨骼特征。

1. 蜥脚类：“小脑袋、大个子”是该类恐龙的主要特点。它们的头骨很小，与巨大的躯体不成比例。另外，它们的颈椎和尾椎非常长，乌喙骨与肩胛骨之间连接不紧密，前肢略短于后肢（腕龙除外），胫骨短于股骨，前、后足第一趾的末端指（趾）爪都比较发达。

梁龙骨架

阿根廷龙骨架

2. 兽脚类：兽脚类恐龙的头骨大小不一，但结构粗壮，普遍较长，与颈部的连接比较灵活，便于活动；上下颌骨内长满向后弯曲的匕首状利齿，擅长撕咬猎物；后肢强壮，能支撑身体行走；前肢短小，基本起协调、辅助身体稳定性的作用。一部分兽脚类恐龙骨骼中空，身体轻便，善于奔跑。

特暴龙骨架　　冰脊龙骨架

3. 鸟脚类：鸟脚类是恐龙时代演化很成功的一个种类。其成员多为中小型体形，嘴部扁平，下颌骨前方有单独的前齿骨，牙齿根据环境不同而在形态与功能上有很大的差异；后肢强壮，生有四趾，其中第二、三、四趾发达，第一趾短小，形状与鸟脚相似；前肢较短，但很灵活，可以做具有一定难度的动作。

肿头龙骨架　　棱齿龙骨架

头骨长廊

对于古生物学家来说，恐龙的头骨是最容易判断和辨识的解剖部位。世界上没有完全一样的两片树叶。恐龙的头骨也是如此，不同种类的恐龙头骨存在着明显的差异。

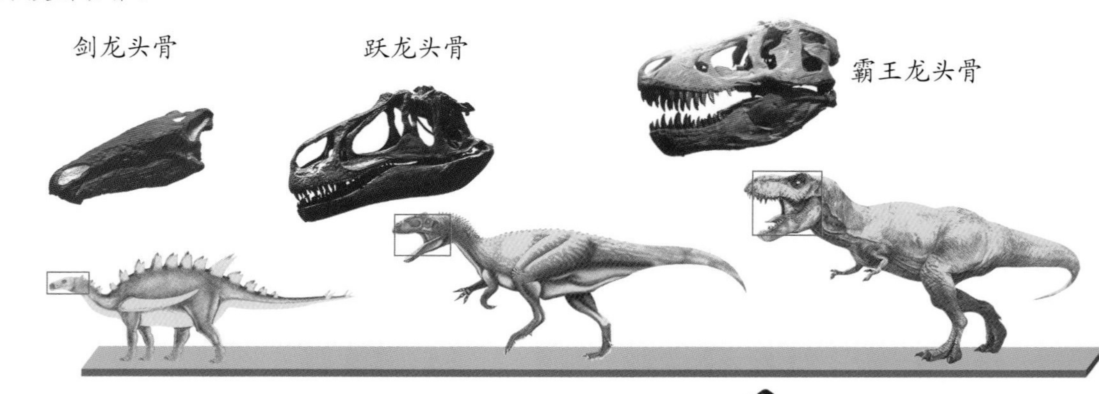

由头骨而知的信息

恐龙的牙齿或骨质的喙可以传递出它们可能吃什么的信息，角、尾刺等武器展示了它们如何保护自己，头骨的大小则告诉我们其主人是否聪明。

永川龙的颌骨十分发达。它们可以张开大嘴，把食物一口吞下去。

三角龙长着尖锐的角。这是它们保护自己的武器。

剑龙头骨窄小，说明它们智力有限。

鹦鹉嘴龙长着鸟嘴一样的喙状嘴，方便它们撕咬植物。

冷血？热血？

关于恐龙到底是热血动物还是冷血动物，古生物学界至今仍在争论之中。其中一方觉得恐龙是一群“热血儿女”，另一方则认为它们是残酷的“冷血杀手”。总之，双方各执己见，始终没有一个定论。那么，恐龙究竟是冷血动物还是热血动物呢？

从头开始的说明

在开始探讨上面的问题之前，我们要先弄懂热血动物与冷血动物的概念。

热血动物：又称“恒温动物”或“温血动物”。它们拥有一套比较完善的体温调节机制，能够在环境温度产生变化的情况下保持相对稳定的体温，包括绝大多数鸟类和哺乳动物，也包括人类在内。

冷血动物：也叫“变温动物”。由于它们的体内没有体温调节机制，体温会随着外界温度的变化而起伏波动，因此它们平时只能靠自身行为来调控体温。地球上大部分低等动物属于此类。

地球上现生的热血动物（左）和冷血动物（右）

热血、冷血大讨论

在恐龙早已消逝的今天，想要求证它们是冷血动物还是热血动物，最有效的方法就是将它们与现生动物进行比较，看它们是否具备热血动物或冷血动物该有的特点。接下来，我们以鳄类、蛇类为冷血动物的代表，以鸟类、哺乳类为热血动物的代表，将恐龙与两方进行一系列的比较，从而探讨恐龙究竟属于热血动物还是属于冷血动物。

鳄鱼

蛇

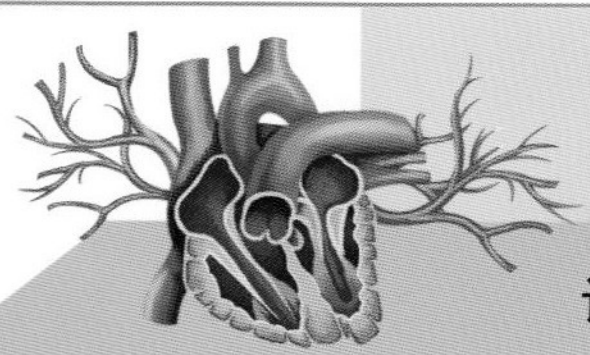

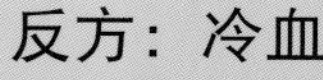

正方：热血

证据一：关于心脏

体形庞大的恐龙需要拥有强大的心脏，以满足身体血液快速流通的需要，而且血液的流动路线应该呈“8”字形，即它们具有双重循环系统。鸟类和哺乳动物等热血动物就进化出了两条血液循环系统。

证据二：关于生活方式

经常快速奔跑、跳跃的恐龙如果没有自身产生热量的能力，是不可能维持如此活跃的生活方式的。

证据三：关于哈弗氏管

哈弗氏管中有很多血管，在血管周围有密集的骨质圈。现代的大型热血哺乳动物就具有这种结构的骨骼。科学家在一只重爪龙肋骨的切片上发现了相同的骨质圈。这也许可以说明部分恐龙是热血动物。

重爪龙

反方：冷血

证据一：关于骨骼环带

冷血动物不能维持恒定的体温，身体生长受外界环境影响较大，并且随着环境温度和食物丰富程度的变化，骨骼生长的速度也会发生变化，因此骨骼上会留下类似树木年轮的痕迹。恐龙的骨骼化石上就有类似的生长环带。

证据二：关于爬行动物

恐龙属于爬行动物，而现存的所有爬行动物都属于冷血动物，因而恐龙也应是冷血动物。

冷血＋热血

关于恐龙到底是冷血动物还是热血动物，答案模棱两可。还有很多人认为，不同的恐龙族群有着不同的“血性”：那些高度活跃的小型掠食恐龙，就像鸟类一样，是热血动物；一些小型植食恐龙，如同现代的爬行动物一样，属于冷血动物；至于庞大的蜥脚类恐龙，则处于两者之间。

智力和感官

有人说，恐龙是史前动物中的“傻瓜”。这是真的吗？如果真是这样，它们又怎么能叱咤地球 1 亿多年呢？其实，不同家族的恐龙智力水平是不一样的，有的恐龙反应迟钝，有的恐龙却表现得非常聪明。

身体“指挥部”

恐龙是脊椎动物，它们的神经系统应该同现代脊椎动物的神经系统有相似之处。脊椎动物的特点是由大脑全权指挥身体，即通过眼、鼻、口、耳等感觉器官收集的信息可以及时通过大脑反馈给身体，进而引起肌肉的相关运动。对所有的脊椎动物来说，大脑在刺激运动和协调身体方面发挥着至关重要的作用。

大脑的大与小

测量智力最简单的方法就是比较大脑和身体的相对比例。一般，越聪明的动物大脑占身体的比例就会越大。

在现代，以老虎为代表的猫科动物智力水平比较高，鸟类的智力水平次于哺乳动物，而爬行动物的智力水平则普遍比较低。

猫科

鸟类

爬行动物

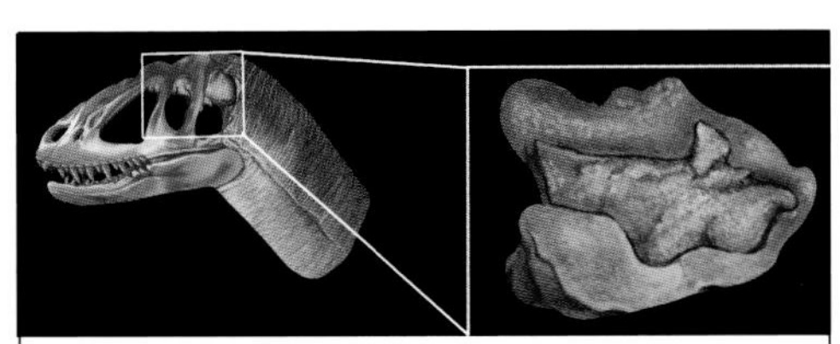

恐龙的头骨化石中经常含有脑腔残骸。科学家根据这些残骸就可以通过计算机成像技术计算出恐龙大脑的体积。他们发现：恐龙的大脑从葡萄粒到柚子大小，脑容量不等。不过，除了大脑的体积，科学家还要考虑到恐龙体形的大小。

不同物种大脑质量和身体总质量的比例:

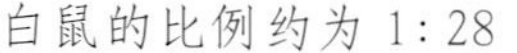

白鼠的比例约为 1:28　人类的比例约为 1:38　狗的比例约为 1:125　剑龙的比例约为 1:50000

恐龙智商排行榜

根据恐龙大脑体积的大小及其复杂程度，我们可以给恐龙的智商排排行。以下几个种类按智商由低到高排列分别为蜥脚类、甲龙类、剑龙类、角龙类、鸟脚类、肉食恐龙、伤齿龙类。

“第二大脑”

剑龙是已知的大脑最小的恐龙。它们体形庞大，与大象差不多大小，脑容量却很小——只有核桃那么大。古生物学家由此推断：这样袖珍的大脑似乎无法完成指挥全身的重任。在随后的研究中，科学家们还发现剑龙类的脊髓在靠近臀部的椎体中有一个膨大的神经球。这个神经球很可能是跟“主脑”一起控制身体的四肢进行活动的“副脑”。科学家们习惯称这个“副脑”为“第二大脑”。

生存之道

为了进一步了解恐龙的智力情况，古生物学家又对恐龙的生活方式进行了对比。研究发现，行动迟缓的大型植食恐龙生活安逸，不需要猎食或逃避捕食者，因此一般在“智力排行榜”中垫底。肉食恐龙尤其是小型肉食恐龙则普遍比较聪明。它们在追踪、捕杀猎物的过程中学习并积累捕杀经验，增加猎杀成功的可能性，从而强化自身的捕食能力。可见，智力高低与恐龙的生活方式是息息相关的。

视力如何？

恐龙视力的好坏往往是由眼睛的大小和位置决定的。一般情况下，眼睛大的恐龙视力较好，如霸王龙、驰龙等；眼睛小的恐龙视力情况则相对差一些。

肉食恐龙的双眼距离较近，而且大多长在脑袋的前面，视域有一部分重合，因此看物体时有立体感，有助于肉食类恐龙捕杀猎物。相反，植食恐龙的眼睛多位于头顶的两侧，双眼的距离较远。这样的眼睛不仅能让它们看到前面的危险，还能让它们及时发现身后的敌人。

从头骨推理

头骨的结构可以告诉我们恐龙感觉器官的情况：大而前突的眼窝会告诉我们这只恐龙有一双大眼睛，视觉在它的感觉中占重要地位；如果鼻腔很大，就说明嗅觉在它的日常活动中起到很重要的作用。

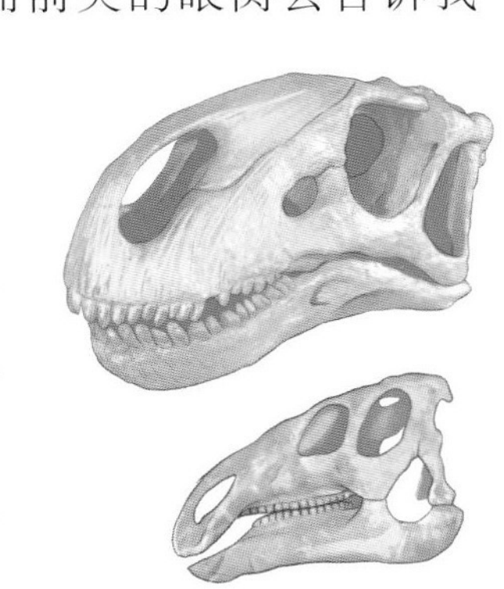

你知道吗？

伤齿龙拥有非常大的眼睛，并且拥有同等体形恐龙中体积最大的大脑。它们已经进化出完善的双眼视觉，大脑可以同时控制奔跑、协调爪子以及处理移动猎物等信息。

多年来，恐龙的骨骼化石为我们全面展示了恐龙的内部结构特征，但有关它们皮肤化石的发现却十分罕见。恐龙的皮肤到底是什么样的？它们是像现生爬行动物那样身上长满鳞甲，还是如鸟类一样全身长着毛茸茸的羽毛？

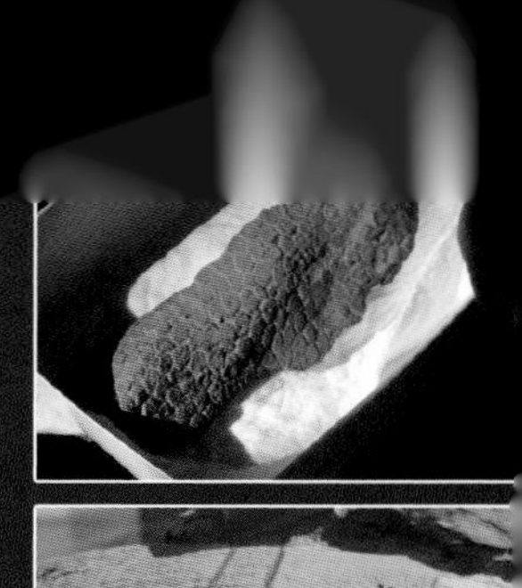

恐龙不同部位的皮肤印痕化石

恐龙皮肤的“印痕”

与容易形成化石被保存下来的骨骼、牙齿相比，恐龙的皮肤要脆弱很多，会随着时间的流逝而很快腐蚀殆尽。但是，在某些情况下，皮肤会以一种特别的形式保留下来。这种形式就是“印痕化石”。虽然有机质的皮肤已经消失了，但是通过珍贵的印痕化石，我们可以清楚地了解恐龙的皮肤构造。

▲ 从目前发现的恐龙皮肤化石来看，大多数恐龙的皮肤和蜥蜴、鳄鱼等现代爬行动物的皮肤差不多，表面覆盖着不规则的多边形鳞片，有些还长有角质骨板。科学家结合爬行动物的皮肤推断：恐龙皮肤同样具有防水防湿、质地坚硬的特点，能够很好地阻止体内水分流失，保护身体，减少伤害。

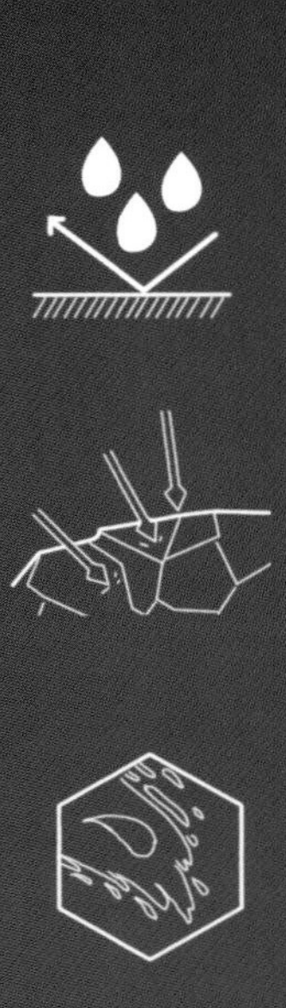

防水防雨

质地坚硬

保持水分

橡皮筋似的皮肤

古生物学家在研究了恐龙的皮肤化石以后，认为恐龙可能天生就有“厚脸皮”。不过，恐龙的皮肤虽然较厚，但应该具备很好的伸展性，就像橡皮筋一样。如此，恐龙才不会因为皮肤绷得太紧而影响四肢正常的行走或奔跑。

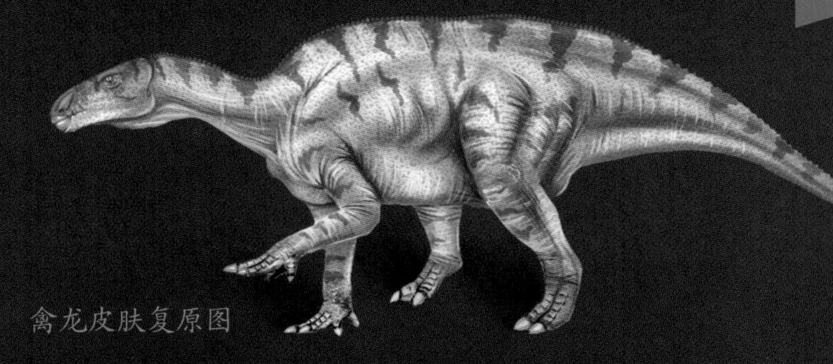
禽龙皮肤复原图

恐龙居然长有羽毛？

前面我们提到，大多数恐龙皮肤上长有不规则的多边形鳞片。此外，还有一些恐龙皮肤比较特别。

20 世纪后期，中国古生物学家发现了许多长有羽毛的小型兽脚类恐龙化石。

尾羽龙化石尾部的羽毛印痕很清晰。

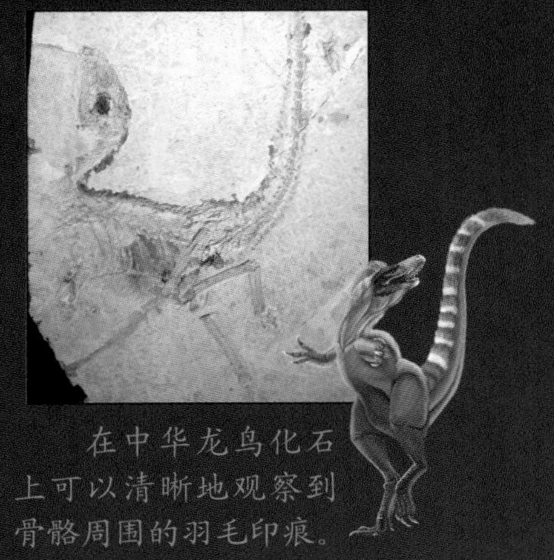
在中华龙鸟化石上可以清晰地观察到骨骼周围的羽毛印痕。

在大名鼎鼎的暴龙超科中，有些成员被证实也长有羽毛，例如帝龙、华丽羽王龙。有人甚至认为霸王龙身上也曾覆盖着原始羽毛。不过，在成长过程中，霸王龙慢慢褪去了羽毛，就像现代的大象那样。

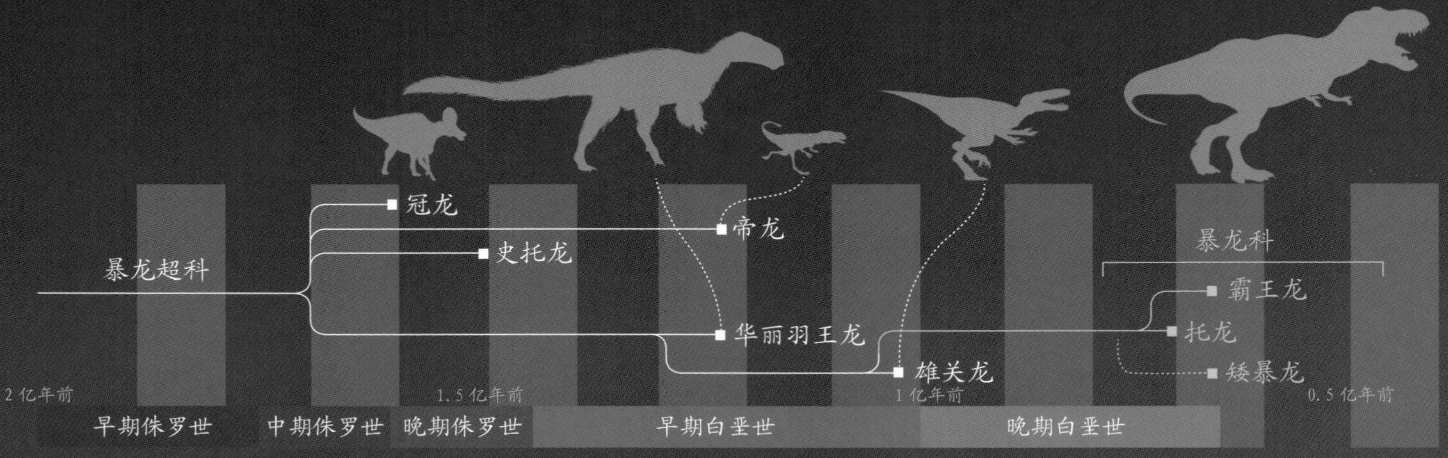

是“暖身贴”还是“装饰品”？

部分恐龙长有羽毛（以小型兽脚类恐龙为主），早已在专家们不断的探索发现中得到了认可。但是，问题也随之而来。恐龙为什么要长有羽毛？它们是一出生就长有羽毛吗？古生物学家以中华龙鸟作为研究对象进行了分析。他们认为，中华龙鸟的羽毛可能是用来表明性别的装饰品，就跟现在以羽毛的颜色或者多少来分辨鸟类的雌雄一样。也有研究人员认为，中华龙鸟长有羽毛或许只是想在寒冷的天气里让身体暖和点。

为蛋寻母

当人们还在认为恐龙不会养育子女时，研究人员发现了坚守巢穴、保护恐龙蛋的窃蛋龙。自此以后，科学家们修正了以往对恐龙父母的误解。一直以来，研究者为了给恐龙蛋寻母，可谓绞尽脑汁、尽心竭力。如今有了“护蛋使者”的出现，这项工作逐渐变得容易起来。

生命伊始

与现生爬行动物一样，恐龙也是通过产蛋的方式繁育后代的。小恐龙在蛋壳里长成雏形。它们会蜷缩在蛋壳里，靠吸收蛋液来维持孵化前的营养，直到凿穿蛋壳，破壳而出。

恐龙蛋竟然这么小？

恐龙蛋与父母的体形比起来，可以说大小相距甚远。一颗恐龙蛋也许只有四五个鸡蛋加起来那么大。迄今为止，人们在中国河南西峡地区发现过的最大恐龙蛋大约有 45 厘米长。

你知道吗？

大约 150 年前，人们在法国发现了希普塞龙的蛋化石。

恐龙会在松软的泥土上筑巢，把蛋产在土坑里。

有的恐龙一次能生下 10 枚左右的蛋，但有的恐龙却能一次产出 40 枚左右。

一组恐龙蛋化石

转折的出现

多年以来，科学家始终认为，所有的恐龙都不会养育后代。但是，在 20 世纪初，人们在一个恐龙巢穴里惊奇地发现了一名“护蛋使者”。至此，恐龙不养宝宝的观点被轰然推翻。

“护蛋使者”

20 世纪 20 年代，科学家们在蒙古发现了一个恐龙巢穴。比起巢里的恐龙蛋化石，他们似乎对在巢穴附近发现的窃蛋龙化石更感兴趣。一开始，他们认为窃蛋龙可能在偷食恐龙蛋时被巢穴主人原角龙发现并杀死。但是，最新的研究发现，窃蛋龙应该是伏坐在蛋上，正在为蛋取暖保温或者进行孵化。

伏坐在恐龙蛋蛋窝上的窃蛋龙骨骼化石

科学家们也曾试想过，有的恐龙用沙土、植物把蛋埋藏起来，可能不仅是为了躲避掠食者，或许更重要的还有保温孵化的目的。如此看来，那只窃蛋龙并不是“偷蛋贼”，反而是名“护蛋使者”。

这些新的化石埋藏发现让人们对恐龙父母有了全新的认识，从而改变了他们以往形成的观点——恐龙极少有养育后代的行为习性。现在看来，像窃蛋龙这样甘愿奉献的父母原来也是大有“龙”在的。

小知识

恐龙蛋与鸡蛋在特性上一样，都需要足够的温度和环境条件才能孵化。而且，小恐龙在未破壳前很容易成为捕食者的美餐。因此，最后能孵化出壳并顺利成长的小恐龙并不多。这或许也是有的恐龙家族“人丁稀少”的原因之一。

边走边生

当然，并不是所有的雌恐龙都会成为尽职尽责的好妈妈。有些恐龙既不会筑巢，也不会照顾幼小的恐龙。有的恐龙甚至会一边走路一边下蛋，圆顶龙就是如此。

踏石留痕

在众多恐龙化石里，足迹化石是比较特殊的一类。恐龙足迹并不是恐龙躯体的一部分，而是恐龙在行走、奔跑过程中留下的脚印痕迹。

经过多年的寻觅，人们相继在世界各地发现了恐龙的足迹。这些足迹经受住时间的磨砺和洗礼，渐渐变成了化石。正是这些足迹化石让我们找到了恐龙行为方式的重要线索，从而为恐龙行为的研究提供了宝贵证据。

苛刻的形成条件

足迹化石在形成过程中不仅需要面临时间的考验，还会受到地面湿度、坡度、颗粒大小等诸多因素的制约和影响。只有在具备充足条件的前提下，恐龙的脚印才有可能转化成化石。

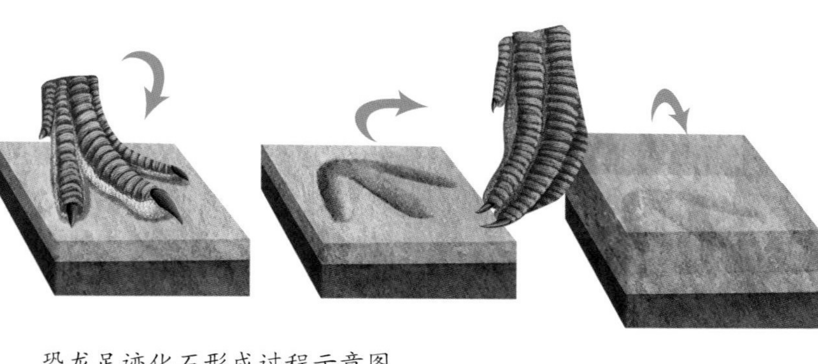

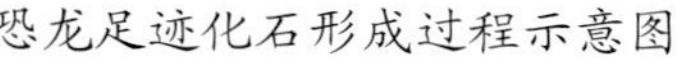
恐龙足迹化石形成过程示意图

脚印的故事

多数的恐龙足迹是由单一恐龙个体留下的，但在一些地方人们也曾发现过多个个体遗留下的恐龙足迹群。人们推测，这种情形的足迹通常是由某个恐龙家族迁徙时留下的。古生物学家可以根据足迹的形状、大小、步幅大致推测出这些足迹是哪种恐龙留下的。一般，兽脚类恐龙长着鸟类一样的大爪，脚趾相对较长而且有分叉；植食的蜥脚类恐龙通常长着圆形或卵形的脚。

植食恐龙的足迹化石

肉食恐龙的足迹化石

你知道吗？

有时人们也会在悬崖峭壁上发现恐龙的足迹。这究竟是怎么回事呢？原来恐龙行走在湖滩或河滩上时留下了脚印。慢慢地，这些脚印被掩埋起来。后来，泥浆和沙砾渐渐变成岩石。由于地壳发生了构造运动，之前近乎水平的岩层发生了倒转或变形。于是，这些脚印就随着岩层的变动跑到了峭壁上。

藏在脚印里的信息

1. 身高： 古生物学家通过研究足迹化石可以大致推测出恐龙的身高。不过，单纯依靠足迹化石得出的身高数据并不严谨。目前，古生物学家主要还是靠研究恐龙的骨骼化石来推断恐龙的身高。

2. 速度： 足迹化石不仅可以显示出恐龙的前进方向，还能反映出它们的行进速度。要想计算出速度的数值，古生物学家只需要掌握两个数据：一是恐龙的足长；二是脚印间的距离。只要获知以上两个数据，计算出恐龙的行进速度就比较简单了。

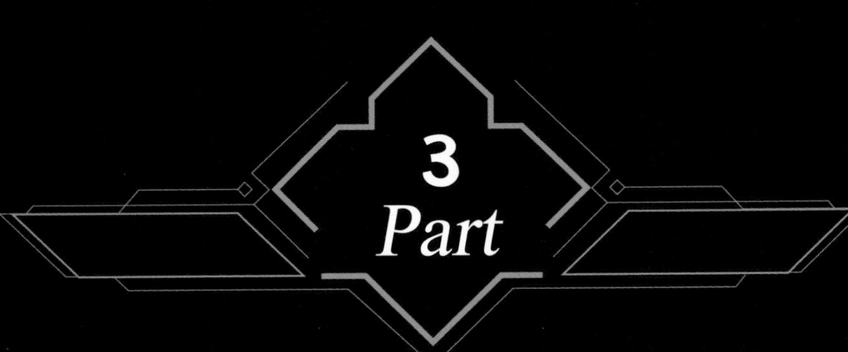

形形色色的恐龙家族

好吃肉的家伙

肉食恐龙看似凶猛无比，却有难言的苦衷——比起植食恐龙食用绿叶即可饱餐，肉食恐龙在寻找食物方面花费的体力、精力可就多了。它们必须想方设法采取各种战术将目标猎物变成口中餐。不过，通常肉食恐龙在一次饱餐后可以几天不吃东西。

永川龙

霸王龙

显著特征

肉食恐龙往往有着结实的颌骨和匕首般锋利的牙齿。它们大都前腿短小，靠强健的后腿行走。这些家伙有着多种多样的捕食技巧，如果单打独斗不能取胜，就会群体围攻身形出众的植食恐龙。面对如此难缠的对手，一般的猎物自然难以抵挡。

牙齿

肉食恐龙的牙齿排列比较凌乱，齿尖基本带有明显的弯曲弧度，边缘多呈锯齿状。有的肉食恐龙的牙齿呈匕首状。

霸王龙（肉食恐龙）牙齿化石

永川龙（肉食恐龙）牙齿化石

驰龙的爪子

重爪龙的爪子

爪子

一般而言，肉食恐龙需要捕猎，爪子是它们的利器之一。想要给猎物造成伤害，它们的爪子就要像鹰爪一样窄小尖锐，能牢牢叉住并撕裂对方的皮肉。

颌骨

肉食恐龙的上下颌骨骼通常很强壮，并且具有一定的厚度，能够产生强大的咬合力。

肉食王者

一般情况下，实力雄厚的大型肉食恐龙多习惯单独活动。它们依靠自己的力量便能捕获植食恐龙，不必与同类分食战果。霸王龙、巨兽龙、巨齿龙等恐龙都是霸气的“独行侠”。

霸王龙的伏击术

霸王龙堪称肉食恐龙中的顶级掠食者。它们通常会悄悄地隐藏在猎物出现的地方，一旦发现目标，便会抓住机会瞬间发动猛烈袭击，用健壮的身体将猎物扑倒在地，然后张开血盆大口使劲撕咬猎物的皮肉，直到对方无力挣扎彻底毙命为止。

巨兽龙

天生猎手——巨兽龙

巨兽龙是天生的捕猎者。它们不但长有硕大又狭长的嘴巴，还长有薄而锋利的牙齿。据推断，这种猎手的咬合力以及撕咬猎物的速度非一般恐龙所能比。所以，通常很多猎物还没来得及反抗就已死掉。

水陆两栖霸主——棘龙

棘龙不仅是最大的兽脚类恐龙，还可能是地球上有史以来最大的食肉动物。它们那庞大的身躯连霸王龙和巨兽龙都望尘莫及。而且，与肉食家族其他成员前肢短小的情况不同，棘龙的前肢充满力量，不仅可以捕杀陆地动物，还能在水里捕食鱼类，可谓横行水陆的“制胜利器”。

棘龙

肉食“拍档”

小型肉食恐龙大多善于奔跑，常常几只聚集在一起进行群体觅食。当发现猎物后，它们便会伺机靠近，然后群起而攻之，用尖牙利齿撕咬猎物。这些肉食主义者主要以小到中型的恐龙为猎物，有的也会吃昆虫、鳄鱼以及蜥蜴等动物 。

腔骨龙

腔骨龙是一种典型的小型肉食恐龙。古生物学家通过研究化石发现，这种恐龙可能会聚集在一起群体捕食蜥蜴、鱼类等，有时可能也会上演同类相残的惨剧。

腔骨龙群体捕食

美颌龙

美颌龙是一种体形娇小、速度迅捷的猎食者。它们主要以蜥蜴、青蛙或昆虫等小动物为食。

美颌龙捕食

小盗龙捕食

小盗龙

大多数肉食恐龙的牙齿两侧边缘具有锯齿。这能帮助它们快速撕咬猎物。但是，小盗龙不同，其牙齿只有一侧边缘有锯齿。这意味着它们只能将猎物囫囵吞下去。小盗龙的食物种类非常多样，空中的飞鸟、陆地上的小动物以及水中的鱼类都有可能成为它们攻击的目标。

嗜鸟龙

嗜鸟龙的前肢较长，适合抓握东西；其后肢粗壮有力，能让嗜鸟龙快速奔跑甚至跃起。当发现停留下来的鸟类等猎物时，它们会突然跳起来扑向猎物。不过，这些家伙通常会选择较容易捕食的蜥蜴、小型哺乳动物下手。

嗜鸟龙捕食

健康的吃素者

植食恐龙作为恐龙家族的重要成员，同样在恐龙的演化和发展历史上占有重要的地位。尽管这些素食主义者攻击力不够强大，甚至经常受到肉食恐龙的袭击，但可以肯定的是，正是有了它们，恐龙世界才呈现出如此繁荣的景象……

显著特征

植食恐龙的牙齿大都呈棒状或钉状。并且，它们一生可以不断地更换牙齿。其中，蜥脚类恐龙牙齿通常长在上下颌骨的前部，分上下两排；鸟脚类恐龙则嘴巴前部呈喙状，没有牙齿。植食恐龙往往只能咬断食物，基本无法咀嚼。它们一般用喙状嘴咬下食物送到口腔里面，然后用后面的特殊牙齿将食物磨碎。

牙齿

植食恐龙的牙齿通常比较平整细腻，多呈树叶状、勺状、锉刀状、钉状等形状。

工部龙（植食恐龙）树叶状牙齿

剑龙（植食恐龙）锉刀状牙齿

爪子

植食恐龙不具备捕食能力，所以它们的爪子比较宽平，既粗糙又坚韧，可以用来走路或者挖掘植物。

三角龙　　腕龙

颌骨

植食恐龙的颌骨相对薄弱些，没有肉食恐龙的那么厚实。

梁龙颌骨

暴龙颌骨

各有所爱

虽然植食恐龙数量比较多，但是它们之间很少为争夺食物而发生矛盾甚至大打出手。这是因为不同植食恐龙有着各自喜欢的美味，而且会进食不同地方的植物。

原角龙身材矮小，只能吃靠近地面的低矮植物。

腕龙个子高大，长长的脖子可以帮助它们吃到几十米高的树上的叶子。

三角龙以低矮树木的树叶为食。

梁龙几个小时之内就能将一大片的苏铁林一扫而光。

食物成长记

三叠纪

针叶树

侏罗纪

蕨类、苏铁类、木贼属等植物

白垩纪

裸子植物、被子植物

植食一族

在生存竞争十分激烈的恐龙时代，植食恐龙虽不及肉食恐龙那般强悍，却也各有各的生存高招。

马门溪龙

马门溪龙可以称得上植食恐龙中的“巨人”。它们脖子长达 10 多米，是目前为止已知的地球上脖子最长的动物。马门溪龙只要站在地面上，就能轻松吃到长在高处的树叶。它们的牙齿呈勺状。这应该是为了更加适合进食当时的植被。

甲龙

甲龙全身披着厚重的“铠甲”。不了解它们的话，你可能会以为它们是凶猛的肉食恐龙呢。事实上，甲龙却是植食主义者。它们长着很小的叶形齿，适合啮碎植物。

剑龙

剑龙也是非常典型的植食恐龙。因为臀部较高、肩部低平，它们经常把头置于距离地面约 1 米高的地方——这有利于剑龙觅食低矮的植物。通常情况下，剑龙喜欢到开阔的水源边活动，因为那里长满了绿色地毯般茂密矮小的蕨类植物。此时，它们就会像缓慢的收割机一样，用小小的牙齿慢慢啃食和研磨食物。

肿头龙

戴着“头盔”的肿头龙同样是植食恐龙大家族的成员。不过，因为年代久远，证据缺乏，直到今天我们也不能确定它们平时到底喜欢吃什么。肿头龙的牙齿较小，但上面有脊。古生物学家推断，这种牙齿不适合咀嚼那些纤维丰富的坚韧植物。因此，肿头龙可能只吃些植物种子、果实和柔软的叶子。

长脖子恐龙

在距今约 1.5 亿年前，地球上曾活跃着一群拥有粗长脖子的恐龙。这些被称为“蜥脚类”的素食主义者是恐龙家族中数一数二的巨人。它们于侏罗纪时期开始出现，并在以后 1 亿多年的时间里逐步进化成巨大的陆生动物。要知道，它们中的成员至今依然保持着“世界脖子最长动物”的世界纪录呢！

脖子大比拼

古生物学家通过研究蜥脚类恐龙化石发现，这类恐龙的脖子有的能长到约 15 米长，大概是长颈鹿脖子长度的 6 倍。而且，这类恐龙的颈椎可多达 19 节，比现生哺乳动物的颈椎多出约 12 节。

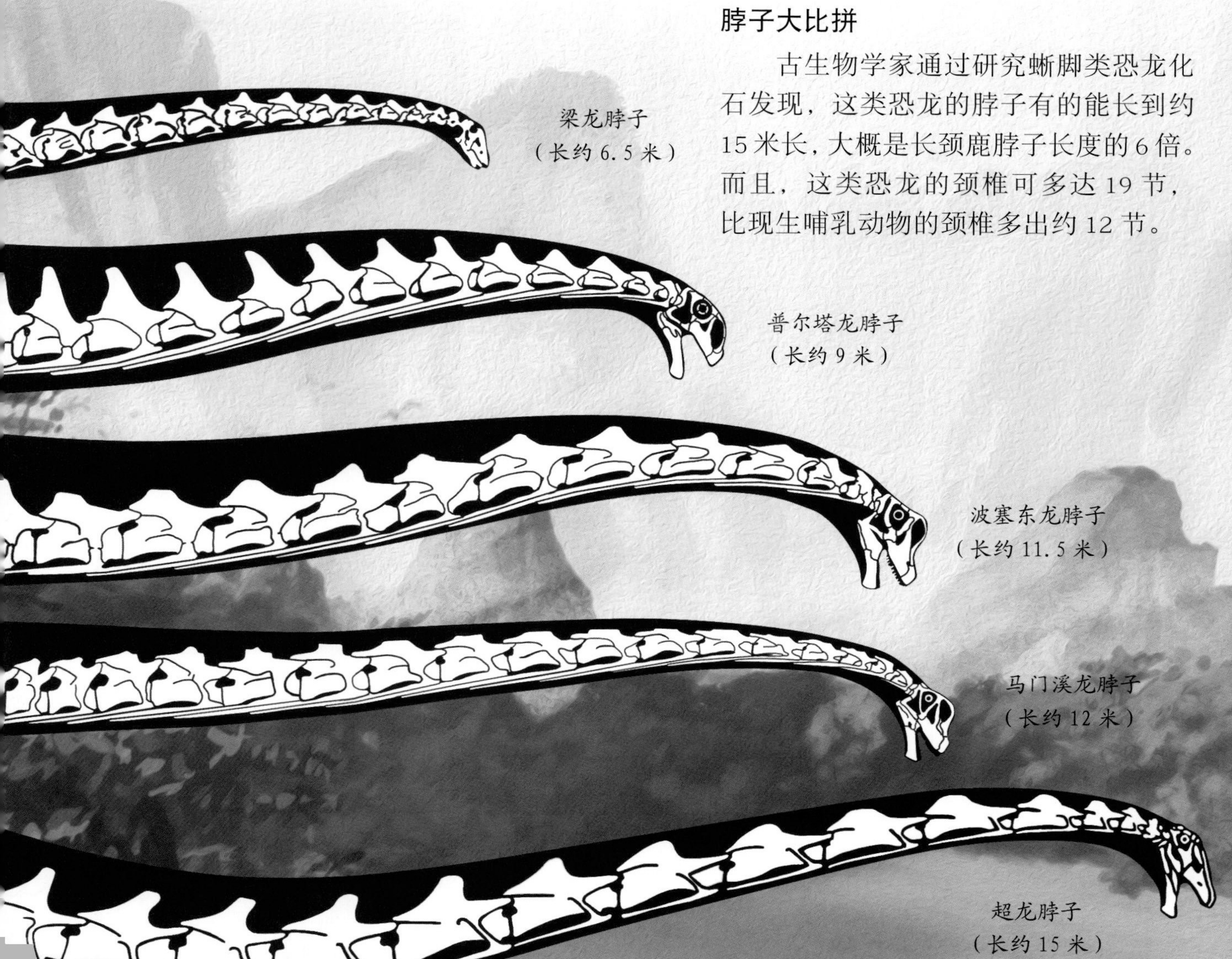

灵活的长脖子

多年来，古生物学家一直对蜥脚类恐龙为什么拥有这么长的脖子感到困惑不已。通过研究，他们发现，蜥脚类恐龙的颈椎拥有一系列独有的特性来保持长脖子的正常运行：颈椎中约有 60% 的空气，可以使它们的脖子更加轻盈；环绕在颈椎周围的肌肉、肌腱和韧带能够提高效率，帮助脖子更好地转动。此外，庞大的身躯和如同柱子般粗壮的四肢为脖子的运动提供了一个非常稳定的平台。

长脖子原因大猜想

至于蜥脚类恐龙为什么会演化出如此长的脖子，生物学家一直没有定论。有些人认为它们或许是为了能够食用高处的植物叶子才演化成这样的，还有人认为长脖子可能是异性之间相互吸引、炫耀的有利工具。

长脖子“部落”

蜥脚类恐龙家族也是恐龙时代的“名门望族”，其成员分为许多种类。鲸龙科、腕龙科、梁龙科和泰坦龙科等都是其中的成员。它们均吃植物，食量惊人。

带“武装”的恐龙

对于很多植食恐龙来说，要想在满是食肉动物的危险环境中生存下来绝非易事。为此，它们不仅要掌握一定的逃生、抵御进攻的策略，还要演化出最适合自己的防御设备。这些防御设备可以阻挡敌人的正面进攻，为植食恐龙增加更多的生存机会。

尖爪利器

与肉食恐龙相比，植食恐龙似乎没有什么攻击力。如禽龙等恐龙，既没有庞大的身躯，也没有尾锤，遇险时是不是只能坐以待毙呢？当然不是。它们的尖爪非常厉害，可以对侵犯者进行有力的反击。

禽龙复原图

禽龙前肢上的尖爪

尾巴长鞭

一般情况下，肉食恐龙会特别小心躲避植食恐龙的尾巴。这是因为很多植食恐龙的长尾巴是具有超强杀伤力的鞭子。比如：如果梁龙甩起那长约 10 米的尾巴，那么其尾巴就会像鞭子一样，以非常快的速度抽向敌人。倘若哪个倒霉家伙不慎被打到眼睛或四肢，那么它很可能会暂时失明或即刻摔倒。

快刀出击

剑龙的尾巴上武装着锋利的“尖刀”，可以将肉食恐龙的皮肤刺穿。据推测，它们背部的骨质剑板也有自卫作用，还可以发出警告信号。

盾角结合

角龙科恐龙通常头部长着巨大的“盾牌”，口鼻和眉毛之间长着尖尖的角。研究人员推测，这些武器一方面可以用来震慑对手，另一方面可以用来自卫。

挥动尾锤

有些植食恐龙为了让自己的尾巴更厉害，在尾尖处进化出硬硬的骨突，使尾巴变成了名副其实的棍棒利器。比如：蜀龙尾巴末端的钉状物可以给敌人致命一击；包头龙身后的“大锤”甩动速度甚至能达到 50 千米 / 小时。可以想象到，只要挥动这些秘密武器，这些植食恐龙就可以让一些可恶的敌人无法靠近。

“铠甲”护身

如果敌人异常凶猛，秘密武器没有实际的攻击效果，那该怎么办呢？很多恐龙为了防止这种危险发生，在体表长出了护身“铠甲”。这层护身“铠甲”多由骨头片或节结组成，与骨骼不相连，紧紧地贴在皮肤上。很多气急败坏的敌人拿这层刀枪不入的“铠甲”毫无办法。包头龙偶尔就会像现在的爬行动物乌龟一样，一动不动地趴在地上，让敌人来碰“钉子”。

“钢盔”硬碰硬

对于肿头龙来说，没有什么武器比头上的“钢盔”更具威仪。它们的“钢盔”实际上是加厚的头颅骨，非常坚硬。雄性肿头龙时常用“钢盔”与同类一决高下。倘若有外敌来犯，“钢盔”也会派上用场，成为顶撞对方的武器。

长着“鸭嘴”的恐龙

鸭嘴龙类恐龙是生活在白垩纪晚期的植食恐龙。从古生物学角度来划分，鸭嘴龙类属于恐龙中的鸟脚类，其成员都有着相似的特征，即具有很像鸭嘴的宽大吻端。

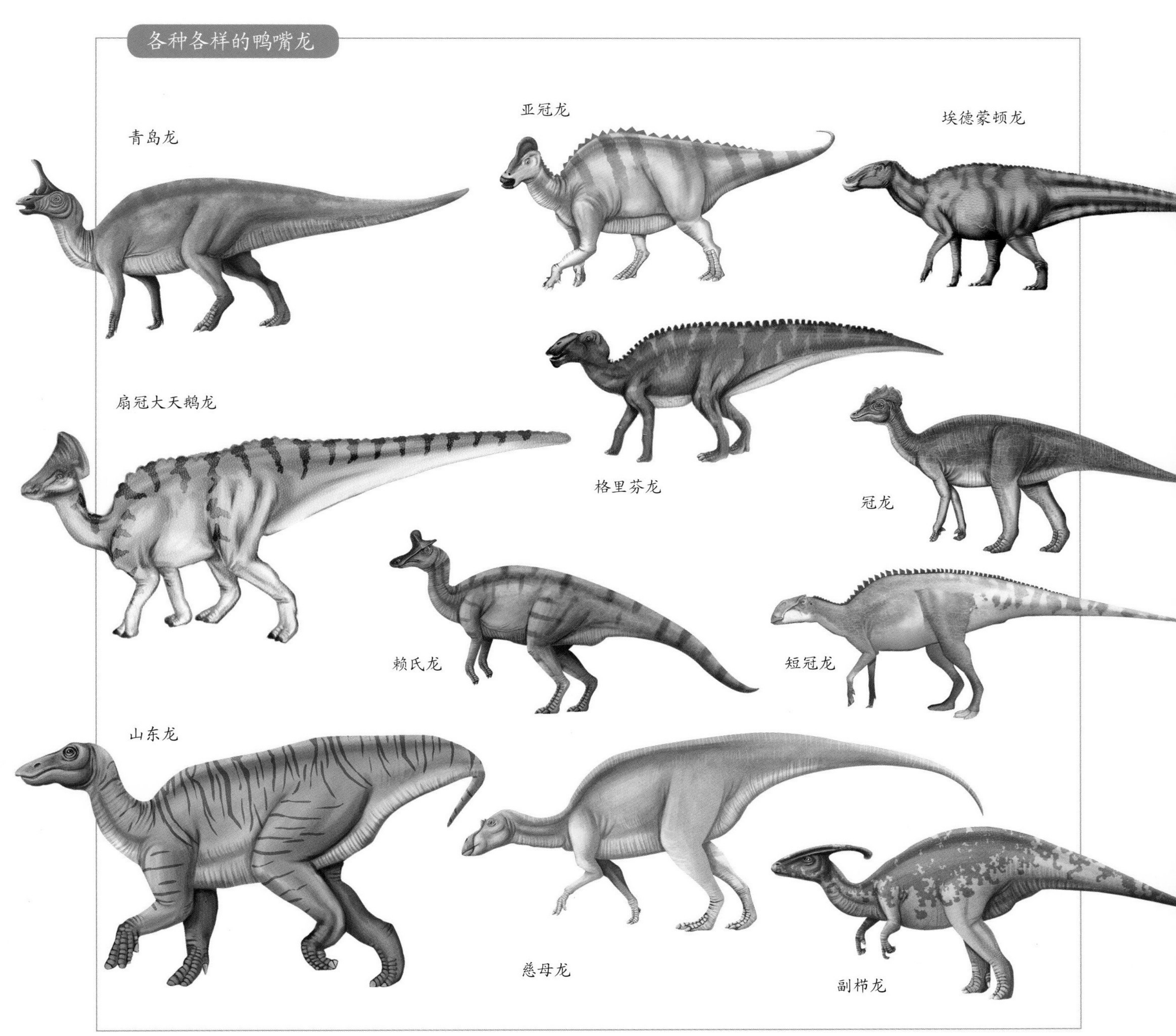

约瑟夫·莱迪（1823—1891）

始鸭嘴龙头骨碎片

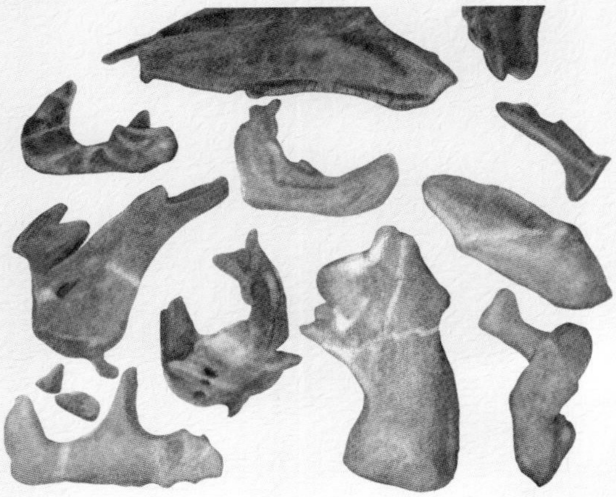

鸭嘴龙类的演化

最早被发现、鉴定的鸭嘴龙类化石是人们在 19 世纪中期发现的糙齿龙牙齿化石和鸭嘴龙属化石。美国古生物学家约瑟夫·莱迪凭借已发现的化石开展了鸭嘴龙属的古生物学研究，并将这一类恐龙命名为“鸭嘴龙”。

不过，约瑟夫·莱迪所命名的并不是年代最早的鸭嘴龙。20 世纪 90 年代，一名业余古生物爱好者在美国德州发现了一具距今约 9500 万年的鸭嘴龙化石，比人们发现的绝大多数鸭嘴龙化石年代更早。因此，古生物学家把这一类恐龙命名为“始鸭嘴龙”（*Protohadros*），意思是“第一种原始鸭嘴龙类”。事实上，始鸭嘴龙的确是目前已经发现的最古老的鸭嘴龙类恐龙。有的学者还认为始鸭嘴龙很有可能就是鸭嘴龙类恐龙的祖先。

始鸭嘴龙头部

始鸭嘴龙复原图

鸭嘴龙类的分支演化

按照古生物学家的推测，鸭嘴龙类恐龙的祖先诞生后很快开始分支演化，并且很可能受到外力（气候、环境等因素）影响繁衍出了许许多多大同小异的家庭成员。

山东龙
卡戎龙
短冠龙
埃德蒙顿龙科
慈母龙科
副栉龙科
亚冠龙
栉龙
栉龙科
鸭嘴龙亚科
赖氏龙亚科
阿穆尔龙
沼泽龙
鸭嘴龙科
原巴克龙
鸭嘴龙超科

不同的“鸭嘴”

鸭嘴龙类恐龙颇似鸭嘴的吻端是没有牙齿的。它们的牙齿一般长在靠后的齿板两侧。进食时，它们会用强有力的两颌把坚韧的植物磨碎。

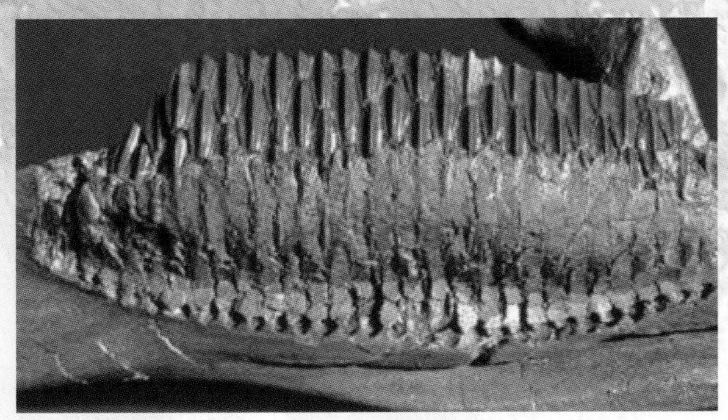

鸭嘴龙的牙齿化石

古生物学家通过研究世界各地出土的化石，发现鸭嘴龙类成员之间宽扁的喙状嘴存在着细微的差异。

1. 短冠龙： 作为鸭嘴龙类的成员，短冠龙除了拥有特别的头顶骨质冠和修长发达的前肢，也拥有鸭嘴龙类恐龙特有的“鸭嘴”，但它们的“鸭嘴”要比其他鸭嘴龙类成员的宽一些。

2. 大鸭龙： 鸭嘴龙类成员的吻部往往会有一层厚厚的角质把嘴巴严密地包裹住，大鸭龙也不例外。但是，比较特别的是，大鸭龙吻部前端没有牙齿的角质喙长度惊人，有的甚至超过8厘米。

3. 高吻龙： 跟其他鸭嘴龙类成员普遍具有的既宽又扁的喙状嘴比起来，高吻龙高高耸起的口鼻部无疑十分特殊。另外，高吻龙角质喙状嘴与齿板两边的牙齿之间存在一定的缝隙，二者可以分工合作。因此，高吻龙可以一边用喙状嘴“剪”断植物，一边用牙齿进行咀嚼。

短冠龙的下颌比其余鸭嘴龙的下颌更宽

大鸭龙头骨无齿喙状嘴部分十分长

博物馆里的高吻龙头骨化石

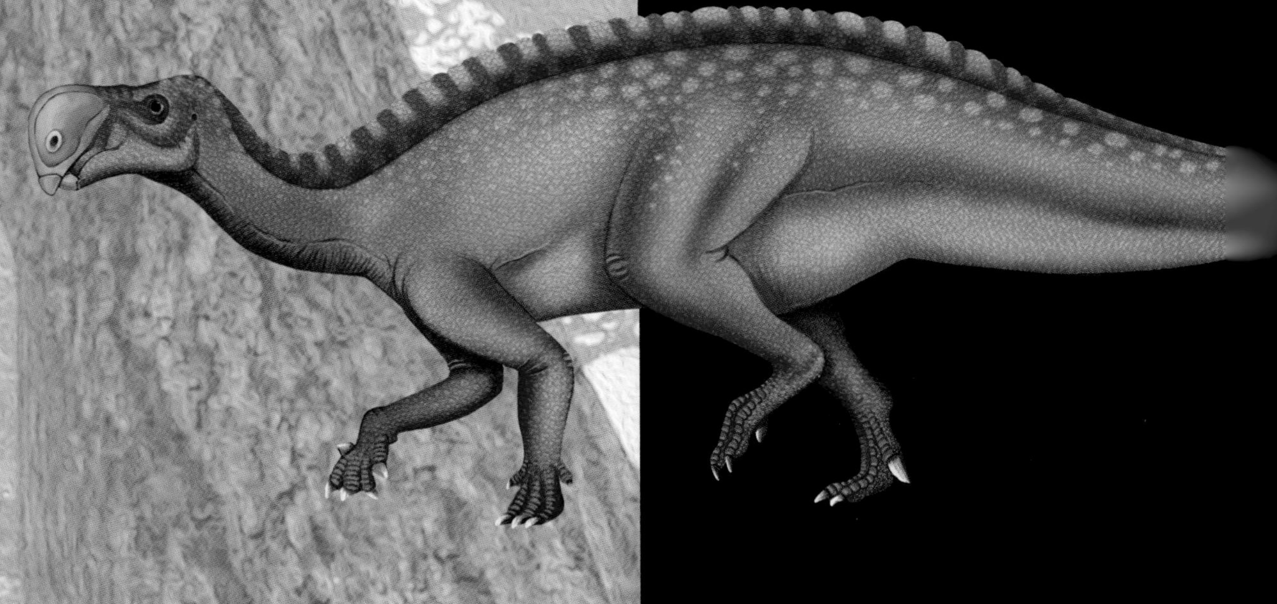

今天活着的“恐龙”

众所周知，曾经称霸中生代陆地的恐龙早已在白垩纪末期的大灾难中灭绝。但是，自 19 世纪 60 年代起，古生物学界就兴起了“恐龙没有灭绝，现生鸟类是恐龙后裔”的说法。虽然这个说法在当时颇受争议，但随着时间的推移，出现了很多支持这种说法的化石证据。越来越多的人开始认同鸟类的恐龙起源假说。

◄ 罗伯特·巴克，美国著名的古生物学家。他是鸟类的恐龙起源说的支持者，曾发表文章称“恐龙没有灭绝，鸟即是恐龙”。

始祖鸟 Archaeopteryx

假如要解释恐龙与鸟类之间的关系，那么始祖鸟是无论如何都不可避开的一个环节。从 19 世纪 60 年代起，一直到 21 世纪，古生物学家在德国著名的化石产地——索伦霍芬侏罗纪晚期的石灰岩层中发现了 11 具始祖鸟化石。起初，始祖鸟被认为是“最原始的古鸟类”，但现在被认为是一种“长有羽毛的恐龙”。不过，我们可以确信的是，始祖鸟是介于恐龙与鸟类之间非常关键的一环。

辨认要诀 始祖鸟柏林标本 >>>

这具收藏于德国柏林洪堡大学自然历史博物馆的始祖鸟化石标本是迄今为止发现的 11 件标本里最漂亮的。它外形近乎完美，有着明显的羽毛印痕，可以作为解释恐龙与鸟类演化关系的证据。

大　小	体长大小接近于现生乌鸦
生活时期	侏罗纪晚期
栖息环境	森林
食　物	昆虫或小型爬行动物
化石发现地	德国

中生代鸟类

美国著名的古鸟类学家马丁（L．D．Martin）曾说："我们对早期鸟类演化的了解，真正革命性的变化发生在中国……它们的出现改写了鸟类进化的历史。"现实正如马丁所言，虽然在古鸟类科学研究的基础和古鸟类化石发现记录方面中国都是后来者，但近年来，不断出土的种类众多的早期鸟类化石让中国后来居上，不仅将之前落下的进度赶了上来，还在早期鸟类的认知与了解方面实现了快速发展。

辨认要诀　原始热河鸟 >>>

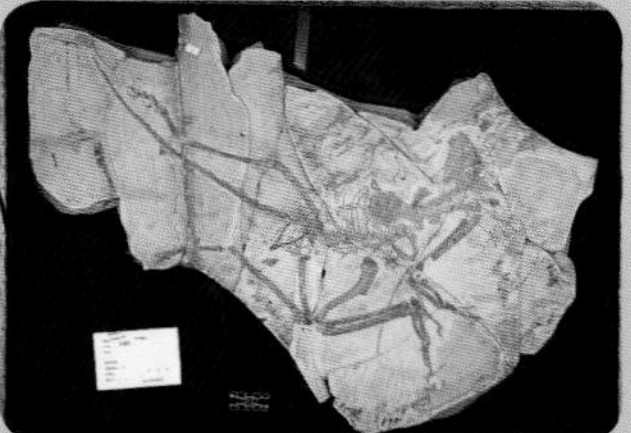

古生物学家通过化石发现热河鸟长有长长的尾巴。这说明它们身上保留有恐龙的一部分特征。因此，从某种意义上讲，热河鸟的存在间接支持了鸟类的恐龙起源假说。

大　　小	体长约为 70 厘米
生活时期	白垩纪早期
栖息环境	湖滨、森林
食　　物	植物
化石发现地	中国

热河鸟

2001 年，中国的古生物学家在辽宁朝阳发现了一块形态特殊的古鸟类化石。他们将化石标本命名为"热河鸟"。热河鸟不仅是比孔子鸟更原始、更古老的鸟类，也是迄今为止中国境内发现的最原始的一种鸟类。

▲ 古生物学家在对热河鸟的长尾巴进行复原后（进行了一定的艺术加工），发现它们的尾巴生满羽毛，长有叶尾结构。他们猜测，热河鸟的尾巴具有吸引异性、炫耀展示的功能，和现代孔雀的尾巴功能一样。

吃种子的古鸟

古生物学家在热河鸟化石的腹腔部位找到了数量众多的种子化石。这是一个非常重要的发现，即使在所有中生代鸟类里，也是第一次发现。这些较为可靠的证据说明热河鸟是一种素食鸟类。至于那些微小的种子属于什么植物，古生物学家还没有确切的结论。

孔子鸟

1993 年，孔子鸟化石的横空出世惊动了整个中国乃至世界的古生物学界。虽然人们在孔子鸟身上发现了许多和始祖鸟相近的原始特征，但从整体分析，孔子鸟要比始祖鸟进步许多，如口中无齿、具有角质喙等。它们是目前世界上已知的最早的原始鸟类之一。

外形特征

人们发现，虽然孔子鸟在某些方面仍像爬行动物，比如前肢没有演化成为翼翅、保留有爪子，但其鸟类特征更加明显，比如全身覆盖有羽毛、牙齿已经完全退化。它们是已知的最早拥有无齿角质喙的鸟类。

飞行能力

古生物学家认为: 孔子鸟已具有一定的飞行能力，但这种能力还不是很强。它们在起飞前会借助爪子爬到树顶，然后纵身一跃借助风力飞行。这种飞行方式类似滑翔。不过，也有人觉得孔子鸟可能是依靠助跑起飞的。

◀ 从名字看，孔子鸟和中国古代的儒家圣贤孔子似乎关系匪浅。实际上，两者之间并无关联，孔子鸟的化石也不是孔子发现的。这只是古生物学家选取的一个具有纪念意义和代表性的名字。

大　小	体长约为 30 厘米
生活时期	白垩纪早期
栖息环境	湖滨
食　物	可能是植物、鱼类
化石发现地	中国

化石　孔子鸟的尾羽 >>>

古生物学家在一具较为完整的孔子鸟化石上发现了两条细长的尾翎。他们结合现生鸟类形态进行推测，认为这很有可能是雄性孔子鸟才具有的特征，作用是用来向异性示爱。

甘肃鸟

1981 年，中国古生物学家刘智成、马凤珍在甘肃省发现了一块白垩纪早期的鸟类化石。这是新中国发现的第一块中生代鸟类化石。1984 年，这块化石显现的鸟类被命名为“甘肃鸟”。因为化石是在甘肃省玉门市附近的昌马乡出土的，所以甘肃鸟又被叫作“玉门甘肃鸟”（*Gansus yumensis*）。

化石 甘肃鸟后肢 >>>

从甘肃鸟保存下来的化石可以看出，甘肃鸟脚趾很长，和现代生活在岸边的水鸟游禽很像。古生物学家推测，甘肃鸟作为早期鸟类，很可能长有锋利的牙齿，生活在水里，也许以鱼类为食。

▼甘肃鸟化石的发现不仅填补了鸟类演化史的空缺，还为古生物学家关于“现代鸟类起源于水生”的假设提供了强有力的支持。

大　　小	体长约为 25 厘米
生活时期	白垩纪早期
栖息环境	水滨
食　　物	鱼类、昆虫或植物（食性未定）
化石发现地	中国

甘肃鸟复原图

化石 中国鸟 >>>

中国鸟和现代的鹌鹑差不多大小。它们头部较短，牙齿尖利，在构造上和始祖鸟很像。它们那长满羽毛的翅膀上生有尖利的爪子，具备十分明显的鸟类特征。然而，中国鸟的形态仍不算太进步、成熟。

中国鸟

既然说到了甘肃鸟，就不得不提起同时期的另一种鸟类——中国鸟。因为中国鸟化石的发现地——辽宁朝阳有3座辽代古塔，所以中国鸟也被叫作“三塔中国鸟”（*Sinornis santensis*）。中国鸟和甘肃鸟的发现与研究带动了中国早期鸟类化石的发现高潮。此后，中国相继出土了几十种鸟类化石，从此中国的古鸟类研究开始在国际古生物学界中占据一席之地。从这方面看，它们的重要贡献是不言而喻的。

中国鸟复原图

► 中国鸟化石的发现在古生物学界掀起轩然大波，许多知名的古鸟类学者将其视为无价珍宝。不过，令人感到遗憾的是，虽然古生物学家可以确定中国鸟具有飞行能力，但由于化石保存得不完整，人们并未在化石上找到羽毛的印痕。

大　小	体长约为20厘米
生活时期	白垩纪早期
栖息环境	森林
食　物	小型爬行动物
化石发现地	中国

现生鸟类

现生鸟类指的是古近纪以来的鸟类。事实上，自新生代的帷幕拉开以后，鸟类的演化就出现了较大的进展与突破。尤其在第四纪，鸟类的发展进入繁盛时期，大部分现生鸟类来源于这一时期。如今，鸟类遍布全球，不管是在空中、陆上，还是在海洋上方，都有着它们的身影。

鸵鸟

鸵鸟并不具备飞行能力，但它们是当今世界上已知的存活的最大鸟类。就生物分类学而言，属于鸵鸟科的鸟类只有 1 种，即非洲鸵鸟。在过去，亚洲与中东地区也曾有鸵鸟生活。但是，由于人类的过度捕杀以及环境变化，如今只在非洲中、南部地带还存有鸵鸟。

辨认要诀　鸵鸟的脚趾 >>>

绝大多数鸟类的脚趾数目是 3 趾或 4 趾，但鸵鸟不同，只有两根粗壮的脚趾（内趾和外趾）。其中，内趾粗大，具有坚硬的爪；外趾稍小，没有爪存在。鸵鸟是脚趾数目最少的鸟类。

大　　小	身高约为 2.5 米，体重约为 150 千克
生活时期	中新世至今
栖息环境	沙漠、荒漠平原
食　　物	植物、昆虫、其他小型动物

耐力强

鸵鸟是一种群居动物，一般以一雄多雌的方式居住在一起，过着逐水草而居的游牧生活。因为生活在沙漠、荒原等缺水的环境里，生存条件比较恶劣，所以鸵鸟有着很强的耐力，可以长时间不喝水而保持较为充沛的精力。值得一提的是，鸵鸟身体中所需的水分主要是从植物中获得的。

鸵鸟蛋

◀ 鸵鸟蛋重约 1.5 千克，是现存鸟蛋中个头最大的。同时，其蛋皮很厚，承重能力可达到 100 多千克。鸵鸟在产卵时往往会选择集体生蛋的方式，即多只鸵鸟把蛋生在同一个地方，形成不大不小的卵堆。

长跑冠军

虽然鸵鸟身体笨重，翅膀退化，不能飞上天空，但它们双腿健壮，拥有非凡的奔跑能力。据科学家计算，鸵鸟奔跑时的速度能达到 60 千米 / 小时，如果全力冲刺的话，速度甚至会超过 70 千米 / 小时！鸵鸟之所以能跑得这么快，多亏了它们的大长腿以及大腿上发达的肌肉与韧带。

低头的深意

鸵鸟经常会做出低下头让脖子紧贴于地面的行为。这使它们看上去就像“胆小鬼”。事实上，鸵鸟这样做大有学问。首先，它们把脖子贴近地面很容易能听到远处的声音，假如有危险，可以提前准备离开；其次，这种行为在一定程度上放松了脖颈间的肌肉；最后，假如鸵鸟把身子蜷成一团，那么灰黑的羽毛会让它们看起来和灌木丛、石头没什么差别——这是一种保护性伪装。但是，在现实生活中，人们把鸵鸟的这种生理应对策略引申为人类的一种处事方式，称之为“鸵鸟政策”，即一种不敢面对问题的懦弱行为。

肉垂秃鹫

我们有时会在一些动物类纪录片里看到一种喜欢吃腐烂尸体的大鸟。它们叫“秃鹫”，是鸟类中的一种中等种群。在这儿，我们只介绍秃鹫科中的一类成员——肉垂秃鹫，也叫“皱脸秃鹫”。

大　小	翼展长约 3 米，体重为 6 ～ 14 千克
生活时期	现代
栖息环境	荒漠草原
食　物	腐肉

辨认要诀　肉垂秃鹫的头部 >>>

肉垂秃鹫的名字源于它们光秃秃的头部两侧悬垂着的粉色肉垂。在它们的世界里，强者为尊。这也意味着，谁的力量最强，谁就最先有资格挑选、享用食物。

进食的鬣狗和远远观望的肉垂秃鹫

▲虽然肉垂秃鹫在同类中专横霸道、耀武扬威，但面对更加凶悍的鬣狗，它们只能退避三舍乖乖地站在一旁，等待对方进食完毕再慢慢凑到近前吃些残羹冷炙。

清洁工

人类如果吃了腐败的食物就会生病，但肉垂秃鹫则不同。它们有着强悍的生理机制，足以抵御绝大多数病菌，变得“百病不侵”。而且，它们在进食结束后，还会用从口中吐出的黏液清洁趾爪上的细菌。肉垂秃鹫就像清洁工，兢兢业业地保护着草原卫生，减少疾病的传播。

漂泊信天翁

信天翁是鸟类中十分出名的“飞行员”。它们几乎一生都在宽阔无边的海洋上飞翔，很少上岸。漂泊信天翁是信天翁“小家庭”中体形最大的一种，体力强悍，可以在大洋上空不间断地飞行几个小时。

大　小	翼展约为 3.7 米，体重约为 6 ～ 12 千克
生活时期	现代
栖息环境	海洋、海岸
食　物	鱼类、乌贼、甲壳类动物、腐食

辨认要诀　漂泊信天翁的翅膀 >>>

漂泊信天翁长着一双非常长的翅膀，翼展长度能达到 3.7 米，是世界上翼展最长的飞鸟之一。正是靠着与生俱来的体形优势，漂泊信天翁才有了十分突出的滑翔本领。

滑翔达人

漂泊信天翁的滑翔技巧堪称鸟类一绝。它们利用长长的翅膀感受海洋气流的变化，从而完美地驾驭海风。这样的话，即使不扇动翅膀，它们也能在空中逗留数小时之久。

一往情深

漂泊信天翁是非常专情的鸟类。它们对待爱情非常专一，一旦确认自己的配偶，就会白头偕老，不离不弃。

漂泊信天翁的蛋

▲漂泊信天翁繁殖力很低，一般在 10 岁后才产卵，而且每只漂泊信天翁每次只产一枚卵。它们的卵的孵化期在鸟类中相对较长，足有两个多月。之后，它们还要对幼崽进行照料、看护以及定期喂食。因此，它们的种群数量一直保持在较低的水平上。

让沉睡的恐龙重生

在一些博物馆中，我们经常可以看到摆放在显眼位置、栩栩如生的恐龙复原模型。你也许会想，恐龙已经灭绝了数千万年，只留下了深埋在地层中的残缺不齐的化石，那么人们究竟是如何根据一块块残破的化石把它们拼装、组合并还原成有血有肉的样子的？其实，复原恐龙是古生物学家工作的重要组成部分，里面含有很多的奥秘！

根据科学依据复原恐龙

恐龙复原工作虽然需要丰富的想象力，但也不能凭空想象。古生物学家在对恐龙进行复原前，常常要进行许多详细、认真的考证以及无数次的模拟，最后再进行实际动手操作。这样做是有着严谨的科学道理的。

澳大利亚博物馆中非洲猎龙的复原模型

蜥蜴的皮肤上布满鳞甲

1. 认真观察，从骨骼化石的表面寻找线索。虽然大部分恐龙化石残破不堪，但如果细心研究，你就会发现它们的表面常常隐藏着一些不为人知的小细节，比如肌肉结构、关节连接的痕迹等。要学会多用你的眼睛去发现真相。

甲片和毛发共存的犰狳

2. 合理想象，从现代动物的身上寻找灵感。虽然恐龙已经从地球上消失千万年，古生物学家无法获知关于恐龙的具体细节和信息，但他们会从许多现生动物身上汲取知识，进行大胆而又合理的假设、推演。毕竟，在生物演化过程中，不同物种之间存在着一定的相关性。比如：对于恐龙的皮肤是什么样的，古生物学家就会借鉴蜥蜴、犰狳等动物的皮肤特点。

3. 反复试验，减少复原时出现的疏漏。进行复原恐龙这样严谨的科研工作，再怎么小心也不为过。古生物学家在动手进行复原前，会制作一个简略的模型，然后在它的基础上慢慢填充内容（如骨骼、肌肉、脏器等）。当对简易模型熟悉得八九不离十时，古生物学家就可以正式复原了。

3D 数字模型：随着科技的进步，除了采用传统的复原方法，古生物学家还可以使用电脑制作恐龙的 3D 数字模型。和传统模型比起来，3D 数字模型不仅细致、显得真实，而且可以不断进行调整，方便人们从各个角度进行观看。另外，3D 数字模型还能进行动作展示。

各部位的复原

复原恐龙是一项精细的工作，不是一下子就能完成的。有时，古生物学家复原一只恐龙需要数年时间。即便现代科技发展飞速，制作一只恐龙复原模型仍然需要花费他们不少心血。古生物学家在对恐龙进行“白骨生肉”的复原时，常常要从不同的部位着手。

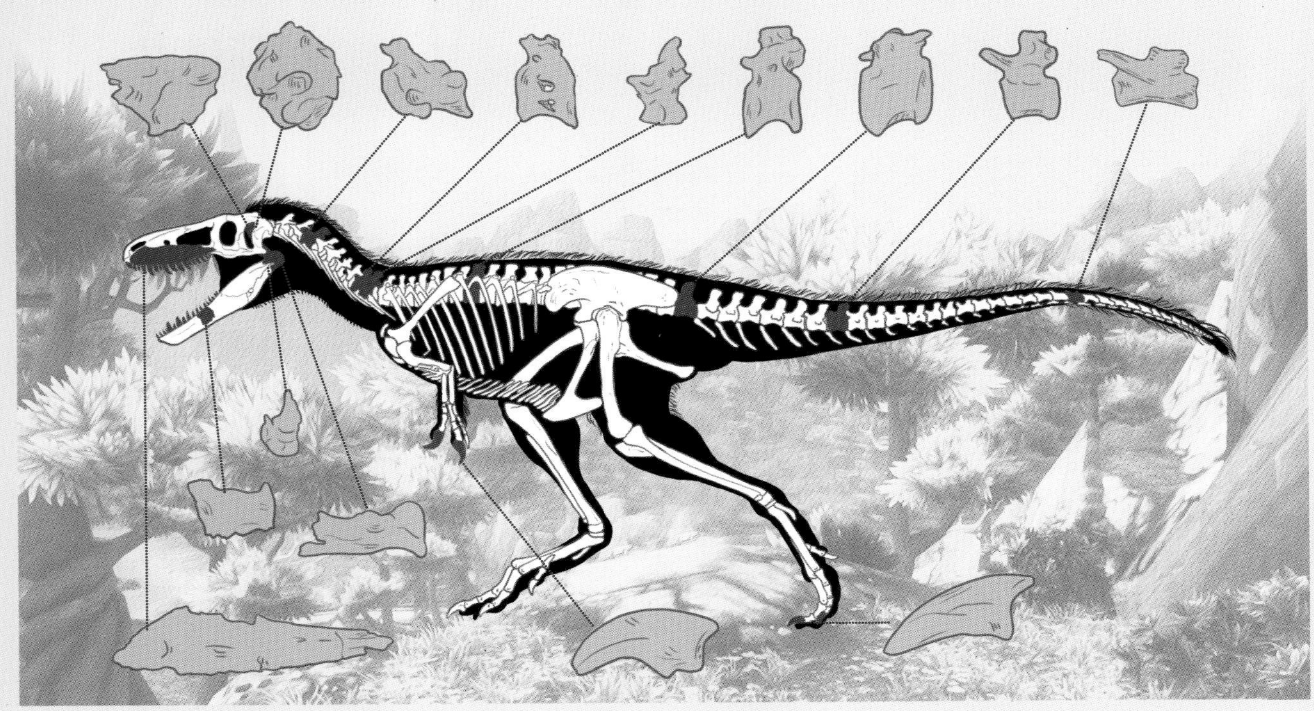

1. 骨骼化石的发掘清洗与辨别组装

古生物学家在发现恐龙化石并把它们发掘出来以后，首先要做的就是清理加固。在这个过程中，一定要注意使用不会对化石造成损毁的化学试剂。清理完成后，古生物学家要对每一块化石进行描图，一边辨别各个骨骼的名称，一边记录关键数据资料，以待后用。描图之后，古生物学家再把骨骼化石拼装在一起，摆出符合恐龙特点的姿势，还原出其大概的形态。

◆ 恐龙骨架还原后的模拟图（黄色为缺失部位）

◆ 恐龙全身肌肉复原图

◆ 恐龙复原图

2. 肌肉结构的重塑

在完整的恐龙骨架构建完成后，古生物学家就要添加肌肉了。某些保存较为完好的化石表面留有韧带、肌肉附着的痕迹。这对复原恐龙的肌肉结构有着很大的科学引导和帮助作用。另外，古生物学家也会参考许多现生动物的肌肉结构来辅助工作。

3. 掺杂想象力的皮肤复原

在所有部位中，恐龙的皮肤是最难复原的。古生物学家在复原皮肤的过程中，经常会遇到两个问题：一是恐龙的皮肤不易形成化石，至今也很少有恐龙皮肤化石出土，人们无从得知恐龙皮肤的表面是长满鳞甲还是覆盖着羽毛；二是恐龙皮肤的颜色与明暗在化石保存中无法记录。因此，在复原皮肤时，古生物学家往往需要开动脑筋合理想象。

与时俱进的观点：值得一提的是，恐龙复原工作不是一成不变的。随着古生物学家研究的深入，关于恐龙形态、姿容的新证据不断出现，相关理论也在不停更新。因此，古生物学家有时会发现自己以前对于恐龙的认识存在误差，并且在某一阶段内复原的恐龙模型存在错误。

一步步科学复原的禽龙

▼ 下列两幅图显示的是复原后的暴龙头部（左图显示的模型收藏于牛津大学自然历史博物馆）。近年来的观点认为暴龙鼻孔长在吻突前端，比图中显示的要更靠近嘴部。

4

Part

恐龙精英的私密档案

始盗龙 | Eoraptor

始盗龙生活在三叠纪晚期，是最原始的恐龙之一。它们又被人们叫作“黎明的盗贼”。它们和狐狸差不多大小。不过，别看它们长得小，它们却是肉食恐龙的“小祖先”呢！

牙口好，啥都能吃！

始盗龙是一种比较原始的恐龙，身上还保留着“老祖宗”的特征。比如：它们拥有两种牙齿，一种位于嘴巴前端，像树叶一样平整；另一种在嘴巴后部，像餐刀一样锋利。所以，始盗龙既能吃植物，也能吃肉，是种牙口较好的杂食主义者。

化 石　一双“马眼”>>>

始盗龙的头骨化石

始盗龙的眼睛长在头骨两侧。因此，它们分辨不清前面的物体。不过，始盗龙的眼睛很大，大约占整个头骨的一半。所以，始盗龙视力非常好，能看到很远的敌人或猎物。

大　　小	体长约为 1 米，体重为 5~11 千克
生活时期	三叠纪晚期（2.3 亿 ~2.2 亿年前）
栖息环境	河谷
食　　物	小型动物、植物
化石发现地	阿根廷

反应敏捷

始盗龙个头较小，所以它们的猎物也是一些小家伙，比如小型爬行动物和早期的哺乳类动物。不过，长得小就意味着身体轻，反应可能会更加敏捷。所以，一旦发现猎物，始盗龙就会立即发起快攻，在猎物还没作出反应的情况下将其扑杀。

娇小的祖先

始盗龙是最原始的恐龙之一，也是后代肉食恐龙的祖先。但是，这些祖先实在太小了！即便成年后，始盗龙的体长也只有 1 米左右，体重约为 11 千克。

不过，别看它们长得小，它们身为肉食恐龙祖先的事实却不会改变。因此，它们还被人们称作“黎明的盗贼”。

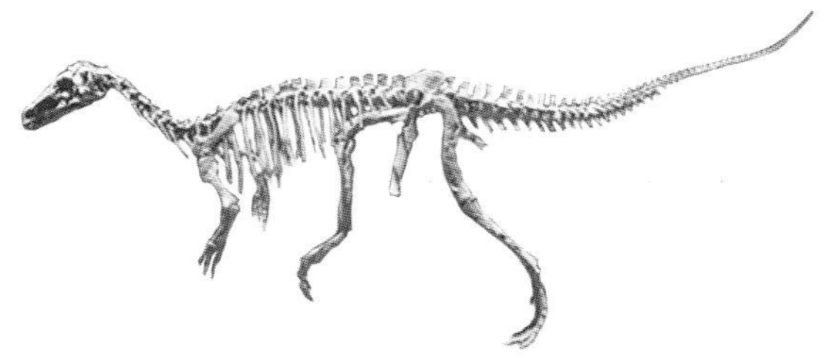

始盗龙的复原骨架

小知识

人们在南美洲的阿根廷进行化石挖掘工作时，无意中在乱石堆里发现了始盗龙的化石。此后，经研究确认，始盗龙是地球上最古老的恐龙之一。

黑瑞拉龙 Herrerasaurus

黑瑞拉龙并不黑，它们的名字源于最先发现其化石的人。为了纪念化石发现人，人们用他的名字将该种恐龙命名为“黑瑞拉龙”。此外，埃雷拉龙、黑瑞龙、赫雷拉龙、艾雷拉龙说的都是它们。它们与始盗龙生活在同一时期。

化 石 “鳄鱼脑袋”>>>

黑瑞拉龙的头部特写

黑瑞拉龙的脑袋和鳄鱼的脑袋非常像。它们的嘴巴很窄，下颌骨像弹簧似的，所以它们能根据猎物的大小改变嘴的大小。

大　小	体长为 3~5 米，体重为 210~350 千克
生活时期	三叠纪中、晚期（2.4 亿～2.3 亿年前）
栖息环境	河边、河谷
食　物	小型及中型动物
化石发现地	阿根廷

它们爱吃什么？

科学家从黑瑞拉龙的骨骼分析得出，它们可能是肉食恐龙。这是因为它们具备了肉食恐龙的特征——满嘴都是锋利的尖牙，拥有敏锐的听觉和强健的后肢。

你知道吗？

在三叠纪时期，陆地是爬行动物的天下。

目前已知的黑瑞拉龙化石是在南美洲的阿根廷发现的。

好邻居 vs 死对头

黑瑞拉龙与始盗龙都是三叠纪时期的肉食恐龙。人们常说"一山难容二虎"，那它们是"好邻居"还是"死对头"呢？有人认为始盗龙个头太小，根本无法与黑瑞拉龙相提并论，万一碰上黑瑞拉龙，很可能会先行逃跑，以免成了黑瑞拉龙的美餐。

得来不易的身份

如今黑瑞拉龙已闻名世界，可它们的化石刚出现的时候，它们差点被专家们踢出恐龙家族。为什么呢？据说，它们身体结构比较原始，与后辈们相差甚远。因此，专家们犹豫了：这种家伙到底算不算恐龙呢？

后来，人们认为它们的尖牙、利爪以及四肢结构基本上具备恐龙的特征。最后，研究人员还是确定了黑瑞拉龙的恐龙身份。

小知识

有人问：恐龙为什么没有耳朵呢？其实，恐龙是有耳朵的，只不过它们的耳朵跟人类的耳朵不同，是凹进去的小洞，不仔细看的话很难发现。

板龙 Plateosaurus

板龙是三叠纪的“巨人”，也是后来出现的巨型蜥脚类恐龙的祖先。它们牙齿很小，基本不能咀嚼，所以只能以植物为食。不过，它们四肢粗壮，尾巴有力，能用后腿直立站立。这样，无论是地面上的还是树上的食物，它们都能吃得到。

化石 板龙的牙齿 >>>

板龙的头骨

板龙的牙齿与之后大多数植食恐龙的牙齿一样，长得又平又小。这种牙齿大多不能咀嚼，无法磨碎植物。因此，板龙常常把食物直接吞进肚子里，靠吃胃石促进消化。

大　　小	体长为 6~8 米
生活时期	三叠纪晚期（约 2.1 亿年前）
栖息环境	干旱的平原、沙漠
食　　物	蕨类、嫩树枝
化石发现地	法国、德国、瑞士

小知识

一直以来，板龙的化石大多出土于欧洲西部，但在 1941 年人们在我国云南省发现了非常相似的化石。后来经确认，这些是板龙的“亚洲兄弟”——禄丰龙的化石，只是禄丰龙要比板龙出现得晚。

“巨人”的烦恼

板龙身体巨大，堪称三叠纪晚期的“巨人”。但是，就是因为长得高大，板龙也常常烦恼不已。

烦恼之一：身体大，食量就大！要想让巨大的身躯保持活力，板龙就必须吃掉大量的食物。

烦恼之二：食物太少！三叠纪晚期，能让板龙家族吃的植物种类不多。虽然板龙能站起来吃到高处的树叶，可依然是“龙多食少”。于是，板龙们不得不穿越沙漠寻找食物。可是，这种迁徙一不小心就会让它们丢掉性命。

烦恼之三：太累！成年的板龙身长达 6 ～ 8 米，体重达数吨。拖着这样的身体活动，板龙常常累得气喘吁吁。不过，板龙的尾巴与后腿可以形成三角支架支撑着身体，让它们“坐”下来休息一会儿。

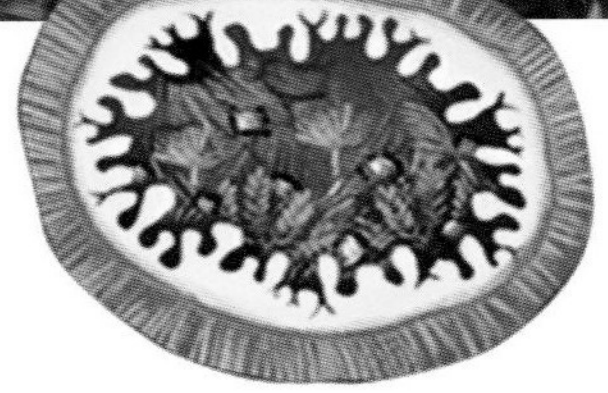

板龙的胃部结构模拟图

你知道吗？

为了吃到高处的树叶，板龙常会用身体把整棵树都推倒。

板龙的胃又圆又大，不仅能容纳许多食物，还能将食物保存一段时间，以充分吸收食物的营养。

双嵴龙 Dilophosaurus

双嵴龙最大的特点是头顶拥有“V”形骨质头冠。可惜的是，这种头冠“中看不中用”，只能当作装饰品。

双嵴龙的头冠复原图 >>>

双嵴龙因头上长着薄薄的“V”形头冠而得名。人们常说的双脊龙、双棘龙、双冠龙指的也是它们。

大　　小	体长为 4~7 米，体重为 400~500 千克
生活时期	侏罗纪早期
栖息环境	峡谷、河湖边
食　　物	原蜥脚类恐龙、蜥蜴、其他小型动物
化石发现	中国、美国

你知道吗？

双嵴龙生活在侏罗纪早期，是当时最凶猛的肉食恐龙之一。

双嵴龙的上下颌里布满弯曲的、大大的尖牙，十分锋利。

小知识

近年来，人们在南极洲也发现了双嵴龙的化石。这说明，现在被冰雪覆盖、异常寒冷的南极洲在侏罗纪早期曾是一个气候温暖的“恐龙天堂”。

头冠有何用?

古生物学家认为，双嵴龙的头冠又薄又大，很容易被折断，因此不可能用来进行攻击或者防御，很可能是用来吓唬敌人的工具。当然，也有人猜测，它们的头冠色泽鲜艳，可能是吸引异性的装饰物。

尖尖的嘴

除了大大的头冠，双嵴龙的嘴巴也很特别——又尖又窄，上颌骨能活动。因此，双嵴龙能把躲在矮树丛中或石头缝里的小动物叼出来吃掉。

只要是肉都爱吃！

对于双嵴龙来说，任何肉类都具有诱惑力。所以，它们从不挑拣，无论是动物的内脏，还是被吃剩的动物尸体，甚至是腐肉，都要先吃了再说。

迅猛的“猎手”

双嵴龙出现得比较早。与其他肉食恐龙比起来，双嵴龙显得十分“瘦小”——体长约为6米，体重只有500千克左右。所以，它们平时跑得很快。双嵴龙后肢力量强大，行动时迅速、敏捷，因此捕猎也更加容易。侏罗纪早期的动物，只要被双嵴龙盯上，几乎就不可能逃过它们的尖牙利嘴。

梁龙 Diplodocus

佚罗纪时期有许多恐龙，但如果说起“巨无霸”，就一定要说说梁龙。约 30 米的身长，十几吨重的体重，长长的脖子和尾巴，加上粗壮的四肢，无不彰显着梁龙“超级巨龙”的地位。

化 石 “人”字形双梁骨 >>>

梁龙的尾巴约由 70 块尾椎组成。这些尾部脊椎骨的每一节椎体上都有两根“人”字形的骨头向上、下两个方向伸展。研究人员为这种形态的脊椎取名为“双梁”。

大 小	体长为 27~30 米，体重为 10~20 吨
生活时期	侏罗纪晚期（1.5 亿 ~1.45 亿年前）
栖息环境	平原
食 物	叶子、矮生植物
化石发现地	美国

你知道吗？

因为鼻孔长在头顶上，所以为了躲避凶猛的肉食恐龙，梁龙经常躲进水里，把鼻孔露在外面。

梁龙的长脖子约有 7 米长，相当于两辆两厢轿车头尾相连的长度。

梁龙与同伴能够相互召唤。它们能用脚感觉同伴的“声音”。

长长的尾鞭

除了身体长、脖子长，梁龙的尾巴也很长——约有 14 米长。梁龙的尾巴也是防御武器。万一碰到敌人，梁龙就会用尾巴抽打对方。不过，梁龙从不用尾巴主动攻击别人。这说明梁龙是性格温和的“大个子”呢！

到底有多大?

你知道吗？一般的网球场长约 36 米，宽约 18 米，而梁龙的身体就有整整一个网球场那么大！也就是说，一只梁龙就能把网球场填满。由此看来，梁龙“超级巨龙”的称号名副其实。

它们并不笨重！

虽然梁龙一眼看上去高高壮壮的，但它们并没有人们想象的那么笨重。这是因为梁龙的骨头是中空的，看着很粗大，其实重量相对较轻。体重减轻了，梁龙的身体看着也就没有那么笨重了。

小知识

在其他“巨龙”被发现以前，梁龙一直都是“龙头老大”。直到人们挖出长达 40 多米的地震龙后，梁龙的“江湖地位”才开始变为第二。

圆顶龙 *Camarasaurus*

比起侏罗纪里那些常常调皮捣蛋的“熊孩子”，圆顶龙可就乖巧多了。它们不仅懂谦让，还从不主动跟别人发生冲突。它们虽然无法咀嚼食物，但拥有搅拌机一般的胃。所以，圆顶龙吃得再多，也不必担心会消化不良。

体贴的“君子”

人们常常把体贴别人、懂得谦让的人称为“君子”。圆顶龙就是恐龙中的“君子”——食物充足时，它们只吃那些长得低矮的树叶，把高处的嫩叶留给其他身材高大的“亲友”们。

大　　小	体长为 18~23 米，体重约为 20 吨
生活时期	侏罗纪晚期（1.55 亿 ~1.45 亿年前）
栖息环境	平原
食　　物	植物
化石发现地	美国、墨西哥、葡萄牙

小知识

古生物学家曾在美国发现了两具成年圆顶龙与一具幼龙的化石。根据圆顶龙植食性的特征，研究人员推测它们很可能过着群居生活。这样既能保护自己，也能保护幼龙。

食物“搅拌机”

圆顶龙以植物为食，每天绝大部分时间在吃东西。不过，它们不能咀嚼，只能把食物和石头一齐吞下去。幸好，圆顶龙的胃足够强大，能把食物和石头搅拌在一起，用石头磨碎食物，帮助身体消化和吸收。

“龙”大十八变

在美国，人们曾挖出过一具长约 6 米的小圆顶龙化石。这具化石标本显示的圆顶龙体形上比成年圆顶龙小许多，脑袋和眼眶都比成年圆顶龙大一些，但脖子比较短，骨骼上还有没长好的骨缝。比起圆顶龙成年后的样子，小圆顶龙的相貌简直相差太多了。这或许就是“龙”大十八变。

化　石　圆圆的头骨 >>>

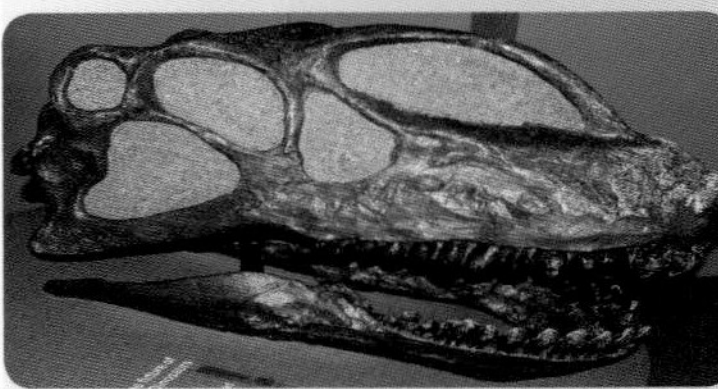

圆顶龙的头顶又圆又大。这正是它们名字的来源。虽然圆顶龙是“大头娃娃”，可它们并不聪明，因为在它们的头骨里能容纳大脑的空间太小了。

剑龙 *Stegosaurus*

剑龙家族是恐龙王国里为数不多的“大家庭”。这个家族里的成员以笨重而出名——头骨小，大脑小，身体巨大。身上大大的剑板以及尾巴上尖尖的尾刺是剑龙名字的由来，也可能是它们的防御武器。

化石 辨认要诀 >>>

剑龙的一块剑板化石

剑龙身上最突出的特点就是那两排骨质剑板。剑龙可能通过剑板来调节体温或追求异性。也有科学家认为，剑龙的剑板以及肩膀和尾巴上的尖刺可能是它们抵御敌人的武器。

大　小	体长为 6~9 米，体重为 2~6 吨
生活时期	侏罗纪中晚期至白垩纪早期（1.5 亿 ~1.4 亿年前）
栖息环境	森林
食　物	低矮的植物
化石发现地	中国、美国、英国

小知识

中国是世界上蕴藏剑龙类化石最丰富的国家之一。目前为止，中国已发现了近 9 个不同种类的剑龙化石，占全世界已知剑龙化石种类的一半之多！

为啥笨笨的？

剑龙看上去傻傻的，就算被肉食恐龙咬了，也要过几秒后才知道疼痛。为什么会这样呢？

原来，剑龙体重约有 6 吨，体长约为 9 米，可大脑只有一颗核桃般大小。这样小的大脑可能很难控制巨大的身躯正常活动。因此，它们才会显得很笨重。

两个“大脑”

古生物学家后来发现，剑龙的臀部有个膨大起来的大球，约有剑龙大脑的 20 倍大，球里含有复杂的神经系统。专家们认为，这也许是剑龙的“第二个大脑”，能协助头部的大脑一起控制身体。

大家在一起

除了一身骨板，笨笨的剑龙几乎没有其他防御工具。它们个头不高，与其他植食恐龙相比体形较小，很容易成为肉食恐龙的攻击目标。因此，剑龙组建了“野餐小队”，常常三五成群地外出觅食。这样，肉食恐龙就很难轻易地猎杀到剑龙了。

甲龙 Ankylosaurus

每逢国庆节阅兵的时候，那浩浩荡荡的坦克车队和装甲车部队看着就非常霸气。其实，恐龙家族里也有“坦克”和“装甲车”，而且它们的名字也与装甲有关。没错，它们就是甲龙！

化　石　辨认要诀 >>>

甲龙的尾锤化石

甲龙的尾锤是由几块骨质甲板和尾巴末端的几节尾椎骨结合而成的，像棒子一样坚硬。尾锤是甲龙身上除“铠甲”外主要的防御武器。

大　　小	体长为 7~11 米，体重为 4~7 吨
生活时期	白垩纪晚期（7400 万 ~6700 万年前）
栖息环境	树林
食　　物	嫩枝叶或多汁的根茎
化石发现地	玻利维亚、美国、墨西哥

小知识

甲龙家族有两个群体：一个叫甲龙科，最早出现在距今大约 1.7 亿年前的侏罗纪中期；另一个叫结节龙科，是最早出现在侏罗纪的甲龙群体。

它们也有弱点

别看甲龙身披“铠甲”，看似武装全面，其实它们也有弱点——甲龙的肚子十分柔软。万一将肚子暴露在掠食者的眼前，甲龙就会很容易陷入险境。因此，甲龙在碰到敌人时，常会立即蹲在地上保护肚子。

慢悠悠的“装甲车”

甲龙的皮肤比大象的皮肤还厚，上面镶满坚硬的骨质方块。因为身体两侧有成排的尖刺，尾巴上还长着重重的尾锤，同时四肢很短，身体沉重，所以甲龙一般跑不了太快，只能慢悠悠地走。远远看去，一只正在行走的甲龙很像一辆慢速行驶的装甲车。

“活坦克”

能被称为“活坦克”的家伙究竟会有多大多重？据推测，一只成年甲龙大概重达7吨，相当于五六辆家用经济型小轿车加在一起的重量。加上接近10米的身长，将甲龙叫作“活坦克”真是一点儿也不夸张。

小心它们的尾锤！

甲龙的尾巴约有50千克重。一旦遇上掠食者，甲龙就会快速挥动尾巴，指挥尾锤出击。尾锤分量不轻，掠食者一旦被“重锤”砸中，搞不好就是牙齿粉碎甚至颅骨粉碎性骨折的下场。

原角龙 Protoceratops

原角龙是不是就是“原来长角”的恐龙？那么，后来它们的角上哪儿去了？其实“原角龙”学名的意思是“第一个有角的脸”。另外，它们的角并不是没有了，而是长到了口鼻上。

化　石　原角龙头骨 >>>

原角龙的头很大，侧面看像个大三角。其两眼中间有个小鼻角，头骨两侧各有一个尖角，头骨后面延伸出带褶边的颈盾。这个颈盾会随着年龄的增长而消失。

大　　小	体长为 1.8~2.7 米，体重为 180~200 千克
生活时期	白垩纪晚期（8500 万 ~7000 万年前）
栖息环境	灌木丛林、沙漠地带
食　　物	植物
化石发现地	中国、蒙古国

小知识

目前，我国已发现了很多原角龙化石。在内蒙古地区，人们先后发现了几十块原角龙头骨化石与 200 多块原角龙骨架化石。这些化石涉及原角龙幼年到老年的各个阶段，为世界恐龙研究提供了非常宝贵的资料。

守护下一代

处于繁殖期的原角龙会把蛋生在松软的沙子上，以免恐龙蛋受到磕碰而破碎。生完蛋后，雌龙会在蛋上盖上一层细沙。这样做一方面可以为蛋保暖，另一方面可以使蛋免遭其他动物的毒手。待做好一切准备工作，原角龙夫妻就会轮流守在蛋巢旁，直到恐龙宝宝破壳出生。

矫健的“胖子”

原角龙身长约为 1.8 米，体重为 180 千克左右。别看它们胖，可它们四肢健壮有力，跑起来一点儿都不慢。万一遇上棘手的敌人，原角龙一般不会跟对方发生纠缠，而是转身就跑，逃之夭夭。

脖子上的“保护伞”

植食恐龙大都脖子细长、脆弱，没有防御、保护性装备。这很容易成为大中型肉食恐龙的攻击点和进攻突破口。但是，原角龙不同，它们头骨后面拥有又大又长的颈盾，可以像保护伞一样，保护脖子不被咬伤。

你知道吗？

要区分或识别原角龙的性别，需从它们口鼻的厚度、颈盾的宽度和脸颊骨的大小等方面来加以判断。

原角龙多以家庭为单位进行生活，即属于群居动物。等到成年后，它们在家庭中的职务各有分工：有的带妹妹、弟弟，有的外出寻找食物，有的则负责站岗放哨。

鹦鹉嘴龙

Psittacosaurus

想象一下，如果恐龙长了钩状的似鹦鹉嘴的嘴巴，那会是什么样？你别说，恐龙中还真有这样的家伙，它们就是鹦鹉嘴龙。

化　石　鹦鹉嘴龙头骨>>>

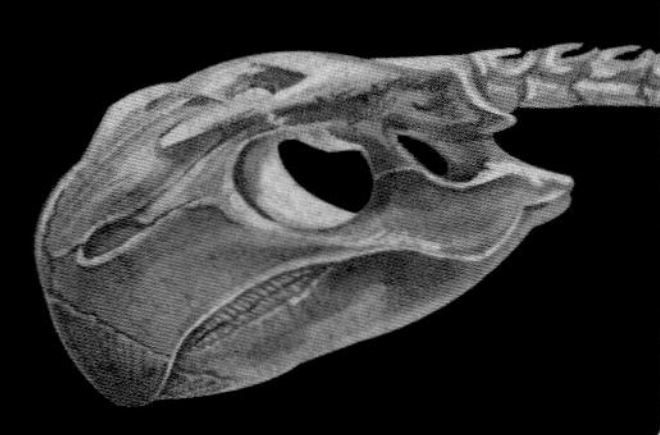

位于上下颌前端、相对弯曲、像鹦鹉嘴一样的角质喙是鹦鹉嘴龙上最为明显的特征。它们正是因此而得名。

你知道吗？

鹦鹉嘴龙的肚子比较大，能装下长长的肠子。这可以让它们充分吸收食物中的营养。

鹦鹉嘴龙的尾部是由骨化的肌腱组成的，与身体其他部位相比显得有些僵硬。

小石头，帮帮忙！

多汁的植物根茎和果实是鹦鹉嘴龙的最爱。但是，它们的牙齿又小又钝，根本无法磨碎食物。这可怎么办呢？别担心，鹦鹉嘴龙会吞下许多小石头来帮助消化。与一部分鸟类相似，鹦鹉嘴龙并不会把这些石子吞进胃里，而是储存在砂囊里。

大　　小	体长为 1~2 米
生活时期	白垩纪早期（1.2 亿 ~1 亿年前）
栖息环境	沙漠、灌木丛林
食　　物	柔嫩多汁的植物根茎、果实
化石发现地	中国、俄罗斯、蒙古国、泰国

角龙家的“小祖先”

刚开始，研究人员把鹦鹉嘴龙划入鸟脚类恐龙家族。后来人们发现角龙类成员也具有鸟喙这一特征，于是又把鹦鹉嘴龙归为角龙类成员。不过，鹦鹉嘴龙比角龙出现得早。因此，古生物学家们认为鹦鹉嘴龙可能是角龙家族的长辈，甚至可能是角龙家族成员的祖先呢！

小知识

近年来，鹦鹉嘴龙化石相继在俄罗斯的西伯利亚南部、蒙古以及中国北方现身。由此可知，大部分鹦鹉嘴龙喜欢在亚洲北部生活。不过，有位专家曾在泰国找到过鹦鹉嘴龙的化石。这说明它们也曾举家南迁。

鹦鹉嘴龙化石骨架

肿头龙 Pachycephalosaurus

肿头龙生活在白垩纪晚期，头顶肿大，好像长着巨瘤，是鸟脚类恐龙的一种。只可惜，它们生不逢时，在地球上存活了 800 多万年就不幸遭遇了大灭绝事件，从此在地球上消失了。

大　　小	体长为 4~6 米，体重为 0.5~4 吨
生活时期	白垩纪晚期（7400 万 ~6600 万年前）
栖息环境	平原、沙漠
食　　物	植物种子、果实、叶子，昆虫
化石发现地	美国、加拿大

兄弟一心，其利断金

肿头龙的“铁头功”虽然厉害，可并不能让它们所向披靡。真要遇到强敌攻击，光会撞击和逃跑肯定不行。基于安全考虑，肿头龙们过起了群体生活。万一遭遇大型肉食恐龙，大家就会齐心协力，把肉食恐龙包围起来轮流撞击，直到肉食恐龙放弃捕猎逃之夭夭。

你知道吗？

雄性肿头龙的头冠和身形比雌性的大很多。

肿头龙撞击他物时，厚厚的头骨可以减轻因相互碰撞而产生的震荡。所以，肿头龙从不担心自己会得“脑震荡”。

撞出来的首领

肿头龙家族成员与其他植食恐龙一样，也喜欢过群体生活。但是，家不可一日无主。于是，为了争当领头龙，雄性肿头龙们经常举行“撞头大赛”，以撞分高下。

肿头龙相互撞击时会发出“砰砰”的巨响，在很远的地方都能听得到。争夺首领的肿头龙会一直持续撞头的动作，直到把对方撞到认输或放弃为止。群体中脑袋最硬、耐力最强的肿头龙才可能成为群体的“领头人”。

小知识

肿头龙是至今为止发现的最大的肿头龙科成员之一，也是白垩纪晚期恐龙大灭绝前存活到最后一刻的恐龙之一。

化石 肿头龙头骨 >>>

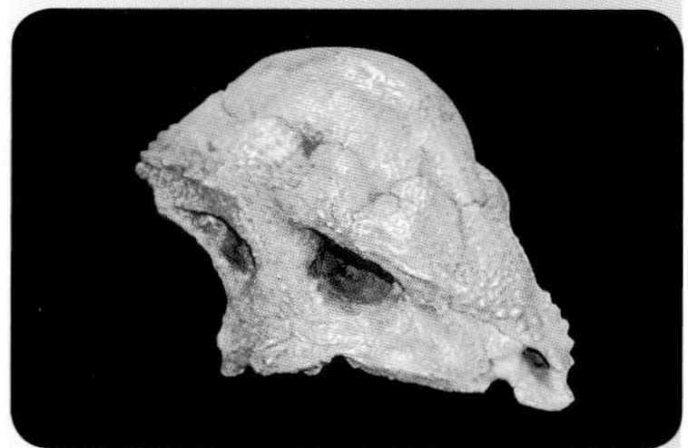

肿头龙的头骨后面有突起的骨质棚，厚约 25 厘米，里面几乎全是实心的。其头骨边缘还长着一圈密集的骨质瘤。这些是肿头龙家族成员的特有标志。

窃蛋龙 Oviraptor

窃蛋龙的学名意为“偷蛋的贼”。起初，很多人认为窃蛋龙是不知羞耻的小偷，专偷其他恐龙产下的蛋。但是，近年来，古生物学家终于找到证据，证明了窃蛋龙其实并不偷蛋，而是会护蛋或孵蛋。到此，它们才洗刷了自己的冤屈。

化 石 窃蛋龙的喙状嘴>>>

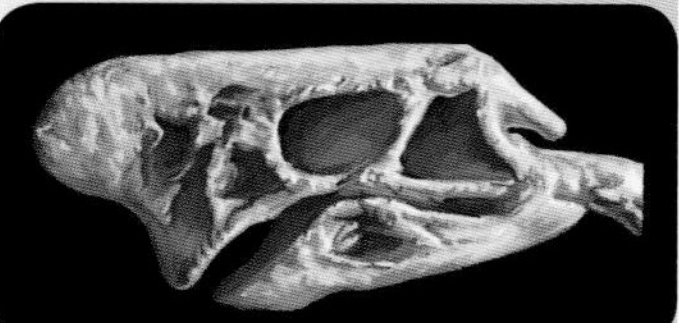

窃蛋龙的头骨与鸟类的头骨很像，又小又方，头骨前端长着弧形的喙状嘴，里面没有牙齿。它们的嘴像剪刀一样锋利，能轻松地剪下植物叶子或根茎，以此弥补没有牙齿的缺陷。

“窃蛋”的由来

20 世纪 20 年代，科学家们曾在蒙古国发现一窝恐龙蛋化石，还在蛋巢边发现了一具未知的恐龙骨架化石。起初，大家认为这些是原角龙的蛋，而那只恐龙可能在偷蛋时被发现，被蛋主人杀死。

当时，人们第一次发现这种恐龙化石标本，就根据现场发现的第一印象为之起名为“窃蛋龙”，意思是“偷蛋的贼”。此后，窃蛋龙一直被人们误会，长达数十年。

你知道吗？

窃蛋龙的头上长着半圆形的骨质头冠，与大公鸡头部相似。窃蛋龙身长可达 2 ～ 3 米，大小与鸵鸟差不多，而且身上很可能长有像鸵鸟一样的羽毛。

大　小	体长为 2~3 米，体重为 30~35 千克
生活时期	白垩纪晚期（8500 万 ~7500 万年前）
栖息环境	半沙漠地带、草原
食　物	植物、软体动物
化石发现地	中国、蒙古国

坐在恐龙蛋上的窃蛋龙

小知识

2007 年，我国河南省发掘出世界上最小的窃蛋龙化石标本——只有近 60 厘米长。小家伙后来被命名为“迷你豫龙”。

沉冤得雪

20 世纪 90 年代，人们在中国河南西峡发现了窃蛋龙的胚胎蛋化石，后来又在蒙古发现一窝原地埋藏的窃蛋龙蛋窝与骨架化石。后者显示窃蛋龙出现在巢穴边，而且巢里的蛋为窃蛋龙所产。专家以此推测当时窃蛋龙应是在孵蛋，但突然发生意外，为了挡住危险才舍身救子。至此，“偷蛋贼”的冤案终于“沉冤得雪”。可惜的是，根据国际动物命名法，它们的名字再也无法更改了。

竭心尽力的父母

自窃蛋龙洗清冤屈以后，人们对它们有了全新的发现：处于繁育期时，窃蛋龙会把蛋生在土坑里，并把树叶或沙土掩盖在巢穴上为蛋取暖。除此之外，窃蛋龙父母还会坐在蛋上，用身体为蛋取暖，可以说是竭心尽力地照顾着蛋宝宝。

马门溪龙 *Mamenchisaurus*

在现代哺乳动物中，长颈鹿脖子最长。恐龙中拥有长脖子的也不少。比如马门溪龙，它们的脖子长约 15 米，全身最长能达到 35 米左右。它们的名字算是个美丽的错误。这究竟是怎么回事呢？一起去看看吧！

化　石　长脖子 >>>

马门溪龙的脖子约由 19 块颈椎骨组成。这在恐龙中很少见。它们身长能达到二三十米，其中脖子约有 15 米长。这比长颈鹿的脖子长了 6 倍还不止！

大　小	体长为 22~30 米，体重为 20~55 吨
生活时期	侏罗纪晚期（1.55 亿 ~1.45 亿年前）
栖息环境	三角洲、森林
食　物	低矮植物的叶子、嫩枝
化石发现地	中国

挖出宝贝

1952 年，一个工程队在四川省宜宾市的马鸣溪渡口施工时突然挖出了许多骨石。发现者赶紧把石头送交专家鉴定。经杨钟健教授确认，这些是种全新类型的恐龙骨骼化石。这个发现令许多古生物学家为之兴奋。谁能想到在一个渡口竟挖出了宝贝呢？

小知识

2006年，新疆出土了一具马门溪龙化石。化石显示，这只恐龙长达35米，其中脖子长约15米，是名副其实的“亚洲第一龙”。

你知道吗？

马门溪龙脖子长、身体壮，可是脑袋特别小。其脑袋甚至没有自己的一块脊椎骨大。

马门溪龙的颈椎上有骨质支柱，平行于颈椎椎体分布。所以，马门溪龙不能把头抬得很高，只能左右摆动脑袋，吃些低矮的植物。

美丽的错误

原本，杨钟健教授是以马鸣溪这个发现地的地名为新恐龙起了名字。可是，杨教授说话带有方言口音，结果记录人员把“马鸣溪”听成了“马门溪”，并登记在册。此后，“马门溪龙”这个名字就被流传了下来。

懒龙 Segnosaurus

懒龙拉丁名中的“segn”可以翻译为“慢”和“懒”两个意思，所以懒龙也叫“慢龙”。懒龙喜欢吃鱼，偶尔也吃植物。它们走起路来慢吞吞的，看上去真的很懒。

大　　小	体长约为 6 米，体重约为 1.3 吨
生活时期	白垩纪晚期（约 9300 万年前）
栖息环境	戈壁
食　　物	鱼类、植物，也可能吃昆虫
化石发现地	蒙古国、中国

懒龙很懒

懒龙后肢的足部又短又宽，小腿也很短，不足以支撑它们快速奔跑，只能让它们慢悠悠地走走。正是出于这个原因，它们才被冠上“懒龙”的名字。

它们到底吃什么？

对于懒龙吃什么，研究人员一直争论不休。有人认为，懒龙可能像食蚁兽一样喜欢吃蚂蚁，它们的爪子足以挖开蚁穴。还有人认为，懒龙脚上长了脚蹼，可能会游水，会到水里捕捉鱼类。不过，也有人不同意这两种观点，认为懒龙可能更喜欢吃植物。

古生物学家发现，懒龙的腰带特征（耻骨与坐骨几乎平行）既不同于鸟臀目，也不同于蜥臀目。因此，曾有学者提出将懒龙单独列为一类。

小知识

懒龙化石大多发现于蒙古国。除此以外，人们还在中国广东、甘肃发现过懒龙的骨骼化石。

在水边捕鱼的懒龙

巨齿龙 *Megalosaurus*

巨齿龙又叫“斑龙”，是第一种获得命名的恐龙。它们身材巨大，拥有大大的、锋利的牙齿。这种恐龙最先生活在侏罗纪中期的欧洲，后来逐渐走向非洲、亚洲等地。

化　石　巨齿龙的头骨和尖牙 >>>

巨齿龙的每颗牙齿长约 10 厘米，齿端有锯齿。它们弯弯曲曲地排列着，就像一把把倒插着的匕首。巨齿龙脱落旧牙后，在很短的时间内就能长出新牙来。

凶狠的家伙

巨齿龙头骨很大，上下颌布满尖牙，并且具有强大的咬合力。被它们咬住的猎物一般很难逃脱。捕猎时，巨齿龙会猛地冲向猎物，疯狂撕咬猎物的脖子，直到猎物死去才会松口享用美餐。

大　　小	体长约为 9 米，体重约为 1 吨
生活时期	侏罗纪中期至白垩纪早期（1.7 亿 ~1.45 亿年前）
栖息环境	森林
食　　物	肉类
化石发现地	英国、法国、摩洛哥等

跑得挺快

人们曾在英国剑桥附近发现了许多恐龙脚印化石。研究者认为，这些脚印可能属于巨齿龙。人们还根据脚印的大小和脚印之间的距离推测出了巨齿龙的奔跑速度——它们每小时大概能跑 30 千米，也就是 1 分钟跑 500 米！

最早拥有名字的恐龙

人类在很早以前就发现了恐龙化石，但一直误认为它们是怪兽或其他动物的化石。直到 1824 年，一位英国的地质学家巴克兰才将这些化石显示的生物命名为“巨齿龙”。恐龙家族中最早被科学地描述和命名的成员就是巨齿龙，其拉丁文的意思是“采石场的巨大蜥蜴”。

小知识

最初，巨齿龙化石是在采石场里被发掘出来的。遗憾的是，直到现在人们也没找到一具完整的巨齿龙化石。

你知道吗？

古生物学家能根据脚印的大小、形状判断出恐龙的类型。

1997 年，人们在英国牛津市的采石场里发现了一块著名的足迹化石，上面就有巨齿龙留下的脚印。

永川龙 Yangchuanosaurus

永川龙生活在大约 1.6 亿年前的侏罗纪晚期，因其化石发现于我国重庆市永川区而得名，是目前我国境内发现的最大的肉食恐龙。

大　小	体长为 7~11 米，体重约为 4 吨
生活时期	侏罗纪晚期（约 1.6 亿年前）
栖息环境	丛林、湖滨
食　物	肉类
化石发现地	中国

化　石　6 对“窟窿”>>>

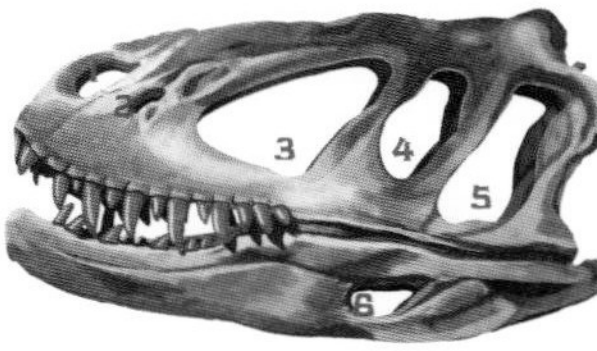

永川龙是一种大型肉食恐龙。它们身长约为 10 米，站立时高约 4 米，头骨很大，但上面有 6 对“窟窿眼儿”，可以有效地减轻头骨重量。除了一对眼孔，这 6 对大孔中的其他 5 对连接着脸颊上的肌肉群，可能会增强永川龙的咬合能力。

爱挑事的家伙

1977 年，人们在重庆市永川地区修建上游水库时挖出了恐龙化石。科研人员因此将化石标本命名为“上游永川龙”。永川龙身体强壮，体重约为 4 吨，足以在当时称王称霸。它们习惯于独来独往，性情暴躁，即使肚子不饿，也经常“欺负”其他动物，享受捕猎的乐趣。

你知道吗？

人们曾在同一地点、同一地层中发掘出 3 具近于完整的永川龙化石。至此，我国发掘出了亚洲最完整的肉食恐龙骨架。

小知识

根据 2015 年新加坡《海峡时报》的报道，截止到 2010 年，中国共发现 132 种恐龙化石，约占全球总量的 1/6，已超越美国成为当之无愧的“恐龙化石大国”。

好眼力

永川龙头骨两侧的双眼长得比较近。这样，外界物体在视觉上就会有部分重叠，显得更加立体。所以，永川龙可以迅速、准确地判断猎物的位置，进而对猎物发起猛攻，捕获猎物。

霸王龙 Tyrannosaurus

霸王龙是白垩纪晚期最残暴的“帝王”之一。过去，人们习惯叫它们“雷克斯暴龙”。但是，后来人们觉得“霸王”似乎更符合它们的形象。如今，霸王龙已成为家喻户晓的恐龙明星了。

化石 霸王龙的头骨>>>

霸王龙的头骨特别大。其头骨力量在所有肉食恐龙中是数一数二的。另外，它们的牙齿约有18厘米长，足以刺穿、撕裂其他动物的皮肉。

大小	体长为11~14米，体重为6~7吨
生活时期	白垩纪晚期
栖息环境	森林
食物	植食恐龙、动物尸体
化石发现地	美国、加拿大、蒙古国

你知道吗？

只要你跑得够快，或者常拐弯或掉头跑，霸王龙就可能抓不到你，因为它们跑起来不会拐弯。

雌霸王龙比雄霸王龙体形大。如果雄霸王龙求婚时不带“礼物”，它们就有可能会被雌霸王龙吃掉。

动口不动手

作为白垩纪晚期的恐龙之王，霸王龙几乎没有对手。它们那布满尖牙的血盆大口足以让其他恐龙退避三舍。捕猎时，它们只要张开大嘴，死死地将猎物咬住，就会让猎物很快因失血过多而死。直到这时，霸王龙才会静下来不紧不慢地享受美餐。

小知识

20 世纪 90 年代，古生物学家苏·亨佛利克女士在美国发现了迄今为止最完整的霸王龙化石——“苏”。如今，它已“入住”美国芝加哥自然历史博物馆。

“霸王”的弱点

别看霸王龙凶巴巴的，它们也有弱点。虽然身体庞大，可霸王龙的前肢十分短小。这双“小短手”无法抓捕猎物，有时还会成为霸王龙一个致命的弱点。

比如说，一只正在追捕猎物的霸王龙突然摔倒了，如此短小的前肢能支撑它迅速站起来吗？如果不能快点起身，那它很有可能就会丢掉性命，成为别人的猎物。

鸭嘴龙 *Hadrosaurus*

鸭嘴龙家族成员的脑袋上长着各种各样的“头饰”。它们拥有鸭子一般的喙状嘴，牙齿细密，爱吃植物，喜欢群居。近年来，我国陆续出土了不同种类的鸭嘴龙化石。看来，它们的确很喜欢这个东方的“伊甸园”。

化　石　鸭子一样的喙状嘴>>>

鸭嘴龙因口鼻扁平，拥有宽阔的鸭嘴状吻端而得名。它们的嘴巴前部没有牙齿，而是长有角质喙，可以夹断植物嫩叶。

大　　小	体长为 10~15 米，体重为 4~7 吨
生活时期	白垩纪晚期（约 1 亿年前）
栖息环境	沼泽、森林
食　　物	树叶、嫩枝
化石发现地	中国、美国、加拿大

快看它们的牙！

鸭嘴龙还有一个特点，即上下颌长有数千颗牙齿。这些牙齿长在齿骨上，排列密集，相互补充替换，能轻松地磨碎坚硬的植物。

“头饰”多样

大部分鸭嘴龙成员头上长着犄角。有的犄角里含有鼻管。有人认为鸭嘴龙是利用鼻管发声的，并以此与“大部队”保持联系或寻找心仪的配偶。

小知识

中国地大物博，在白垩纪晚期的地层中蕴含着丰富的鸭嘴龙类化石资源，比如棘鼻青岛龙化石、巨型山东龙化石、天镇大同龙化石、黄氏左云龙化石，等等。这些都是鸭嘴龙类的化石。

有犄角的鸭嘴龙头骨对比图

男女老少都爱宅

除非缺水断粮，鸭嘴龙才会搬家迁徙，否则它们就会宅在居住地，哪儿也不去。尤其在繁育期，成千上万的鸭嘴龙会聚到一起，轮流寻找食物、站岗放哨，其他时间则守在蛋巢边寸步不离。

你知道吗？

顶饰鸭嘴龙的头上有各种形状的骨质冠或棒状突起，而平头鸭嘴龙的头顶上没有任何装饰。

尽管鸭嘴龙是植食恐龙，但它们的视力和嗅觉却十分出色。

青岛龙 *Tsintaosaurus*

青岛龙化石产出于我国山东莱阳地区，是中华人民共和国成立后发现的恐龙化石。青岛龙的头上长有顶饰，让它们有上去像独角兽一样。不过，人们对其顶饰的作用一直争论不断，至今也没得出确切的答案。

化　石　青岛龙的头骨与棒状棘 >>>

青岛龙的鼻骨后面长着一根长长的棒状棘。这让青岛龙乍看上去有点儿像传说中的独角兽。

大　　小	体长约为 7 米，体重为 6~7 吨
生活时期	白垩纪晚期（约 7000 万年前）
栖息环境	灌木丛、淡水湖泊边
食　　物	树叶、水果、种子等
化石发现地	中国

发现与命名

20世纪50年代，杨钟健教授在山东省莱阳市发现了全新的恐龙化石。这是中华人民共和国成立后首次发掘的恐龙化石。不过，因为当时的挖掘大本营以及研究、展览等工作多放在青岛，所以杨教授便以“青岛龙”为恐龙命名。

备受争议的棒状棘

有人认为，青岛龙的棒状棘很不结实，无法御敌，但能用以发声、相互交流。也有人认为这只是吸引异性的装饰品。不过，曾有人大胆猜测，棒状棘可能是青岛龙移位的鼻骨，只是长错了地方，变成了“独角”。那么，事实到底是什么呢？或许，我们只能耐心地等待科学家们的进一步研究了。

你知道吗？

青岛龙的全名叫“棘鼻青岛龙”。

北京自然博物馆里现存有一具完整的青岛龙化石骨架。

小知识

古生物学家曾在我国山东青岛及周边地区发掘出多具恐龙化石。其中包括青岛龙和其他种类鸭嘴龙的骨架化石，重约30吨。齐鲁大地不愧为著名的“中华恐龙之乡”。

雄关龙 Xiongguanlong

2009年，我国甘肃省境内首次发现雄关龙的化石。雄关龙是生存在白垩纪早期的恐龙，属于稀有的肉食性恐龙。它们还是暴龙类的祖先，其化石的发现为人们了解暴龙家族提供了新的线索。

化 石　特别构造的头骨 >>>

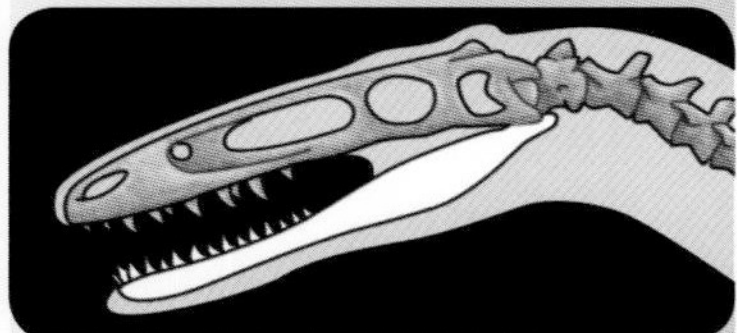

雄关龙的头骨与其他暴龙的头骨类似，但其眼眶前部特别长，大约占头骨的2/3。这一特征其他暴龙类并不具备。另外，它们的鼻骨上没有褶皱，眼眶四周没有明显的角状脊，颧骨处也没有气腔。

小知识

要想详细地了解恐龙，就不能仅仅局限于它们的头骨，还要考虑其脊椎、前肢、后肢等不同部位的骨骼。通过对这些骨骼进行研究，我们才能对恐龙的外形及特性有比较具体的认识。

大　小	体长为 4~6 米，体重约为 280 千克
生活时期	白垩纪早期（1.25 亿 ~1 亿年前）
栖息环境	树林、平原
食　物	肉类
化石发现地	中国

你知道吗？

雄关指的是我国甘肃省境内的天下第一关——嘉峪关。

雄关龙头骨长约 1.5 米，具有 70 多颗锐利的牙齿。

雄关龙的脊椎长得比较粗壮，可能是为了支撑大大的头骨。

暴龙类的祖先

雄关龙生活在白垩纪早期，比先前已知的暴龙类成员要早许多年。而且，它们既具备早期原始暴龙类的特征，比如鼻子细长、眶前骨狭长等，也具备后期演化出的暴龙类的特征，如拥有盒状头骨与锋利的前部牙齿等。因此，研究人员推断，雄关龙很可能是暴龙类的祖先。

祖先 vs 后辈

因口鼻比较狭长，加上尖锐锋利的牙齿，雄关龙能够直接撕咬猎物。后期大型暴龙类恐龙同样口鼻又大又厚，咬合力很强，能直接咬碎猎物。比如：霸王龙就习惯一口咬断猎物的脖子。相比而言，雄关龙显得“温柔”多了。

发现意义

雄关龙化石的发现填补了暴龙类在距今约 1.45 亿年至 6500 万年间的化石记录空白，为研究暴龙类恐龙的形态、系统发育和猎食等行为方式提供了非常珍贵的第一手资料。

蜀龙 Shunosaurus

蜀龙身形高大，尾巴上长着椭圆形的尾锤。它们大多成群结队地生活。蜀龙化石是目前在我国四川境内发现较多的侏罗纪中期恐龙化石，具有一定的代表性，因此人们把蜀龙和同时期的其他恐龙一并称作“蜀龙动物群”。

化　石　李氏蜀龙尾锤 >>>

1989 年，一块形似棒子的化石引起了人们的注意。经鉴定，这根“棒子”原来是尾椎增生形成的尾锤。这个尾锤有一个足球大小，呈椭圆形，可能是用来抵御肉食恐龙的武器。

大　小	体长为 9~14 米，体重约为 4~10 吨
生活时期	侏罗纪中期（1.7 亿 ~1.6 亿年前）
栖息环境	平原、河畔湖滨地带
食　物	植物
化石发现地	中国

集体生活

蜀龙喜爱集体生活。不过，蜀龙的牙齿很小，长得像铲子似的，只能咀嚼柔嫩的植物。所以，集体生活有时会导致食物不够充足。因此，蜀龙常常成群地在湖边、沼泽边漫步，寻找鲜嫩的食物。

小知识

蜥脚类恐龙的特点有：身体庞大，头小颈长，四肢粗壮，用四足行走，以植物为主要食物来源。除了蜀龙，马门溪龙和圆顶龙也是蜥脚类恐龙。怎么样，你记住了吗？

你知道吗？

蜀龙虽然牙齿坚硬，但只能吃些柔嫩多汁的植物。

在蜀龙的骨骼化石中，头骨化石是最难保存下来的。

首次发现

1983年，我国的古生物科研人员在四川省自贡市发现了蜀龙的第一块化石。迄今为止，我国在这里已发现超过20具蜀龙化石，并出土了一具保存相当完好的蜀龙骨骼化石。

蜀龙动物群

蜀龙家族里有一部分叫“李氏蜀龙”的成员。它们不仅是世界上最早被发现的长有尾锤的恐龙，也是在四川发现的化石数量最多的恐龙之一，其中约有30具骨骼化石保存得相当完整。因此，人们又把侏罗纪中期罕见的恐龙群体称为“蜀龙动物群”。

峨眉龙 Omeisaurus

峨眉龙是生活于侏罗纪中晚期的一种体形较大的恐龙，因其化石发现于四川峨眉山而得名。目前，我国总共发现了 6 种峨眉龙化石。

大　小	体长约为 20 米，体重为 9.8~15 吨
生活时期	侏罗纪中晚期
栖息环境	内陆湖泊边缘
食　物	植物
化石发现地	中国

化　石　脖子特写 >>>

天府峨眉龙

峨眉龙成员的脖子都很长，由 17 ～ 19 节颈椎组成。其中，脖子最长的当属天府峨眉龙——其脖子长约 9.1 米。

峨眉龙家族

目前，我国总共发现了6种峨眉龙化石。这6种峨眉龙分别是荣县峨眉龙、常守峨眉龙、釜溪峨眉龙、天府峨眉龙、罗泉峨眉龙和帽山峨眉龙。其中，体形最小的是釜溪峨眉龙，大概只有11米长。

组团应战

虽然峨眉龙体形高大、身体健壮，可它们缺少防御敌人的防身武器。因此，它们经常被肉食龙偷袭、攻击。为了生存，峨眉龙常会三三两两地组团生活，以互相照顾，共同抗敌。

你知道吗？

峨眉龙生活在水边。有人推断，一旦遇到难缠的敌人，它们会立即躲进水里。

峨眉龙成员中，体形最大的约有30吨重，相当于五六头亚洲象加在一起的重量。

三角龙 Triceratops

三角龙头上长有 3 个尖角，是角龙中的“巨无霸”。虽然它们性格温和，但有人要是招惹了它们，一定会被扎得头破血流。三角龙是角龙类中最晚出现的成员，也是从白垩纪晚期一直存活到“大灾难”降临的成员。

护颈神器——颈盾

三角龙不仅长有长度超过 1 米的眉角，还长有硕大的骨质颈盾。这种颈盾像边缘带褶的大扇子，结实厚重，能保护三角龙脆弱的脖子。有“大扇子”护颈，三角龙就不必担心会被肉食恐龙一口咬断脖子了。

大　　小	体长约为 9 米，体重为 6~12 吨
生活时期	白垩纪晚期（7000 万 ~6600 万年前）
栖息环境	森林
食　　物	植物
化石发现地	美国

化 石　三角龙头骨 >>>

角是三角龙的标志：一只是长在鼻尖的短角，另两只是长在头顶的眉角。3 只角都是实心骨头，具有强大的刺穿力，能轻易地戳穿约 1 厘米厚的铁板。

招惹它们，小心让你“好看”！

比起内部争斗时与同类相争夺，三角龙对“外人”下手更重。即使面对霸王龙，三角龙也毫不惧怕。靠着尖利的头角，三角龙常会与霸王龙进行鱼死网破的搏斗，把对方扎得皮开肉绽。

小知识

角龙类在白垩纪时期可是个大家族。其中，三角龙是这个家族里最著名的成员。它们一直活到“大灾难”降临之前。

家人一直在一起

尽管三角龙敢于和猎食者拼命，但它们大多以牺牲性命为代价。因此，三角龙外出时一般是群体出行。一旦遭遇袭击，年轻的三角龙就会围成一圈，头朝外，用尖角保护家人。

伤齿龙 Troodon

白垩纪时期，伤齿龙出现了。它们拥有恐龙家族中的“最强大脑”，智商很高。伤齿龙眼睛很大，视力超好。有的研究人员甚至提出，它们如果继续演化，很可能会成为地球上的“主宰者”之一。

化 石 恐龙蛋的秘密 >>>

已经风化的伤齿龙巢穴

伤齿龙在产蛋方式上与其他恐龙十分不同。它们会把蛋扎进湿软的土地里。这样一方面可以避免恐龙蛋落地摔碎，另一方面可以避开偷蛋贼的眼睛。

暗夜猎手

伤齿龙不仅脑子好使，眼睛也很好使。黄昏时，伤齿龙凭借大大的眼睛，可以在昏暗的光线中看清猎物。在猎物还没发现它们时，它们便会突然蹿上去攻击并捕获猎物。

小知识

伤齿龙虽然在外形上与似鸟龙类恐龙很像，但它们的第二脚趾上长着驰龙类特有的爪子——这种爪子能在奔跑时翻转朝上。因此，有些古生物学家认为伤齿龙可能属于驰龙类。

大　小	体长为 1.8~2 米，体重约为 50 千克
生活时期	白垩纪晚期（约 7400~6600 万年前）
栖息环境	平原
食　物	腐肉、小型动物
化石发现地	中国、美国、加拿大

你知道吗？

伤齿龙的耳朵一个高，一个低。这与某些猫头鹰的耳朵十分相似。

在 1987 年以前，伤齿龙被人们称作“细爪龙”。

“最强大脑”

从伤齿龙的头骨来看，它们的大脑容量很大。因此，古生物学家推测，伤齿龙的大脑可能是恐龙中的“最强大脑”。它们可能拥有恐龙族群中最高的智力，是恐龙家族里最聪明的成员。

“恐龙人”的猜想

后来，有人提出“恐龙人”的猜想。他们认为，如果伤齿龙没有灭绝，它们很可能会进化成“恐龙人”，取代人类成为地球上的“主宰者”。

驰龙 Dromaeosaurus

驰龙拥有强壮的后肢，奔跑迅速，能毫不费力地捕杀中小型恐龙。它们脚上长有十分锋利、能够伸缩的爪子，可以轻易地撕裂肉块。因此，它们又被称为白垩纪中小型恐龙的"终结者"。

大　小	体长为 1~2 米，体重约为 15 千克
生活时期	白垩纪晚期（7600 万 ~7200 万年前）
栖息环境	森林、平原
食　物	中小型恐龙
化石发现地	中国、加拿大、美国

你知道吗？

驰龙还有一个名字，叫"奔龙"。

驰龙身上从头到脚都覆有松软的绒毛和羽毛。可惜的是，它们并不会飞。

贴地“飞行”

驰龙体形偏短小，最长只有2米左右。它们不仅身子短，后肢也很短。乍一看，你可能认为它们跑不快。但是，驰龙跑起来的速度甚至能达到每小时60千米，也就是1分钟约1000米！这速度简直让它们在贴地“飞行”！

充满争议的关系

几十年来，长满羽毛的驰龙曾让人们认为鸟类可能是由恐龙进化而来的。但是，刚提出来时，这个结论缺乏可信的根据。直到有人发现了一块距今1.3亿年的驰龙化石，人们才找到了恐龙可能是鸟类祖先的确切证据。

还有一些专家认为，这块化石只能说明驰龙有羽毛。也许，恐龙和鸟类有共同的祖先，所以才都长有羽毛。至于鸟类究竟是不是由恐龙进化而来的，还不能一锤定音。

驰龙化石

化 石 翘起来的脚趾 >>>

驰龙的脚掌很有意思，每个脚掌的第二趾上长着一个形似镰刀的爪。这个爪尖锐锋利，能轻松撕裂动物的皮肉。驰龙平时走路、奔跑时，还可以把这个爪翘起来。

单脊龙 | *Monolophosaurus*

单脊龙头骨上只有一个头冠。因化石出土于我国新疆的将军庙，所以它们也被叫作“将军庙单脊龙”。这种恐龙常以鱼类和小型恐龙为食，偶尔捡食腐肉。即便如此，它们也只是“二等”掠食者，常会沦为别人的美餐。

大　　小	体长为 5~6 米，体重为 450~700 千克
生活时期	侏罗纪
栖息环境	湖岸或海岸地区、丘陵地带
食　　物	鱼类、小型恐龙、腐肉
化石发现地	中国

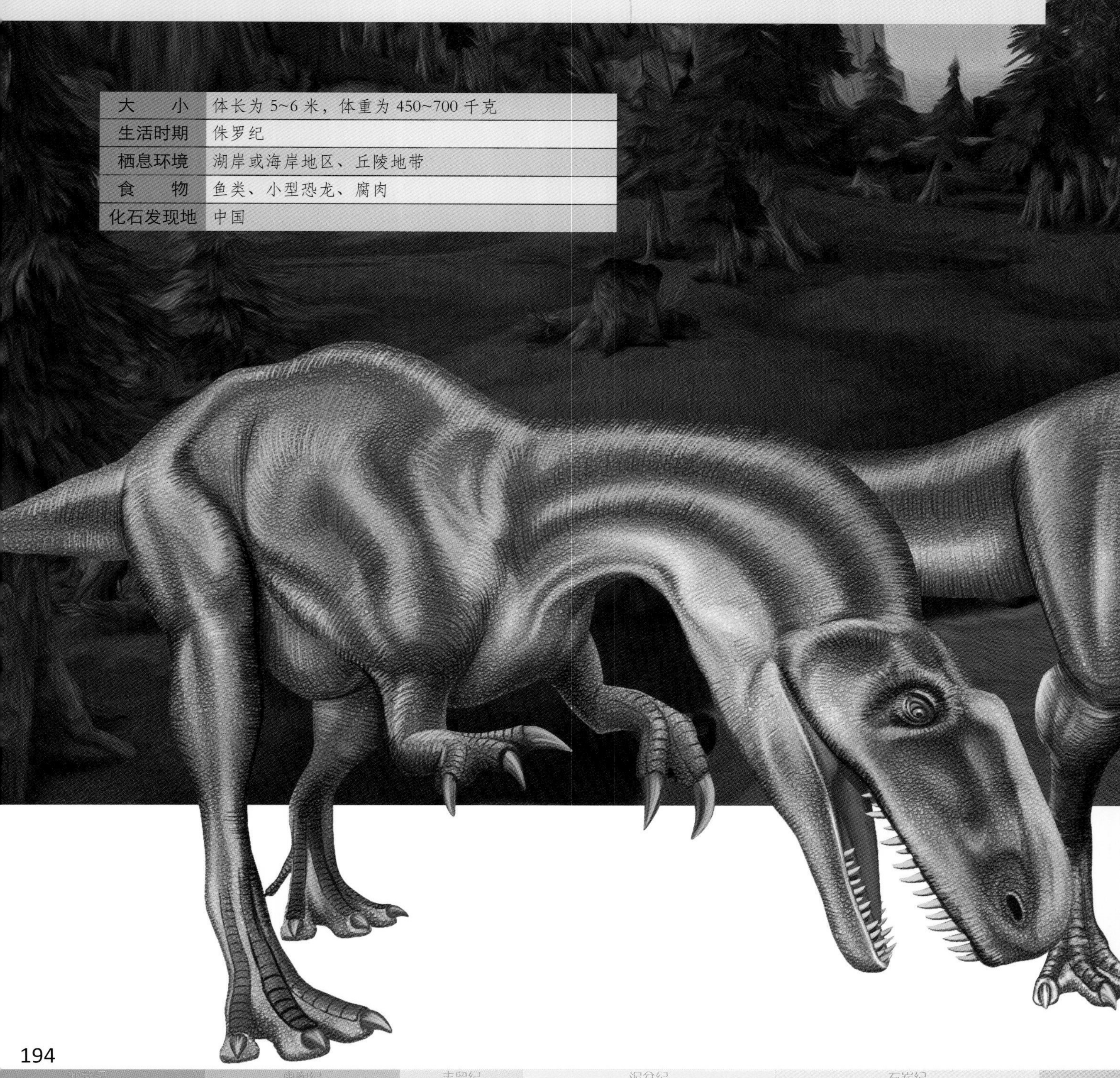

“二等”掠食者

为什么说它们是“二等”掠食者呢？原因有二：第一，它们下颌骨细窄，咬合力弱，且牙齿稀疏，无法牢牢咬紧猎物，反而容易被猎物拽伤；第二，它们体形中等，根本不是巨大的肉食恐龙的对手。所以，在侏罗纪时期，它们只能当“二等”掠食者。

化 石　单脊龙头骨 >>>

单脊龙头骨狭长，嘴巴尖细，头顶上长有头冠，脖子偏短，尾巴较长，身形偏瘦，前肢短而瘦小，后肢较为强壮，主要靠后肢行走。

姓名的由来

人们在挖掘单脊龙化石时，发现其头骨上有突起的脊冠。一开始，大家以为这是双脊龙的头骨化石。后来经过鉴定，专家认为这属于一种全新的恐龙，就以“一个头冠”为这种新恐龙取名“单脊龙”。此后，单脊龙便进了恐龙的族谱。

不想饿肚子

由于单脊龙在牙齿和其他方面有先天的不足，它们只好以鱼类或小型恐龙为食。如果连续几天抓不到猎物，单脊龙就只能靠捡食腐肉来充饥了。

你知道吗？

1984 年人们发现了至今唯一一具保存完整的单脊龙骨骼化石。

单脊龙属还有一个种名，叫“江氏单脊龙。”

禄丰龙 Lufengosaurus

禄丰龙因其化石出土于我国云南省禄丰县而得名。它们是中华恐龙中唯一的“五冠”龙。迄今为止，禄丰龙化石尚未在其他国家出现。专家推测，禄丰龙可能只分布于中国。

化　石　以牙测食性 >>>

禄丰龙细密的牙齿

科学家发现，禄丰龙的牙齿短而密集，形状扁平、单一。这些与后来出现的植食恐龙的牙齿非常相似。因此，专家推断，禄丰龙是一种植食恐龙。

小知识

1938年，我国第一具完整的恐龙化石——禄丰龙化石出土。这也是我国科学家自己发掘、研究、装架的第一具恐龙化石。

尾巴功能多

禄丰龙的尾巴不长，但妙用多多。走路时，它们的尾巴来回摆动，能保持身体平衡；吃高处的树叶时，尾巴能像跷跷板似的，帮禄丰龙抬高脖子和脑袋；睡觉时，尾巴和后肢可以组合成三脚架，稳定地支撑住身体。

大　　小	体长为 6~7 米，体重约为 3.5 吨
生活时期	侏罗纪早期（2 亿 ~1.9 亿年前）
栖息环境	森林、河湖浅水区
食　　物	植物
化石发现地	中国

中华“五冠”龙

禄丰龙虽然胆小，可它们的化石却已荣获 5 项世界冠军——中国最早、最原始的化石，发现种类最丰富的化石，数量最多的化石，分布最集中的化石以及保存最完整的化石。这不仅是禄丰龙的骄傲，也是中华恐龙的骄傲！

生存不易

禄丰龙生来缺少防身武器，而同一时期的肉食恐龙性情暴虐，四处猎杀植食动物。为了保命，禄丰龙时刻保持较高的警惕性，外出时会格外小心，甚至连觅食时也要一边缓缓步行一边抬头四处张望。一旦发现危险，它们就会立刻逃进森林深处躲藏起来。

你知道吗？

禄丰龙会像现代的马一样站着睡觉。

禄丰龙平时靠四肢行走，只有在吃高处的树叶时才会站起来。

似鸟龙 Ornithomimus

似鸟龙学名的意思是“鸟类模仿者”。它们有喙状嘴、细长的脖子和长有羽毛的前肢，与现代鸟类类似。它们身形偏瘦，骨头中空，跑起来很快。

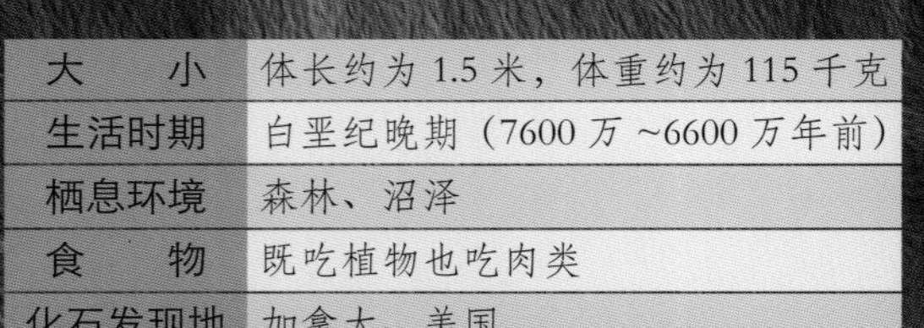

大小	体长约为 1.5 米，体重约为 115 千克
生活时期	白垩纪晚期（7600 万 ~6600 万年前）
栖息环境	森林、沼泽
食物	既吃植物也吃肉类
化石发现地	加拿大、美国

逃生技能

白垩纪时期，“恶龙”当道，似鸟龙却没有像样的防御武器，只能以快速奔跑保命。独特的骨骼和身形结构让它们成为恐龙中有名的速跑健将。一旦遭遇大型猎食者，似鸟龙就会立即掉头，趁对方不注意时逃之夭夭。

你知道吗？

似鸟龙只能进行短时间的冲刺跑。如果碰上有耐心的敌人，似鸟龙就有可能在劫难逃。

“养生之道”

似鸟龙不挑食，荤素都吃。平时它们常以昆虫、小型哺乳动物、蜥蜴等为食，偶尔也会吃些种子、嫩叶调剂口味。如此荤素搭配，似鸟龙似乎也懂得养生的方法。

化石　像鸟的恐龙 >>>

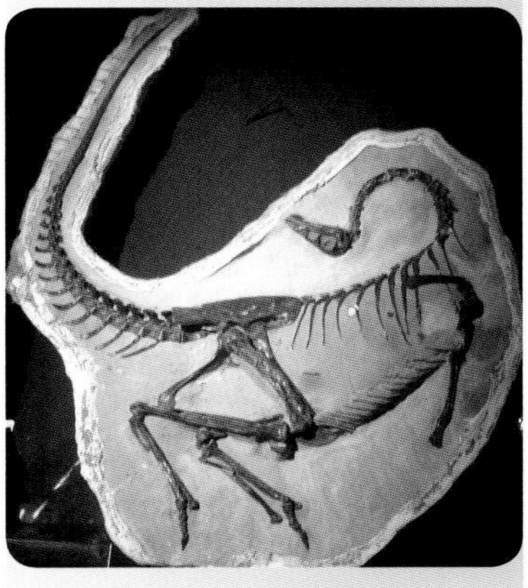

似鸟龙头骨很小，嘴巴是与鸟类一样的角质喙，前肢上长有与鸟类相似的羽毛，后肢较长且强健有力。它们主要靠后肢行走、奔跑。这一点也与鸟类类似。因此，它们才被人们叫作“鸟类模仿者”。

小知识

似鸟龙还有一些长相很近的“兄弟”，叫作“拟鸟龙”。但是，它们并没住在一起：拟鸟龙住在蒙古国，而似鸟龙住在美国。专家猜测，似鸟龙与拟鸟龙“兄弟”也许从未见过面。

巨盗龙 | *Gigantoraptor*

巨盗龙是生存于白垩纪时期的恐龙，体形巨大，拥有超过 8 米的体长和接近 5 米的身高。因此，它们被公认为世界上最大的"似鸟恐龙"。虽然像鸟，但它们可是货真价实的恐龙。

化 石 | 爪子特写 >>>

巨盗龙的爪骨

巨盗龙的后脚掌很大，每只脚上各长有 3 根趾爪，尖而锋利，能轻松地划开猎物的皮肉。

偶然发现

2005 年 4 月，科研人员在内蒙古二连浩特市野外工作时，偶然发现了巨盗龙的大腿骨化石，自此揭开了巨盗龙的神秘面纱。

大　小	体长为 8.5~11 米，体重为 1.4~4 吨
生活时期	白垩纪（约 8500 万年前）
栖息环境	平原
食　物	不确定，可能吃植物
化石发现地	中国

世界认证

2007 年 6 月，科学家宣布在我国内蒙古二连浩特发现的巨盗龙化石是当今世界上最大的似鸟恐龙化石。这一发现再次让世人的目光聚焦于中国——中国是当之无愧的恐龙化石宝库！

你知道吗？

巨盗龙长着和鸟嘴一样的角质喙，嘴里没有牙齿。

第一具巨盗龙化石标本出土于我国内蒙古的二连浩特，所以其种名被命名为“二连巨盗龙”。

巨盗龙与尾羽龙是近亲，可它们的体形却相差十几倍！

成长“催化剂”

经科学家鉴定，巨盗龙的骨细胞有圆有扁，还有非常清楚的生长纹。而且，这些骨组织细胞生长速度很快，不断催动着骨头变大、变强，所以巨盗龙才长成了“童龄巨人”的模样。

巨型未成年恐龙

科学家研究后发现，2005 年在二连浩特发现的这块腿骨化石属于一只 11 岁左右的巨盗龙。当时它的体长大概有 8.5 米，体重约有 1.4 吨。令科学家惊讶的是，这只恐龙明明还未成年，却拥有超乎其他种类成年恐龙的壮实身体。

巨盗龙复原后的骨架

小知识

我国内蒙古二连浩特地区出土了许多恐龙化石，其中包括不同种类恐龙的化石。这为恐龙研究工作提供了许多珍贵的资料，也使得内蒙古成为世界上著名的恐龙化石产地之一。

禽龙 | *Iguanodon*

禽龙身长 9~10 米，主要生存于白垩纪早期，因牙齿长得与鬣蜥的牙齿相似而得名。禽龙是最早被人们发现并作出鉴定的恐龙。

化　石　禽龙的前手掌 >>>

为了支撑庞大的身体，防止出现手腕脱臼的尴尬状况，禽龙的腕部骨骼愈合长在了一起。

意外发现

1822 年冬的某天，曼特尔夫妇途经一条正在修建的公路时，发现了一些奇怪的石头。当时他们还不知道，这些石头将成为英国最早发现的恐龙化石。

排行第二

恐龙化石第一次出现时，没人知道化石显示的是什么生物。曼特尔认为这种生物的牙齿与鬣蜥的牙齿很像，所以给它取名“Iguanodon”，意为“鬣蜥的牙齿”，杨钟健老先生将之翻译为“禽龙”。但是，由于登记“户口”时晚了一步，禽龙只能作为恐龙家族中第二种拥有名字的恐龙。

你知道吗？

曼特尔先生在禽龙化石里发现了一个圆锥形的角状物。起初，他以为这是鼻角，便把它安在了禽龙的鼻骨上面。后来人们才发现，原来那应是禽龙的大拇指。

小知识

其实在国外，“恐龙”的意思是“恐怖的蜥蜴”，是由英国古生物学家欧文创立的。但是，在我国和其他一部分亚洲国家，人们习惯叫这些动物为“恐龙”。

大　小	体长为 9~10 米，体重为 3.4~4.5 吨
生活时期	白垩纪早期（1.4 亿 ~1.2 亿年前）
栖息环境	树林
食　物	植物
化石发现地	英国、德国、比利时等

用拇指攻击

禽龙的前肢拥有 5 根指爪。其中，3 根并拢成蹄状支撑身体，1 根能弯曲，可以抓握东西。最特别的要数那根尖尖的大拇指，能当作武器抵御敌人。如果受到欺负，禽龙就会立即站起来，用拇指狠狠地扎破敌人的脖子，然后趁机逃跑。

跑得不慢

虽然除了大拇指禽龙身上没有任何其他防护装备，但它们非常能跑，而且跑得并不慢。专家根据脚印化石的距离推断，禽龙遇到危险时，每小时大概能跑 35 千米。

“怪物”脚印

一直以来，世界各地的人们偶尔会在意想不到的地方见到一些奇奇怪怪的脚印。比如：人们在英国南部发现了三叶草形状的脚印，在意大利东南部发现了三趾脚印等。根据化石的发现地和分布地区，科学家们最后认定，这些脚印的主人应该是禽龙。

南十字龙 Staurikosaurus

南十字龙是人类已知的最古老的恐龙之一。它们拥有能多方向滑动的下颌骨，善于快速奔跑，是三叠纪晚期有名的狡猾猎手。

化石　灵活的下颌骨 >>>

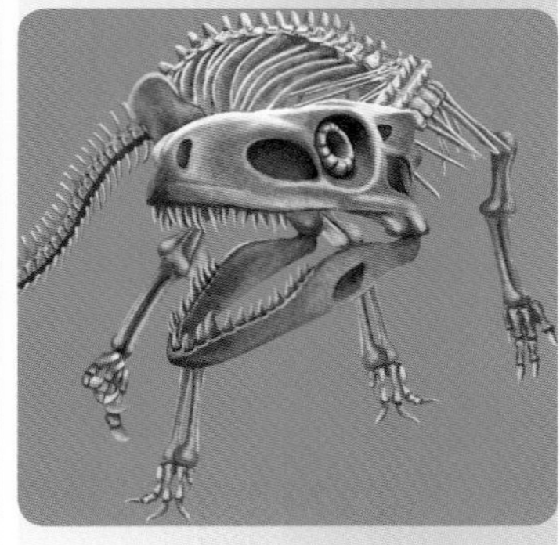

南十字龙的下颌骨有个特别的关节，能让下巴前后、左右、上下滑动。因此，南十字龙可以把肉块“推”进喉咙后再吞下去。

大　小	体长为 2 米，体重为 20~40 千克
生活时期	三叠纪晚期（约 2.25 亿年前）
栖息环境	森林、灌木丛
食　物	肉类
化石发现地	巴西

短跑杀手

南十字龙狭长的嘴里长满细密、锯齿形的锋利牙齿。它们后腿健硕，擅长短跑冲刺，被它们盯上的猎物几乎很难逃脱。捕猎时，南十字龙常常突然发起攻击，等到咬死猎物后再用牙齿把食物切片吞入腹中。

因何得名?

20 世纪 70 年代，古生物学家在南半球的巴西发现了一具恐龙骨骼化石。由于当时南半球很少发现恐龙化石，因此这具骨骼化石令当时很多的古生物学家为之一振。古生物学家便根据只有在南半球才可以看见的南十字星座为这具化石的主人命名“南十字龙”。

“古老”的身份

科研人员搜集了大量的资料寻找南十字龙骨骼化石的记录。遗憾的是，记录都不太完整。不过，他们还是根据现有的化石标本所显示的原始特征，即拥有 5 根手指、脚趾，下颌骨可以多向滑动，以及拥有两块脊椎骨愈合的荐椎等，确认了南十字龙“古老”的身份。

小知识

目前，南半球出土的恐龙化石已经较多，并且种类越来越丰富。近年来，在澳大利亚发现的霸王龙化石表明，在南半球也曾生存过大型的肉食恐龙。

你知道吗？

1970 年，巴西南部出土了第一具也是目前唯一的一具南十字龙化石标本。

之后的肉食恐龙有很大一部分成员是由南十字龙演化而来的。

锦州龙 Jinzhousaurus

21 世纪初，古生物学家在中国辽宁义县发现了一种恐龙化石。经研究，这种化石的标本属于禽龙类成员，生活于距今约 1.25 亿年前，是种植食恐龙。为纪念中国恐龙研究第一人杨钟健先生，古生物学家为其起名为“杨氏锦州龙”。

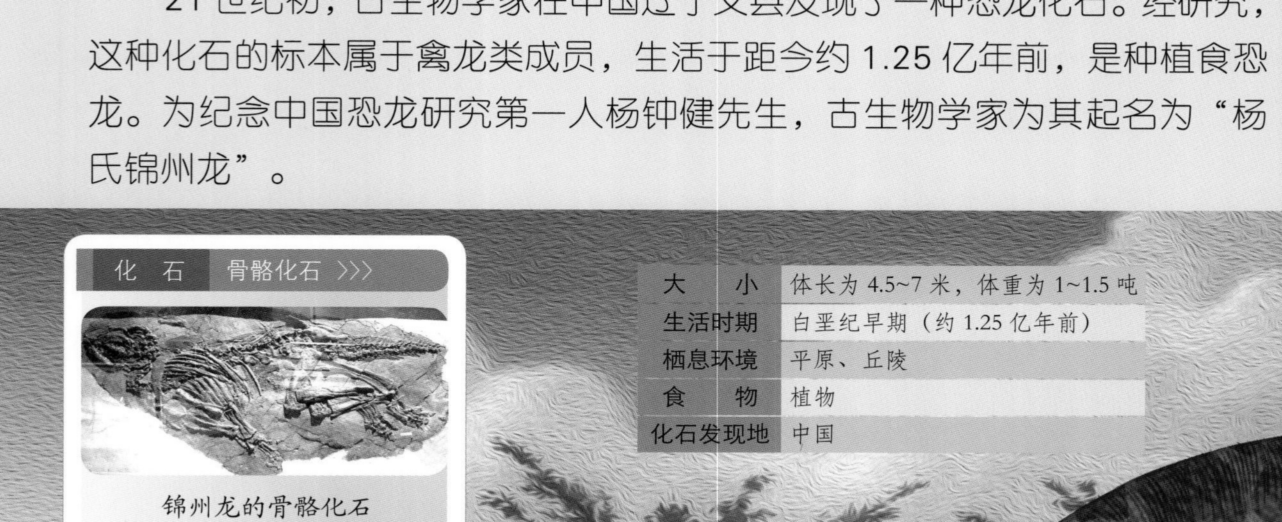

大　小	体长为 4.5~7 米，体重为 1~1.5 吨
生活时期	白垩纪早期（约 1.25 亿年前）
栖息环境	平原、丘陵
食　物	植物
化石发现地	中国

化　石　骨骼化石 >>>

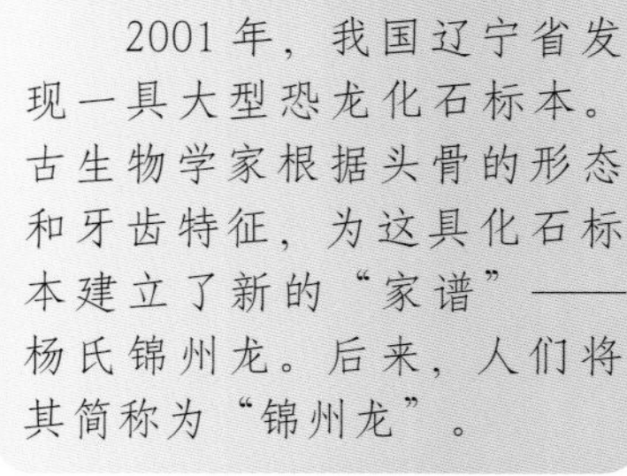

锦州龙的骨骼化石

2001 年，我国辽宁省发现一具大型恐龙化石标本。古生物学家根据头骨的形态和牙齿特征，为这具化石标本建立了新的“家谱”——杨氏锦州龙。后来，人们将其简称为“锦州龙”。

小知识

锦州龙属于辽西热河生物群中的鸟脚类成员。在那时，其化石是在辽宁义县发现的第一具大型恐龙化石。它丰富了辽西热河生物群的组成，进一步证实了辽西热河生物群的时代为白垩纪早期。

重要价值

锦州龙具有禽龙类的部分特点，比如它们长有喙状嘴、树叶状的牙齿等。另外，它们还有些鸭嘴龙类的特征。专家认为，锦州龙的出现对研究禽龙类的演化和鸭嘴龙类的起源具有重要意义。

你知道吗？

恐龙的眶前孔是长在眼眶前面的孔洞，并不是鼻孔。现代部分鸟类也有眶前孔。

地震龙 Seismosaurus

地震龙是已知在地球上生存过的体形最大的动物之一，也是超级“大胃王”。它们的脖子约由 15 块颈椎骨组成，尾巴由 70 多块尾椎骨组成，真是令人难以想象！

大　　小	体长为 30~40 米，体重为 40~50 吨
生活时期	侏罗纪晚期（1.5 亿 ~1.4 亿年前）
栖息环境	森林、平原
食　　物	树叶
化石发现地	美国

化　石　尾巴 VS 长鞭 >>>

地震龙尾骨复原图

地震龙的尾巴是全身最长的部分，约由 70 块尾椎骨组成，就像长鞭一样。这条“长鞭”不仅可以鞭打敌人，还可以和后肢一起支撑身体，让地震龙站起来用巨大的前肢抗击敌人。

你知道吗？

地震龙在身形上超越了腕龙、雷龙等，是陆地上有史以来体长最长的动物之一。

地震龙的牙齿是扁平的，只能切断植物而不能咀嚼。

名字的由来

虽然被叫作“地震龙”，但它们并不能真的“制造”地震。成年地震龙的身长为 30 ～ 40 米，体重能达到 40 ～ 50 吨。因为喜欢三五成群地一起散步，所以地震龙一出动，地面就有颤动的感觉，好像发生了地震似的。

令人震惊的“230”

地震龙不仅嘴巴小，连牙齿也很小。因为牙齿无法咀嚼，所以地震龙往往先将食物一口吞下，然后吞吃些石头帮助消化。曾有人在美国挖出一具地震龙的化石标本，并在它的背部肋骨之间找到了 230 颗胃石！

小知识

地震龙体形高大、吃得多，所以人们认为它们每天可能会喝很多水。但是，事实并非如此。由于恐龙的皮肤无法排汗，体内水分流失少，同时植食恐龙可以从树叶中吸取水分，因此地震龙一般不需要喝太多水。

神奇的脚垫

地震龙前脚掌内侧长有的大而弯曲的爪是锋利的自卫武器。它们的脚下还可能生有脚掌垫，能将脚趾垫起来。这样，地震龙走路时就不会发出巨大的响声了。

慈母龙 | *Maiasaura*

白垩纪晚期，在地球上曾生活过一群另类的恐龙。它们脑袋聪明，会悉心照顾自己的宝宝，是恐龙家族中出了名的“好父母”。没错，它们就是慈母龙！

化石 蛋巢 >>>

慈母龙的蛋巢

慈母龙为了产蛋，会用心地筑巢，并在巢内铺上柔软的植物。每个巢穴直径约为 2 米，能容下十几甚至几十枚恐龙蛋。有专家认为，慈母龙每年都会返回同一个蛋巢产蛋。

大　小	体长约为 9 米，体重约为 2 吨
生活时期	白垩纪晚期（8000 万 ~6600 万年前）
栖息环境	海岸平原
食　物	树叶、果实和种子
化石发现地	美国、加拿大

细心的父母

幼龙破壳后，四肢还没发育完全。可是，小家伙们每天都要吃掉大量鲜嫩的植物。这可怎么办呢？别担心，慈母龙父母会四处搜寻食物，并把坚硬的植物、种子等嚼碎喂到孩子嘴里。

寸步不离

慈母龙妈妈产蛋后，会伏在巢穴上用身体孵化恐龙蛋，而慈母龙爸爸则守在巢穴边，防止肉食恐龙前来偷袭。即使去觅食，慈母龙父母也会留下一方照看宝宝。这样寸步不离的照顾会持续到小慈母龙有能力独立生活为止。

大家一起走

除了长长的尾巴，慈母龙几乎没有任何御敌武器，因此它们总是集体活动。尤其在繁殖季节，你可能会看到几十只慈母龙一齐筑巢的忙碌景象。此外，慈母龙每年都会集体迁徙到其他地方，寻找新鲜的食物。

小知识

你能相信吗？慈母龙竟然去过外太空！1985年，美国物理学家洛伦·阿克顿将慈母龙的蛋壳和骨骼化石带上了太空。自此，慈母龙就成了第一位登上太空的“恐龙宇航员”！

你知道吗？

一只慈母龙每次能生产18～30枚恐龙蛋，最多时甚至能产40枚。

慈母龙的蛋巢大多选在地势高、土质软、阳光普照的地方。

跳龙 | *Saltopus*

跳龙也叫“跳足龙”，是种体形小巧的恐龙。它们生活在三叠纪晚期，喜爱吃肉。迄今为止，人们对于跳龙的了解仅限于一具不太完整的跳龙化石标本。

化 石 零散的化石 >>>

已发现的跳龙化石标本

20 世纪初，人们在英国苏格兰发现了跳龙的骨骼化石标本。它缺少头骨部分，仅包括脊柱、前肢、骨盆和一部分后肢骨骼。

大　　小	体长为 80~100 厘米，体重约为 1 千克
生活时期	三叠纪晚期
栖息环境	平原
食　　物	肉类
化石发现地	英国

你知道吗？

跳龙的体重跟四五个中等大小的苹果差不多。跳龙的身长虽然约为 1 米，但大部分是尾巴的长度。

身材娇小

跳龙身材非常娇小，看起来和稍大一些的家猫差不多大。它们的体重只有 1 千克左右，人们用一只手就可以将之提起来。

跳着走

跳龙平时主要靠修长有力的后肢行走。不过，它们走路的方式与众不同。其他恐龙多用两条腿一前一后地向前走，跳龙却用双腿跳着走，像袋鼠似的。

小聪明

虽然跳龙的爪和牙十分锋利，但它们体形太小，根本对付不了大一点儿的动物。于是，它们常常躲在大型恐龙的猎杀现场“围观”，等人家吃完后，再冲过去把剩下的肉块吃掉。你还别说，这种“捡便宜”的方式还真是一种小聪明呢！

艾伯塔龙 Albertosaurus

艾伯塔龙是暴龙家族的成员，其化石发现于加拿大的艾伯塔省。与霸王龙相比，艾伯塔龙身体比较轻盈，后肢也更加修长、强健，跑得更快，堪称暴龙家族里的“闪电侠”。

硕大的头骨、可怕的大嘴、锋利的尖牙、短小的前肢、仅有的两指以及粗壮有力的后肢，都是艾伯塔龙与霸王龙相似的地方。二者明显不同的是，艾伯塔龙眼睛前上方有角质突起物。

大　小	体长约为 9 米，体重约为 2 吨
生活时期	白垩纪晚期（7100 万 ~6700 万年前）
栖息环境	森林
食　物	肉类
化石发现地	加拿大

你知道吗？

艾伯塔龙比霸王龙早出现了 300 万～ 400 万年呢！

艾伯塔龙牙齿尖利，能瞬间咬断鸭嘴龙类恐龙的脖子。

不愿独居

人们曾在野外的同一地层中发现了30多具艾伯塔龙骨骼化石。其中，有22具化石出土于同一个地点，包括不同年龄的艾伯塔龙化石。因此，科学家认为艾伯塔龙可能采用集体生活和狩猎的方式。在这一方面，它们与大多数喜欢做“独行侠”的暴龙成员大有不同。

身材更轻盈

艾伯塔龙是种体形中等的肉食恐龙。与著名的霸王龙相比，艾伯塔龙身材较为轻盈——成年后体长约为9米，体重约为2吨，大小只有霸王龙的一半。艾伯塔龙具有强壮的后肢，所以跑起来很快。它们是目前暴龙类恐龙中跑得最快的成员之一。

小知识

艾伯塔龙生活在白垩纪晚期。这一时期活跃的植食恐龙大多属于鸭嘴龙类，比如慈母龙和盔龙。

蛇发女怪龙 Gorgosaurus

蛇发女怪龙是暴龙类的成员，生活在白垩纪晚期的北美洲西部。它们属于食物链顶层的掠食者，喜欢捕杀大型角龙或鸭嘴龙。“魔鬼龙”“戈尔冈龙”说的也是它们。

大　小	体长为 8~9 米，体重约为 2.8 吨
生活时期	白垩纪晚期（8000 万 ~7300 万年前）
栖息环境	泛滥平原
食　物	肉类
化石发现地	加拿大、美国

你知道吗？

有关研究表明，蛇发女怪龙不仅有“头发”，脖子上还有像马鬃一样的鬃毛。

化石　蛇发女怪龙头骨化石 >>>

与其他暴龙类成员相比，蛇发女怪龙头骨稍长，偏低矮。而且，它们的眼窝接近圆形（其他暴龙类成员的眼窝接近椭圆形）。

两个大“窟窿”

研究人员第一次找到蛇发女怪龙的化石时，发现头骨化石上有两个大大的“窟窿”。

蛇发女怪龙的头骨很大，长约 1 米，而“S”形的颈部则很短。研究人员认为蛇发女怪龙头骨上的两个大“窟窿”应是用来减轻头骨重量的，否则头部太重，脖子根本承受不住。

小知识 

暴龙家族成员的代名词是“巨大”“凶猛”。它们堪称地球上有史以来体格最大、最可怕的掠食者之一。可是，你知道吗？它们的祖先竟是个子很小、脾气较温驯的始盗龙！

很强，很暴力

虽与诸多肉食恐龙同生共存，但天性残暴、攻击性强的蛇发女怪龙即使碰到同类，也可能会直接冲过去大打出手，直到对方头破血流、落荒而逃才肯罢休。总之，它们可以说是很强、很暴力的家伙。

专杀植食恐龙

虽然蛇发女怪龙是顶级的掠食者之一，但它们很少对肉食恐龙下手，反而总是以角龙或鸭嘴龙等大型的植食恐龙为捕杀对象。这可能是因为肉食恐龙的肉质不好，也可能是因为肉食恐龙的数量不是很多。

蛮龙 Torvosaurus

蛮龙也叫“野蛮龙”“蛮王龙”，是侏罗纪时期最强健、体形最大的肉食龙之一，也是欧洲迄今发现的体形最大的肉食恐龙。它们被称为侏罗纪的“残酷霸主”和“蛮横王者”。

化　石　蛮龙化石 >>>

蛮龙的部分尾椎骨化石

第一块蛮龙化石于20世纪70年代初出土于美国的一个采石场。遗憾的是，直到现在人们也没能找到一具完整的蛮龙骨骼化石。

抢食者，杀无赦！

中小型肉食恐龙常常组队围观大型恐龙的猎杀场景，企图不劳而获。但是，如果碰上的是蛮龙，它们就危险了，因为一旦被蛮龙发现，它们很可能会被立刻击杀。

你知道吗？

人们曾在非洲发现过长约1.8米的蛮龙头骨化石。

蛮龙与斑龙有亲戚关系，不过蛮龙比斑龙演化得更成功。

大　　小	体长为 9~15 米，体重为 4~12.2 吨
生活时期	侏罗纪晚期（1.53 亿 ~1.45 亿年前）
栖息环境	多树平原、森林
食　　物	肉类
化石发现地	中国、美国、葡萄牙、非洲等

顶级掠食者

蛮龙的嘴巴很大，脸部肌肉拥有超强的咬合力，锋利如刀的牙齿足以让它们撕裂任何动物的皮肉。加上强壮的身体、敏捷的速度，蛮龙可谓侏罗纪的顶级掠食者。

凶残的猎手

蛮龙跑起来很快。捕猎时，蛮龙会先猛追猎物，等猎物丧失了力气再突然扑上去咬住猎物，直到把猎物咬死。被它们盯上的猎物几乎很少能逃脱。

似鳄龙 Suchomimus

一看名字就知道，似鳄龙与鳄鱼有几分相像——它们都拥有又窄又长的口鼻部，喜欢捕食水里的鱼类。似鳄龙非常有耐心，为了捉鱼常会在河边等很长时间。因此，人们又称似鳄龙为“河边杀手”。

化石　似鳄龙的骨架 >>>

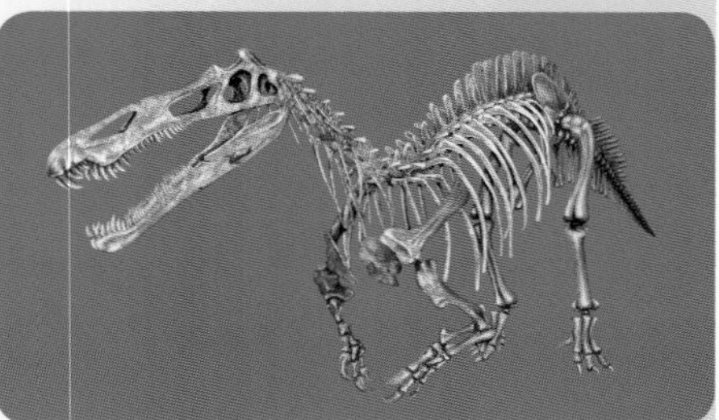

似鳄龙的头骨扁扁的，嘴巴很窄；身形瘦长，后腿短粗但肌肉发达。似鳄龙的身形还有一点比较特别，那就是它们的后背上长有帆状物或背脊。

大　　小	体长为 9~11 米，体重约为 7 吨
生活时期	白垩纪早期（1.2 亿 ~1.1 亿年前）
栖息环境	森林、沼泽、河边
食　　物	鱼类，也可能吃肉类
化石发现地	尼日尔

水边捕食

与一些鳄鱼相同，似鳄龙也有狭长的口鼻。而且，这些凶恶的家伙同样喜欢生活在多水的环境中，经常下水捕鱼。不过，它们平时也捕杀中小型恐龙来调剂口味。

耐心的“河边杀手”

捕猎时，一旦水中有鱼儿游来，似鳄龙就会立刻扑上去，然后张开大嘴一捞，连鱼带水都吞进肚里。没猎物时，它们就会像悠闲的钓鱼者，静静地站在水边，双眼紧盯水面。因此，似鳄龙拥有“河边杀手”的称号。

不是“一家人”

尽管相像，可似鳄龙和鳄鱼并不是“一家人”。举例来说，似鳄龙能用前爪抓握猎物，鳄鱼却做不到。

小知识

近年来，有专家研究称，恐龙并不是史前霸主，而它们的亲戚——鳄类和翼龙类才是真正的强者。只不过，这两个强大家族的成员夭折得早，才让恐龙抢占了天下。

你知道吗？

似鳄龙嘴里有100多颗牙齿。

似鳄龙的脊椎非常突出，从后背一直延伸到臀部，能够支撑背上由皮肤构成的帆状物或背脊。

犹他盗龙 Utahraptor

犹他盗龙是驰龙类中的“大个子”，奔跑起来时速可以达到 50 千米左右。它们后腿的第二趾上长有尖锐的钩状爪。有了这种利爪，犹他盗龙可以轻易地撕开猎物的皮肉。这使它们成为有名的“恐怖分子”。不过，即使具有单独作战的超强实力，它们也仍然喜欢和家人一起外出打猎。

化 石　三根手指 >>>

犹他盗龙的趾爪

犹他盗龙前后肢上各长有 3 根指（趾）骨。其中，前肢的每个指尖上都长有尖锐的爪，能抓握小动物，而它们的后肢长有特殊的钩状趾爪。这种趾爪非常锋利。研究人员推测，这可能是用来撕裂猎物的“刀具”。

大　小	体长约为 7 米，体重约为 500 千克
生活时期	白垩纪早期（约 1.26 亿年前）
栖息环境	平原、林地
食　物	肉类
化石发现地	美国

你知道吗？

最早的驰龙类恐龙出现在侏罗纪中期。这类恐龙在地球上生存了 1 亿多年。

科学家们认为犹他盗龙与驰龙关系最为亲密，

小知识

根据犹他盗龙的化石发现，古生物学家推测犹他盗龙应该是一种智商很高的恐龙，可以自行解决很多问题。

"恐怖分子"

犹他盗龙的双眼像鹰眼一样，视野宽广，能准确地追踪猎物。它们不仅反应速度超快，能在 1 秒内对事物作出判断，而且身体灵活，跳跃能力强，可以在半空中突然转身追击猎物。这也难怪大家把它们当成危险的"恐怖分子"了。

"龙"多力量大

犹他盗龙喜欢过集体生活。仗着"龙"多势众，它们常常穿梭于广阔的平原、茂密的树林，集体偷袭、攻击体形巨大的植食恐龙。

"大脚板"跑得快

犹他盗龙具有非常出众的速跑天赋。它们体长约为 7 米，体重却只有 500 千克左右；它们那强健的后腿和"大脚板"是非常有利的速跑工具。在肉食恐龙中，它们可是难得的奔跑健将。

扭椎龙 Streptospondylus

扭椎龙生活在距今1.6亿多年前的欧洲，是欧洲著名的大型食肉恐龙。它们除了吃陆生动物，还喜欢捕食海里的生物。而且，它们还是游泳高手呢！

海边“原住民”

扭椎龙的骨骼化石出土于海相地层中。因此，专家推测，扭椎龙也许就生活在海岸边，靠捕食陆地、海洋动物为生。

会游泳的食腐者

除了捕食陆地上的棱齿龙和剑龙，扭椎龙还可能捕食海洋中的大型生物，比如鲸龙。另外，扭椎龙还会游泳。它们可以在各个岛屿之间到处巡游，捡食漂浮在海上的腐肉。

大　　小	体长约为7米，体重约为220千克
生活时期	侏罗纪晚期（约1.6亿年前）
栖息环境	海岸
食　　物	肉类，包括腐肉
化石发现地	英国

乱入族谱

恐龙被发现的最初100年间，科学家们对它们各个家族的分类非常混乱。当时很多人认为，地球上只有斑龙这一种庞大的肉食恐龙。所以，扭椎龙刚一出现马上就被划入了斑龙家族。

“拨乱反正”

20世纪中期，英国的科学家重新对扭椎龙进行了研究，最终确认这种恐龙与斑龙在演化上毫无关系，并根据化石标本显示的严重扭曲的脊椎骨为之起名“扭椎龙”。

你知道吗？

目前，人们对扭椎龙的了解仅限于在英国挖掘出的一具化石标本。这是迄今为止唯一的一具扭椎龙化石标本，而且这具化石标本并不完整。

化石　扭椎龙部分脊椎

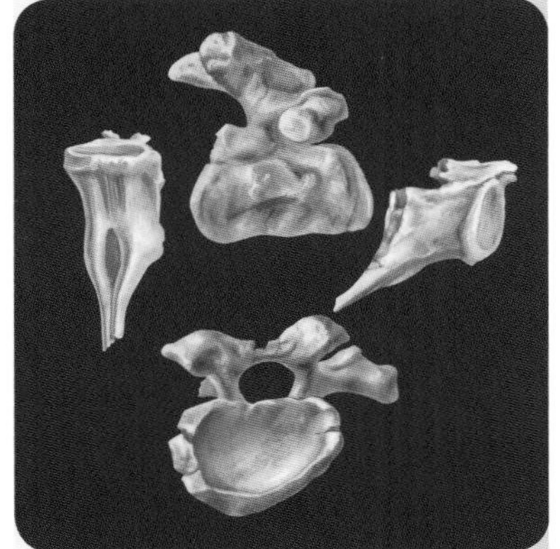

扭椎龙天赋异禀。它们的脊椎可以左右扭曲，方便它们观察四周环境，以寻找猎物或躲避天敌。

小知识

1997年，人们在非洲沙漠中发现了一具恐龙化石。为了取出化石，科学家们不得不凭借双手，一趟又一趟地搬走覆盖在化石上面重约15吨的岩石和沙子。

理理恩龙 Liliensternus

理理恩龙存活于距今约2.15亿年前的欧洲，是种十分凶残的肉食恐龙。它们喜欢冒险，常常三五成群地攻击大型植食恐龙。捕猎时，它们会先躲进水里，等猎物毫无防备时再突然发动进攻。

大　小	体长为2~5米，体重为100~140千克
生活时期	三叠纪晚期（2.15亿~2亿年前）
栖息环境	森林
食　物	肉类
化石发现地	德国、法国

化　石　理理恩龙残缺的头骨 >>>

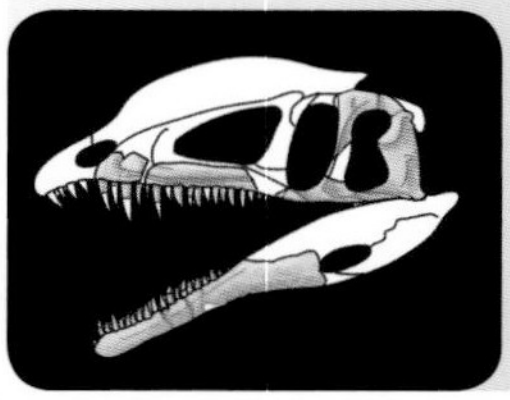

理理恩龙的头骨上长了两片又薄又小的脊冠。这与后来出现的双嵴龙的头部类似。

肉食恐龙的“野心”

理理恩龙是较早出现的小型肉食恐龙。别看它们个子小，它们的“野心”可不小，身材巨大的板龙有时就会成为它们的攻击目标。一旦目标出现，理理恩龙就会冲上去一顿连撕带咬，直到把对方折腾得精疲力尽再拆吃下肚。

偷袭策略

理理恩龙猎杀板龙之前，常会躲进附近的水里藏起来。等板龙填饱肚子准备离开时，理理恩龙就会立即从水中蹿出来偷袭板龙。可怜的板龙刚刚吃饱肚子，转眼就成了别人果腹的大餐。

脆弱的头冠

当然，理理恩龙并不会次次冒险去猎杀板龙。要知道，它们也有弱点——它们头上的脊冠又薄又脆，很容易在捕猎时折断。因此，它们平时多以小型恐龙或小动物为猎杀对象。

你知道吗？

理理恩龙具有早期肉食恐龙的特点，比如前肢有 5 根手指。不过，它们的第 4 与第 5 根手指已经退化缩短了。

小知识

20 世纪 30 年代，有人在德国发现了理理恩龙的化石。当时，人们是以一名德国科学家的名字为这具新发现的恐龙化石标本命名的。

并合踝龙 | Syntarsus

并合踝龙生存于三叠纪晚期至侏罗纪早期，习惯集体活动。从化石的分布来看，它们多生活于南非、南美洲和美国等地。有关研究表明，并合踝龙是为数不多的会同类相残的恐龙之一。

大　　小	体长为 2~3 米，体重为 29~32 千克
生活时期	三叠纪晚期至侏罗纪早期（2.3 亿 ~1.94 亿年前）
栖息环境	林地、河岸
食　　物	鱼类、腐肉、小型爬行动物、同类幼龙
化石发现地	津巴布韦

化　石　独特的脚踝骨>>>

并合踝龙与腔骨龙十分相似。两者的区别在于并合踝龙的脚踝骨是连在一起的。有人推测，这种脚踝骨使它们在追击猎物时可以跑得更快、更轻松。

你知道吗？

并合踝龙还有其他的名字，“坚足龙”“合踝龙”说的也是它们。有的并合踝龙头上长有小小的冠角。

被迫改名

因为并合踝龙的学名很早以前就已被一种昆虫“登记落户”，所以专家只能将它们的学名改为“*Megapnosaurus*”，意为“大头蜥蜴”。不过，有些专家并不喜欢这个新名字，仍习惯用原来的名字。因此，并合踝龙的这两个名字现在都在使用。

分布广泛

多年来，人们不断在南美洲、南非和美国发现并合踝龙的化石。根据化石的分布情况，科学家分析并合踝龙很可能是由南美洲逐渐“走”向世界的，并且应该很快就能适应新的生存环境。

“杀手”天赋

并合踝龙拥有“杀手”天赋：像灯泡般大小的眼睛能在夜间搜寻猎物；锯子般的牙齿和锋利的尖爪能轻松撕碎猎物的皮肉；中空的骨骼和强健的后肢能帮它们直立，方便它们咬住猎物的头部。

同类相残

并合踝龙真正的可怕之处不是它们的群体狩猎方式，而是内部的相互残杀。一旦食物不足，身强力壮的并合踝龙就有可能向族群里的幼龙下手，十分残忍。

小知识

科学家曾在南非津巴布韦的含化石岩层中发现了30具并合踝龙化石标本。一开始，科学家根据化石显示的骨骼结构和牙齿形态，认为并合踝龙可能无法杀死猎物。因此，这才有了早期“恐龙吃腐肉生存”的猜想。

嗜鸟龙 *Ornitholestes*

听到嗜鸟龙的名字，你也许会想它们应该喜欢吃鸟。但是，因为年代久远，证据不足，这一说法还没有被证实。不过，相信随着科技的发展，我们可以找到破解这一谜题的关键证据。

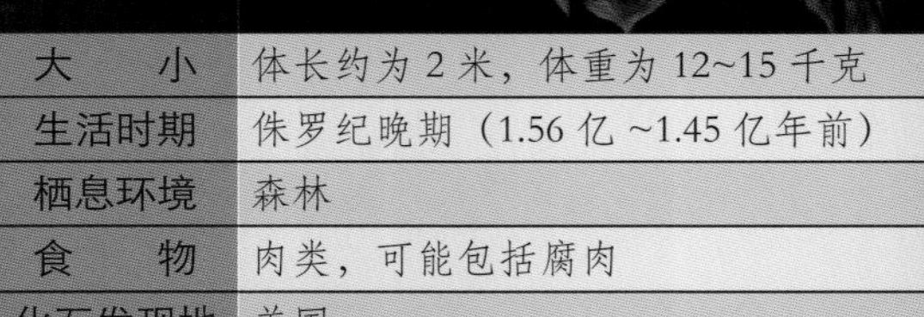

大　　小	体长约为 2 米，体重为 12~15 千克
生活时期	侏罗纪晚期（1.56 亿 ~1.45 亿年前）
栖息环境	森林
食　　物	肉类，可能包括腐肉
化石发现地	美国

化　石　前爪特写 >>>

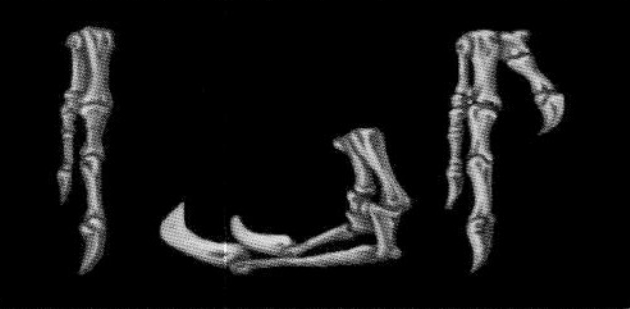

嗜鸟龙的前肢比后肢短，但十分有力，善于抓取。其前掌骨有两根长手指、1根短手指，手肘能伸缩，可以把手掌缩回胸前，就像鸟类合上翅膀一样。

食谱多样

即使不吃鸟类，嗜鸟龙也不是素食者。小型的哺乳动物、蜥蜴以及其他小型的爬行动物，甚至尚未孵化出来的小恐龙，都是嗜鸟龙喜欢的食物。

你知道吗？

嗜鸟龙与始祖鸟生活在同一时期，它们可能会捕食始祖鸟。

嗜鸟龙的第三根小指能向手心弯曲，能把挣扎反抗的猎物紧紧抓住。

嗜鸟龙视力超群，能发现躲在石头缝里和草丛中的小动物。

小知识

目前，人们对嗜鸟龙的认识几乎全部源于20世纪初期在美国科莫崖附近出土的目前唯一一具嗜鸟龙化石。

食肉牛龙 | Carnotaurus

食肉牛龙又叫“牛龙”，是种头顶“牛角”的恐龙。它们生活在白垩纪晚期，是南美洲顶级的掠食动物，也是已知跑得最快的大型恐龙之一。

大　　小	体长为 8~9 米，体重约为 2.3 吨
生活时期	白垩纪晚期（7200 万 ~6900 万年前）
栖息环境	丛林、湖泊
食　　物	肉类
化石发现地	阿根廷

一身“鳄鱼皮”

迄今为止，人们只发现了一具不完整的食肉牛龙化石。在化石标本的背部、身体两侧，研究人员发现了许多小突起，和鳄鱼皮肤上的小突起很像。这表明食肉牛龙的皮肤可能并不光滑。

化　石　辨认要诀 >>>

食肉牛龙头骨

食肉牛龙有个独有的特征——眼睛上方长有一对“牛角”。它们正是因此而得名。这对“牛角”是食肉牛龙成熟的标志，会随着食肉牛龙的成长逐渐变大。

你知道吗？

食肉牛龙头上的角并不是武器，只是震慑敌人的工具罢了。食肉牛龙的眼睛略微向前。这个特征在恐龙中非常少见。

“吃肉的公牛”

食肉牛龙拉丁名的意思为“吃肉的公牛”。虽然它们头上长有与公牛类似的犄角，可它们在食性上却与公牛相差甚远：公牛吃草，食肉牛龙却顿顿吃肉。所以，称它们为“食肉牛龙”一点儿都不错。

牙齿尖利的“公牛”

食肉牛龙硕大的脑袋、咬合力很强的大嘴以及刀片般尖锐的牙齿，无不彰显出它们作为顶级掠食者的杀伤力。捕猎时，它们习惯用牙齿反复撕咬猎物的脖子，直到猎物奄奄一息，才会将猎物撕成肉块吞下。

“白垩纪版的猎豹”

食肉牛龙长而粗壮的后腿能让它们快速奔跑。有专家推测，食肉牛龙可能是目前已知的奔跑最快的大型恐龙之一，速度可达每小时 60 千米左右。因此，有人称它们为“白垩纪版的猎豹”。

近蜥龙 Anchisaurus

恐龙家族中有很多成员以“蜥蜴”命名。但是，你知道吗？目前已发现的恐龙中，外形与蜥蜴最像的可能是一种脑袋较小、身体细长、尾巴灵活的家伙——近蜥龙。

化石 一“指”两用 >>>

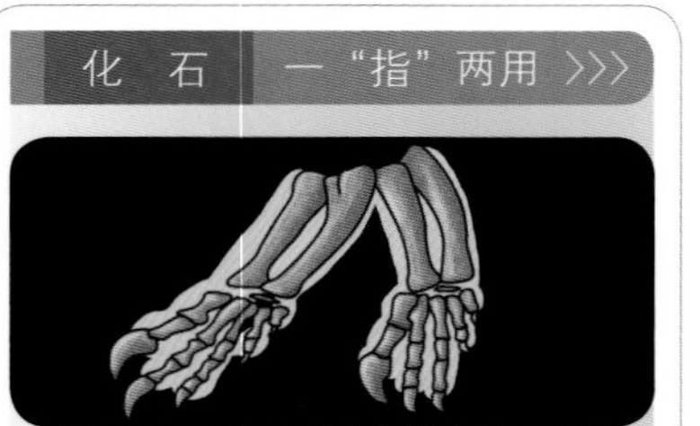

近蜥龙前脚掌骨骼

近蜥龙的前掌上长有一个能弯曲的、带爪的大拇指。专家推断，这根大拇指很可能是用来挖掘地下根茎的工具，或是遭遇敌人时进行对抗的武器。

身体特征

近蜥龙体形较小，长有形似三角形的脑袋、细长的脖子和身体，还有一条灵活、可卷曲的长尾巴，是种既能四足行走又可两足奔跑的小型恐龙。

嘴里有“钻石”

与身体相比起来，近蜥龙的头骨显得特别小，而且非常狭窄。其头骨的上下颌上布满像钻石一样的牙齿。这些牙齿既不锋利，也不算大。因此，专家推测，近蜥龙很可能以植物为生。

大　小	体长为 1.7~2 米，体重约为 27 千克
生活时期	侏罗纪早期（约 1.9 亿年前）
栖息环境	森林
食　物	树叶、小动物
化石发现地	中国、美国、南非

小知识

20世纪70年代初，有人在我国贵州北部的大方盆地中挖掘出一具不算完整的恐龙骨架化石。后来，这具化石的主人被命名为“中国近蜥龙”。

你知道吗？

近蜥龙骨骼化石最初被人们发现时被误认为是属于人类的。

近蜥龙还有个好听的名字，叫“安琪龙”。

鲸龙 Cetiosaurus

1841 年，古生物学家发现了一些牙齿和骨头的化石。由于化石标本在形状、大小上与“海怪”——鲸鱼类似，因此这种生物当时被古生物学家记入大型海洋生物的族谱。直到“恐龙”一词出现，他们才发觉这些化石属于恐龙，因此为其标本取名为“鲸龙”。

大　小	体长为 14~18 米，体重为 9~11 吨
生活时期	侏罗纪中、晚期（约 1.67 亿年前）
栖息环境	平原及疏林地
食　物	蕨类、其他植物
化石发现地	非洲、英国

棍子 vs 脖子

鲸龙的脖子很长，几乎跟身体的躯干部分一样长。古生物学家认为，它们的脖子僵硬得像棍子，既不能灵活地转动，也不能长时间地抬高。因此，无论是进食还是走路，鲸龙几乎都抬不起头来。

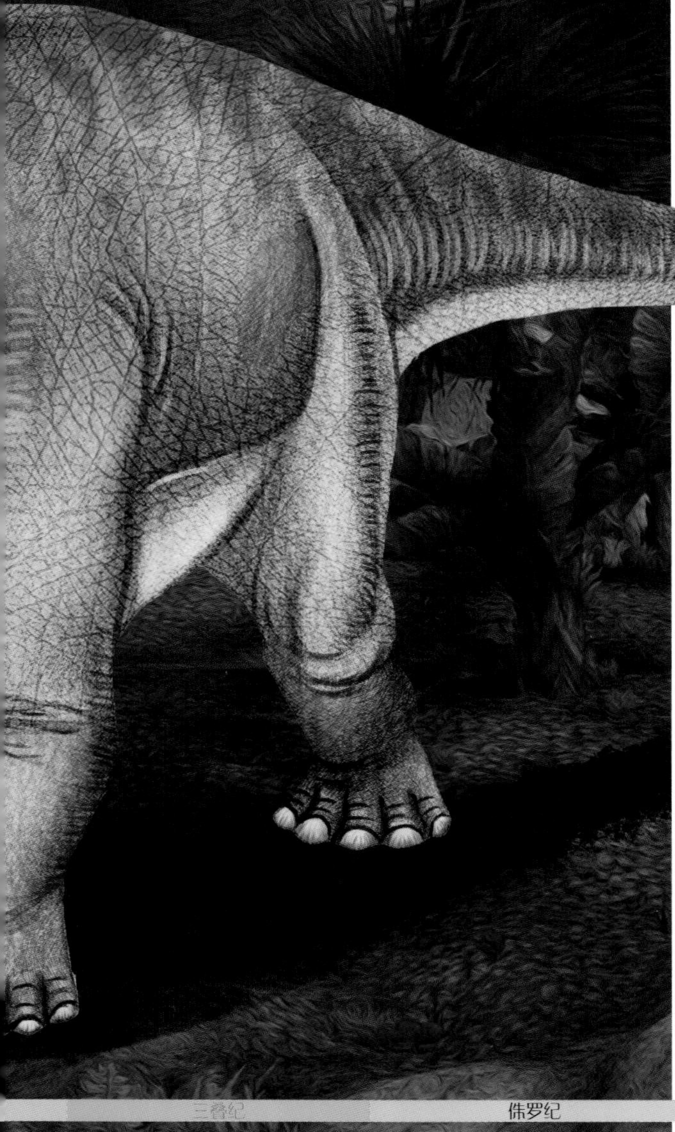

你知道吗？

鲸龙的脊椎骨虽然是实心的，但上面有许多海绵孔。

鲸龙的尾巴相对较长，大概由 40 节尾椎骨组成。

小知识

侏罗纪时期，恐龙已是陆地上的霸主。这个时期，它们开始演化成多个分支。不过，因为灾难等原因，有的恐龙在这个时期灭绝、消失了，鲸龙就是其中之一。

化 石 脊椎特写 >>>

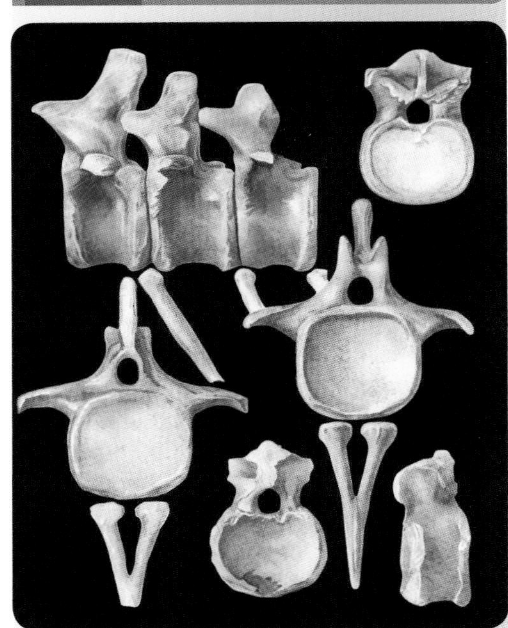

鲸龙脊椎骨分解图

鲸龙的脊椎骨是实心的。这让本来就体形巨大的它们变得更加沉重，走起路来慢悠悠的。因此，鲸龙被人们认为是行走最慢的恐龙之一。

肉食者的牙，素食者的命

与其他的植食恐龙相比，鲸龙有个独特的地方——它们上颌骨的牙齿又尖又密，像钉耙一样，明显是属于肉食恐龙的牙齿。可是，鲸龙对肉并不感兴趣，只爱吃绿色植物。

鲸龙牙齿复原图

埃德蒙顿甲龙 *Edmontonia*

你知道“恐龙中的坦克”吗？沉重的身躯，粗壮的四肢，虽然跑起来不快，走路时却能震得地动山摇，加上身上厚厚的骨板和三角形的骨刺，让它们当真像极了坦克。没错，我们所说的就是埃德蒙顿甲龙。

大　　小	体长为 6~7 米，体重约为 4 吨
生活时期	白垩纪晚期（7600 万 ~7400 万年前）
栖息环境	树林
食　　物	低矮植物
化石发现地	加拿大、美国

身披重甲

埃德蒙顿甲龙身上布满坚硬的骨板和尖锐的骨刺。这些骨板、骨刺是用来抵御掠食者的攻击的。当敌人出现时，埃德蒙顿甲龙就会牢牢地蹲在地上，看上去真的很像带刺儿的坦克呢！

化　石　原始的牙齿 >>>

埃德蒙顿甲龙的牙齿复原图

埃德蒙顿甲龙的嘴里只长了颊齿——以研磨为用途的牙齿。这是种很原始的牙齿，形状像叶子，上面还有些棱状突起。牙齿两面有牙釉质，大大增加了牙齿的耐磨程度和使用频次。

“我才不怕你！”

大多肉食恐龙对埃德蒙顿甲龙束手无策，不过也不乏常来挑衅的家伙。真要被肉食恐龙盯上了，埃德蒙顿甲龙也不会胆小地躲起来，而是会拼尽全力，用身上的“铠甲”撞击敌人，直到把对方赶跑为止。

挑食的原因

埃德蒙顿甲龙只吃鲜嫩的树叶、柔软的树皮或灌木皮。也许你会认为它们挑食，可这不能怪它们，因为它们缺少可以撕咬食物的牙齿，只有可以磨碎柔软植物的颊齿。

肩上也“长刺儿”

埃德蒙顿甲龙的肩膀两侧各有一对夸张的棘刺。除了用以抵御敌人，这对棘刺也是埃德蒙顿甲龙与同类争夺地盘、配偶的重要武器。

小知识

你听说过埃德蒙顿龙吗？虽然比埃德蒙顿甲龙名字只少了一个字，但它们与埃德蒙顿甲龙大相径庭——它们身上长满鳞片，像穿上了皮质外衣，宽大的鸭状嘴里长有几百颗牙齿，能吃粗糙的植物或果实等。这表明二者的确不是“一家人”。

你知道吗？

埃德蒙顿甲龙的肚子非常柔软，很容易成为肉食恐龙攻击的目标。所以，敌人一来，它们就会立刻蹲在地上，将肚子保护起来。

鼠龙 Mussaurus

鼠龙因幼体的长相与大老鼠类似而得名。它们活跃于三叠纪晚期，是种体形较小的植食恐龙。因为幼体体长较短，所以它们被认为是目前人类发现的体长最短的恐龙之一。

大　　小	体长约为 5 米，体重约为 120 千克
生活时期	三叠纪晚期至侏罗纪早期（约 2.15 亿年前）
栖息环境	树林、平原
食　　物	植物
化石发现地	阿根廷

化　石　幼体化石 >>>

鼠龙幼体的骨骼化石

20 世纪 70 年代末，人们发现了一块幼年恐龙的骨骼化石。这块化石长约 20 厘米，上面显示的标本与一只大老鼠差不多大。遗憾的是，这块化石上并没有保留尾巴。

古老的“小家伙”

鼠龙拉丁学名的意思是“像大老鼠的蜥蜴”。最初，人们在阿根廷南部发现了 5 ～ 6 具鼠龙幼体的化石标本，与稍大点儿的老鼠个头相当。因此，人们为这种化石标本起名为“鼠龙”。鼠龙生活在距今约 2.15 亿年前，是迄今发现的最小的恐龙之一。

“我”会长大的！

由于鼠龙化石很难寻找，一开始出土的幼龙化石又缺了尾巴，因此目前人们对鼠龙的了解并不全面。不过，有专家猜测，虽然在幼年时期鼠龙体形较小，但成年后它们或许能长到 5 米长、120 千克重。

吃素的鼠龙

科学家研究鼠龙的头骨时发现，它们的牙齿排列稀疏，形状扁平，与后来的植食恐龙的牙齿相似。因此，科学家推断，鼠龙可能以三叠纪时期的蕨类等植物为食。

你知道吗？

老鼠可以直接生出鼠宝宝，鼠龙却得先生出恐龙蛋。

由于鼠龙幼体长得与老鼠很像，因此有人猜测，鼠龙的身上也有短短的、用来保暖的体毛。当然，这还仅仅是猜测而已。

小知识

古生物学家把距今2.3亿～1.78亿年间的植食恐龙统称为“原蜥脚类恐龙”。板龙、鼠龙等都属于原蜥脚类恐龙。

腱龙 *Tenontosaurus*

你知道吗？恐龙家族中的“小个子”不一定都好欺负，有的可能是凶悍的掠食者，比如始盗龙。同理，“大块头”也不一定都好杀戮，有的可能十分温驯，比如腱龙。

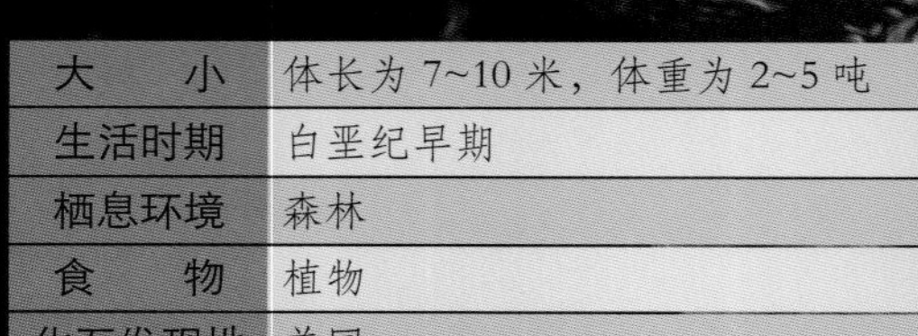

大　　小	体长为 7~10 米，体重为 2~5 吨
生活时期	白垩纪早期
栖息环境	森林
食　　物	植物
化石发现地	美国

化　石　腱龙的骨架 >>>

从腱龙的骨骼化石上可以看出，腱龙前肢短，后肢长。因此，古生物学家认为腱龙的后肢很可能有比较发达的肌肉，它们能靠后肢支撑身体活动。

你知道吗？

腱龙最重能达到 5 吨呢！

人们在北美洲发现的腱龙化石标本大概只有 8 岁，还未成年。

“健美先生”

腱龙的拉丁学名意为“有腱子肉的蜥蜴”。专家猜测，在肉食恐龙遍地的白垩纪早期，缺少防御武器的它们只能靠奔跑来躲避敌人。所以，腱龙可能长有发达的肌肉，是强壮的“健美先生”。

“独行者”的命运

腱龙总是独来独往，而肉食恐龙多喜欢集体狩猎。这样一来，腱龙很容易成为肉食恐龙的攻击目标。腱龙虽然擅长快速奔跑，但面对狼群般的猎食者，常常独木难支，最终难逃被吃掉的命运。

小知识

白垩纪早期，陆地受海水侵蚀，面积变得越来越小。陆生植物也开始适应变化，演变成更粗糙、更坚硬的形态。因此，植食恐龙不得不适应改变，变换自己的食谱。

大椎龙 Massospondylus

大椎龙也叫“巨椎龙”，其学名在希腊文中的意思是“巨大的脊椎”。除了脊椎，它们的牙齿也很独特——前端呈圆形，后端呈刀片状。这种组合型的牙齿表明大椎龙既吃植物又吃肉类。

化　石　大椎龙的整个骨架 >>>

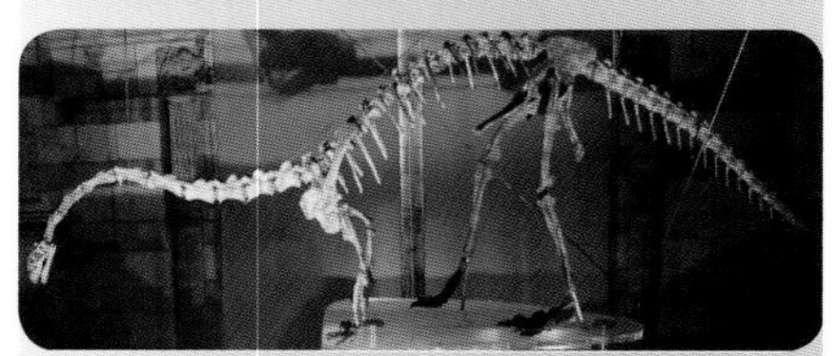

大椎龙体长约为4米。其中，脖子约由9节长颈椎组成，躯干约由13节背椎骨和3节腰带骨组成。另外，它们的尾椎骨至少有40节。

大　　小	体长约为4米，体重约为135千克
生活时期	侏罗纪早期（2.00亿~1.83亿年前）
栖息环境	沙漠
食　　物	食用植物，也可能食肉
化石发现地	南非、莱索托、赞比亚等

值得庆幸的发现

大椎龙化石标本首次发现于南非。令挖掘工作者以及古生物学家惊讶的是，这组化石标本非常完整，不仅包括主要骨骼，还包括脖子到尾巴的全部脊椎。生存于近2亿年前的生物还能保留下如此完整的骨骼化石，真是让人觉得不可思议！

“黄金比例”

大椎龙的脖子和尾巴很长。不过，它们的头骨很小，重量很轻。如果站立起来，它们基本不会因为头重脚轻而摔跤。相比于其他恐龙来说，这样的身体结构算得上达到“黄金比例”了！

古老的蛋化石

20 世纪 70 年代末，人们曾在南非地区发现 7 枚蛋化石，并且有的含有恐龙胚胎。经研究发现，这些蛋大约是 1.9 亿年前的大椎龙所产。专家称，这些化石里的胚胎应是目前所发现的最古老的恐龙胚胎之一。

大椎龙的蛋窝及胚胎化石

你知道吗？

恐龙的腰带就是连接躯干和后肢的骨骼构造，一般长在臀部的位置。此处的椎体愈合成为“荐椎”。

大部分大椎龙化石材料在第二次世界大战中惨遭摧毁，现在剩下的已寥寥无几。

小知识

目前，大椎龙的蛋窝及胚胎化石被保存在加拿大多伦多市的皇家安大略博物馆中。

冥河龙 Stygimoloch

冥河龙因化石出土于地狱溪而得名。在众多成员中，冥河龙具有花样繁多的头饰。这应是它们身上最显著的辨认特征。

冥河龙头部复原图

冥河龙的头骨非常特别——头盖骨高高隆起，两侧各有一对尖角，头骨周围围绕着一圈骨刺，眼睛到鼻孔之间也长满尖锐的骨刺。毫不夸张地说，这简直就是个“刺儿头”！

神秘的身世

遗憾的是，迄今为止人们只找到 5 具冥河龙的头骨化石标本以及一些零碎的骨骼化石，对冥河龙仍然所知甚少。

“地狱溪的恶魔”

20 世纪 80 年代初，美国蒙大拿州的地狱溪地层中出土了一具像“地狱恶魔”般恐怖的恐龙化石标本，其头上、嘴上、鼻子上都长着尖锐的骨刺。因此，人们为它起名“冥河龙”，意思是“（来自）地狱溪的恶魔”。

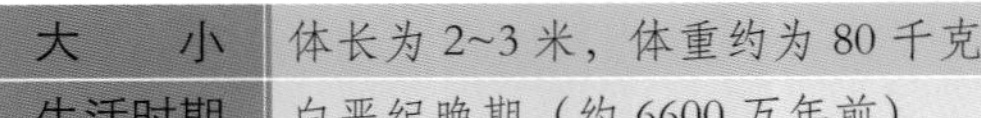

大　　小	体长为 2~3 米，体重约为 80 千克
生活时期	白垩纪晚期（约 6600 万年前）
栖息环境	树林
食　　物	植物
化石发现地	美国

你知道吗？

冥河是古希腊神话中冥界的一条河流，是传说中通向地狱的入口。

有人认为冥河龙其实就是未成年的肿头龙，但这种观点缺少确凿的证据。

小知识

白垩纪始于1.45亿年前，结束于6600万年前。这期间，大陆几乎被海洋淹没，气候变得温暖、干旱。恐龙虽然依旧统治着陆地，但最早的蛇类、蜜蜂以及许多新型的小型哺乳动物已相继出现。

家族特例

这么花哨的头饰，以前从未有人见过。为此，专家们几乎搜遍了全部的化石记录。他们推测，凭借这些异常发达的骨刺与棘状突，冥河龙应该是恐龙家族中面目最狰狞、最容易辨认的。

被“嫌弃”的家伙

冥河龙与霸王龙生活在同一时期。霸王龙十分凶残，对植食恐龙向来奉行“猎杀计划”。但是，它们对冥河龙非常特殊，即使与冥河龙面对面相撞，也绝不轻易对冥河龙下手。

如何生活？

尽管人们对冥河龙还不甚了解，可这并不影响人们对它们生活习性的判断。专家根据冥河龙前后肢形态，推测它们可能靠两足行走。另外，它们体形偏小，也许采用集体生活的方式；牙齿细小，应该以植物为食。当然，这些仍需要研究人员作进一步的研究才能确定。

厚鼻龙 Pachyrhinosaurus

厚鼻龙又叫“肿鼻龙”，生活在白垩纪晚期的北美洲。厚鼻龙长着与公山羊相似的角，只不过它们的角长在大大的颈盾上。这种恐龙喜欢群居，喜欢吃粗糙的植物。

化 石　“厚”鼻子 >>>

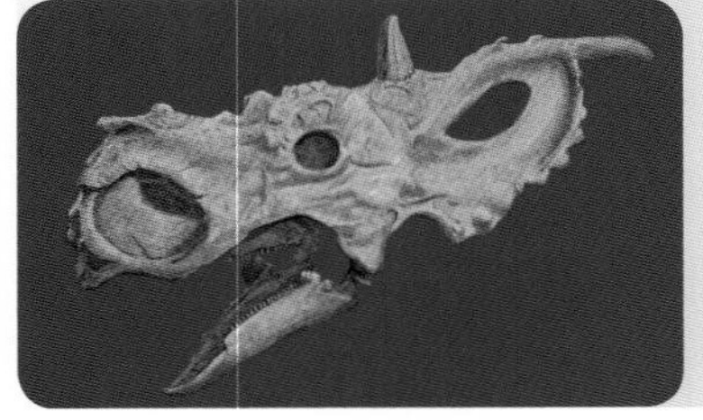

其实，厚鼻龙的鼻子并不厚，只是它们鼻骨的位置上长有厚厚的骨垫，把鼻子顶了起来，使鼻子看上去好像厚厚的。

就爱吃“粗粮”

爱吃植物的厚鼻龙一天中的大部分时间在啃食和咀嚼。相比于那些嫩枝、嫩叶，它们更喜欢吃粗糙、有嚼劲的植物，比如棕榈叶、苏铁叶等。

双重性格

别看厚鼻龙偶尔脾气暴躁，会跟同类打架抢地盘，其实它们本性温顺，不喜欢惹是生非。而且，它们大都与同伴住在一起，互相照顾、共同抗敌。

你知道吗？

厚鼻龙跟三角龙还是近亲呢！
厚鼻龙经常用鼻子跟敌人或同类打架。

中空的颈盾

颈盾是厚鼻龙头骨的一部分，能保护厚鼻龙柔软的脖子。颈盾的边缘有波浪形的线条，顶端有4个尖角——两大两小。另外，颈盾是中空的，能大大减轻头骨的重量。

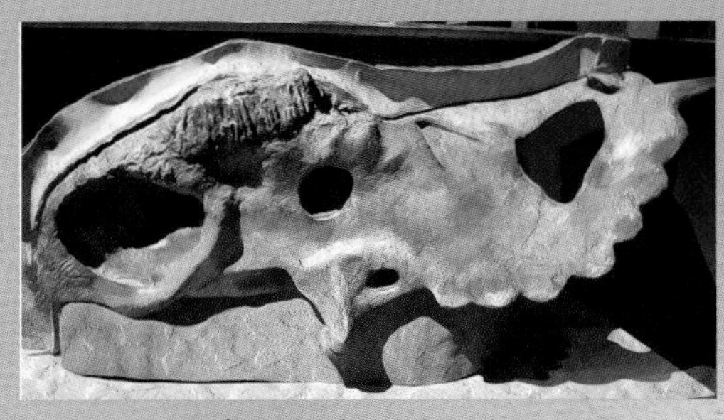
厚鼻龙长在头骨上的颈盾

大　　小	体长为5~6米，体重约为5吨
生活时期	白垩纪晚期（约7500万年前）
栖息环境	平原、荒漠
食　　物	植物
化石发现地	加拿大

小知识

迄今为止，人们在美国阿拉斯加州一共发现了8种恐龙。其中4种为包括厚鼻龙在内的植食恐龙，另外4种还在研究确认中。

五角龙 | *Pentaceratops*

五角龙和三角龙一样，是角龙类家族的成员。它们都长有巨大的头骨、像鹦鹉一样强劲坚硬的喙状嘴以及坚硬可怕的利角。不同的是，五角龙要比三角龙多上两只角。

化　石　五角龙的头骨 >>>

古生物学家在给五角龙命名的时候，认为它们的面部长有5只角（鼻拱上有1只鼻角，眉拱上有两只角，脸颊侧边有两只角）。这其实是不正确的。五角龙脸颊两边的并不是真正的角，而是拉长的颧骨。

孤独的成员

1921年，五角龙的化石第一次被发现。1923年，五角龙的学名被正式确定。截至目前，古生物学家已经发现了五角龙的许多骨骼化石，其中大部分出土于美国新墨西哥州的圣胡安盆地。但是，直到现在，五角龙也只有孤零零的一个种——斯氏五角龙。

大　　小	体长为5～8米，体重约为5吨。
生活时期	白垩纪晚期
栖息环境	森林、平原
食　　物	植物
化石发现地	美国

大尺度的头骨

遍观白垩纪的角龙类，你会发现它们大多长着大脑袋，而五角龙头部的规格更是大得惊人。古生物学家在收齐、复原五角龙的头骨化石碎片后发现，其头骨的长度超过了 3 米！这让五角龙一举成为从古到今陆地上脑袋最长的动物。

鸡肋般的颈盾

鸡肋本是一种食物，但在古典名著《三国演义》中成了“食之无味，弃之可惜”的代名词。五角龙带有褶边的颈盾就如鸡肋一般，明明比其他角龙类的颈盾更加巨大、壮观，却因为盾板不够坚固，没办法作为合格的武器来进行攻击和防御，只能用以虚张声势地吓唬敌人或者吸引配偶。

小知识

1930 年，瑞典古生物学家卡尔·维曼向公众发表声明，称自己发现了五角龙的第二个种——孔五角龙。但是，之后人们发现所谓的孔五角龙和斯氏五角龙其实是同一个种类。

畸齿龙 *Heterodontosaurus*

畸齿龙又叫“异齿龙”。从名字就能看出来，这种恐龙最大的特点应该就是拥有与众不同的牙齿。它们的化石最早发现于 20 世纪 60 年代的南非。当时的古生物学家在研究了它们的头骨化石后，发现它们居然有 3 种不同类型的牙齿。因此，在这个基础上，古生物学家把它们命名为“畸齿龙”。

化　石　畸齿龙的头骨 >>>

古生物学家通过研究畸齿龙的头骨化石能知道很多细节。比如：它们有 3 种牙齿，每种牙齿各有不同的作用；它们眼眶很大，可能拥有优秀的视力；等等。

不同的牙齿

畸齿龙天生长有 3 种不同类型的牙齿，并且这 3 种牙齿有着各自的用途。畸齿龙长在嘴巴前端的小尖牙叫“切齿”，可以干净利落地咬断坚韧的植物；长在嘴巴两侧平滑整齐的牙齿叫“颊齿”，能把吃到嘴里的食物咀嚼成碎末；一对向外伸出的锋利牙齿为“獠牙”，是畸齿龙独有的武器，具有保卫自身、吸引配偶的作用。

▼ 1976 年，古生物学家在南非地区发现了完整的畸齿龙骨架化石，其骨骼的每块骨头都保持在原位，没有改动，具有非常重大的研究价值。

灵巧的手指

畸齿龙的前肢很长，肌肉发达，手指非常灵巧。平时，畸齿龙就是用灵巧的手指来挖掘生长在地下的块茎植物、破坏昆虫的巢穴填饱肚子的。

娇小玲珑

在侏罗纪时代，最常见的恐龙就是像畸齿龙这样的小型鸟脚类恐龙。它们身体小巧轻盈，体长在 1 米左右，大小和一只火鸡差不多。这么小巧的体形虽然让它们面对掠食者时没什么优势，但使它们有了来去如风的速度。

大　　小	体长约为 1 米
生活时期	侏罗纪早期
栖息环境	灌木丛
食　　物	树叶和块茎植物，可能也吃昆虫
化石发现地	南非

橡树龙 Dryosaurus

橡树龙是生活在侏罗纪的一种小型恐龙。它们虽然名字里带有“橡树”二字，但实际上和橡树并没有什么关系，因为侏罗纪时期还没有橡树这种植物。

大　　小	体长约为 3 米
生活时期	侏罗纪晚期
栖息环境	森林
食　　物	树芽、嫩叶
化石发现地	美国

化　石　　牙齿 >>>

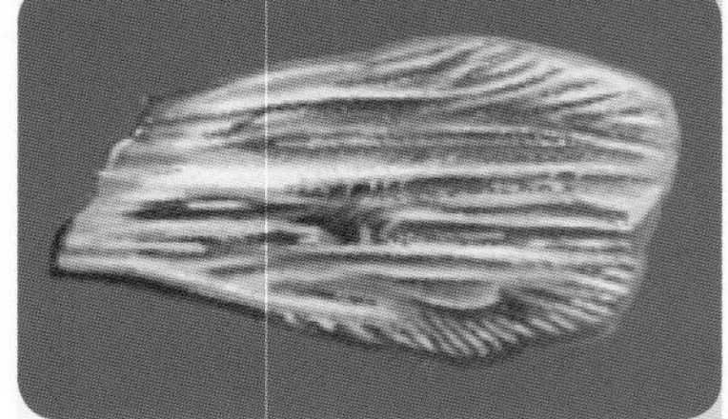

橡树龙的颊齿是它们身上比较有特点的部位，也是它们名字的来源。当初古生物学家在为它们命名时，认为它们的牙齿形状很像现在橡树的枝杈。

橡树龙骨架

绝境逃生

没有反击能力的橡树龙在遇到危险时，多会秉承“三十六计走为上”的原则，选择立即逃跑。橡树龙修长健壮的后肢为它们奔跑提供了强大的动力，使它们的速度非常快，普通的肉食恐龙一般追不上它们。不仅如此，橡树龙还有一种天赋，那就是用僵直发硬的尾巴保持平衡，然后在奔跑中急转弯，不断跨越脚下的障碍物，甩掉凶残的敌人。

▲ 橡树龙几乎没有任何保护自己的办法，奔跑就是它们唯一的选择。但是，即便这样，它们依然在危机四伏的侏罗纪坚强地生存了1000多万年。

毫无防备

大多数禽龙类成员为了对抗掠食者，常常会在自己的拇指部位演化出尖锐的“钉子”或“匕首”。橡树龙却是例外。别说“拇指钉”了，它们的全身上下没有任何武装。这意味着，当遭遇肉食恐龙袭击时，它们根本没办法进行有效的反击。

标准的外表

橡树龙作为禽龙家族的一员，在外貌方面非常符合标准：它们头部不大，狭长的脸孔很有几分马的韵味；适合啃咬植物的喙状嘴里长着橡树枝杈一般的牙齿。另外，橡树龙也有着属于自己的特征，比如：体形和现在的某些鹿类差不多，前肢短小无力，后腿修长健壮，等等。

副栉龙 Parasaurolophus

副栉龙名字里之所以带着一个“副”字，一是为了和同样属于鸭嘴龙类的栉龙相区分；二是因为它们在发现时间上比栉龙晚十几年，是“排名第二”的长着头冠的恐龙。

化 石 副栉龙的头骨 >>>

副栉龙头顶独特的冠饰修长圆滑，有着明显的弧度。雄性的冠饰往往要比雌性的大许多。这个鲜明的特征使副栉龙成为中生代鸭嘴龙家族中耀眼的明星。

更替的牙齿

副栉龙的嘴巴里长有几百颗整齐的牙齿，是它们用来咀嚼食物的“好帮手”。不过，每次进食的时候，它们只会用到一小部分牙齿，其余的则处于“待机”状态。当副栉龙的牙齿发生磨损时，新牙很快就会冒出来把旧牙顶替掉。

应对危机

和橡树龙一样，副栉龙没有进行攻击和防御的装备。为了抵御掠食者的进攻，副栉龙选择成群地生活在一起。而且，它们视力超常、嗅觉灵敏，能够及时发现危险，并四散奔逃。副栉龙还有一个特别的本领，那就是在水里进行短距离的游动。事实上，它们经常利用这项本领躲避敌人的围追堵截。

发声的冠饰

副栉龙头顶的冠饰向后延伸，长度可以达到 2 米。这使它们成为鸭嘴龙家族中的另类。起初，古生物学家认为副栉龙的头饰只是用来求偶的，但随着研究的深入，他们发现这里面居然暗藏玄机。原来，副栉龙的冠饰结构是中空的，内部是空心的细管。冠饰和副栉龙的鼻子相连。当副栉龙给鼻子加压充气时，长而弯曲的冠饰就会发出低沉的声音。

◀ 副栉龙是一种可以在两足行走和四足着地之间随意切换的恐龙。古生物学家认为，它们在寻找食物时是用四足走路，而在奔跑时则转换成更灵活的两足行走的模式。

大　小	体长约为 9 米
生活时期	白垩纪晚期
栖息环境	森林
食　物	叶子、种子
化石发现地	北美洲

盔龙 Corythosaurus

盔龙又叫“冠龙”，和大多数鸭嘴龙类一样，生活在北美洲温暖湿润的环境中。那里植被郁郁葱葱，很适合盔龙这样的大型植食恐龙生活。它们的头顶长有奇怪的冠饰，看上去和西方古代士兵的头盔很像。

大　小	体长约为9米
生活时期	白垩纪晚期
栖息环境	森林和沼泽地区
食　物	植物
化石发现地	北美洲

化　石　盔龙的皮肤 >>>

在一些盔龙化石中，古生物学家发现了保存较完整的皮肤印痕化石。经过深入研究，他们认为盔龙的腹部有着奇怪的赘肉状肿块。

“头盔”与声音

盔龙头顶的冠饰和很多鸭嘴龙类的一样，具有发声的功能。古生物学家发现，它们的冠饰内部是中空的，鼻子里有一条细长的管道和空心冠饰相通。当气流从它们的鼻子穿过，“头盔”就会产生共鸣，可以自然而然地发出声音。不仅如此，盔龙的“头盔”可能会起到喇叭的作用，可以把低沉的声音扩大，让它们的叫声传得更远。这个特殊的装置在预警方面能起到重要作用。

入水的恐龙

面对肉食恐龙时，盔龙时常会显得力不从心，手脚慌乱。它们不但身体既大又沉，跑起来的速度差强人意，而且浑身上下没有一件能保护自己的武器。这就造成了盔龙打也打不过跑又跑不脱的尴尬情景。幸好盔龙还有一套绝技，那就是跳到水里面。虽然盔龙不是游泳高手，只能进行短距离的游动，但比起绝大多数身为“旱鸭子”的掠食者，它们无疑是占据一定优势的。

盔龙的头骨化石

▲ 从目前已经出土的盔龙化石来看，雄性盔龙头顶的冠饰明显要比雌性盔龙的大许多。这说明盔龙的冠饰很有可能在求偶中起着重要作用。

埃德蒙顿龙 Edmontosaurus

1917 年，古生物学家在加拿大艾伯塔省的埃德蒙顿市发现了一种之前从未见过的鸭嘴龙类化石。为了纪念这一重要发现，人们将新发现的化石标本命名为“埃德蒙顿龙”。和其他鸭嘴龙类成员不同，埃德蒙顿龙头顶上并没有奇特的冠饰。

化　石　埃德蒙顿龙保存下来的罕见的皮肤化石 >>>

这是一块保存较为完好的埃德蒙顿龙皮肤化石。从它的表面，我们能够清楚地看到鳞片的印痕。这表明埃德蒙顿龙生前皮肤表面是鳞状的。

大　　小	体长约为 13 米，体重约为 4 吨
生活时期	白垩纪晚期
栖息环境	淡水岸边
食　　物	植物
化石发现地	北美洲

不同的发声方式

虽然埃德蒙顿龙没有头冠，但这并不代表它们没办法发出声音。所谓有失必有得，缺了头冠，埃德蒙顿龙还有其他的发声方法。古生物学家认为，它们鼻孔周围的骨骼凹陷处应该存在特殊的气囊。每当需要发声时，埃德蒙顿龙只要向气囊吹气就可以了。

▼ 1908 年，美国的一名化石收集者查尔斯·斯腾伯格意外发现了一块保存状况良好的木乃伊化的恐龙化石。这具化石标本正是后来的埃德蒙顿龙。它在当时被称为“糙齿龙木乃伊”，现在收藏在美国自然历史博物馆。

埃德蒙顿龙的木乃伊化石照片，拍摄于 1908 年

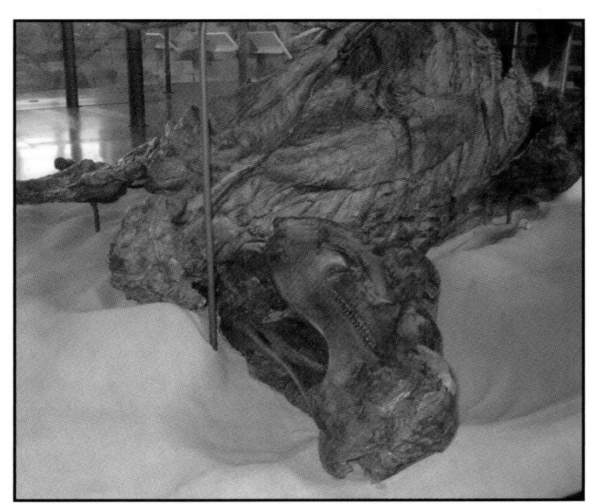

美国自然历史博物馆里的埃德蒙顿龙木乃伊化石

口与齿

埃德蒙顿龙的喙状嘴既扁又平，和现代的鸭子的嘴巴很像。它们只有上颚骨和齿骨具有牙齿，上千颗细小的牙齿密密麻麻地挤在一起，连成好几排。埃德蒙顿龙通过上下颌来牵动脸部的肌肉，带动牙齿咀嚼食物。当部分牙齿因为老旧、磨损而掉落后，原来的位置就会长出新的牙齿进行替换。不过，新牙齿生长速度比较慢，差不多需要一整年的时间才能完全长好。

自身的局限

埃德蒙顿龙既能四足着地行走，低头吃地上的植物，也能靠两足站立起来吃高处的叶子，但唯独不能用一对后肢快速奔跑。这可能是它们身体太重的缘故。

肢龙 *Scelidosaurus*

1858年，英国人哈里森·詹姆斯在采矿场挖掘矿石原料时，意外地发现了一些近乎完整的古生物骨骼化石。他立即将这些化石交给著名的古生物学家理查德·欧文。欧文在认真研究后，将化石标本命名为“肢龙”（现在也译作“腿龙”或“棱背龙”）。

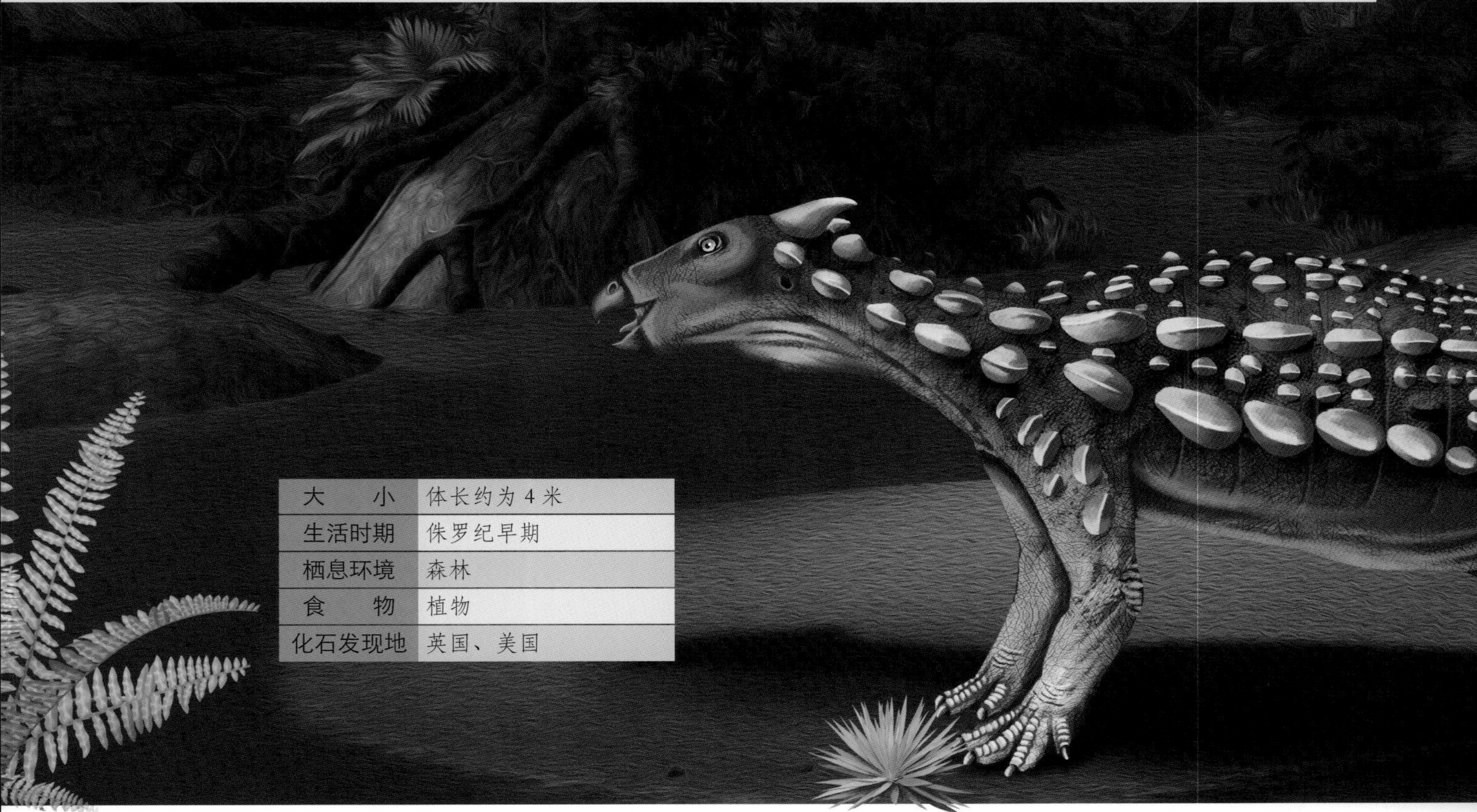

大　　小	体长约为4米
生活时期	侏罗纪早期
栖息环境	森林
食　　物	植物
化石发现地	英国、美国

海岸上的肢龙化石

▲肢龙并非海生动物，但迄今为止已发现的相关化石都出现在海相地层中。因此，古生物学家猜测，它们或许生活在海边，或者被陆地上的洪水淹死，之后被冲到海里，形成了现在人们看到的化石。

独特的体形

截至目前，在古生物学家发现的侏罗纪恐龙化石中，大多数的植食恐龙和肉食恐龙有一个共同的特点，那就是“前肢较短，后肢较长”，著名的剑龙、禄丰龙、美颌龙等都是如此。肢龙却正好相反，“前肢长，后肢短”。这样特殊的体形即使在“恐龙遍地走”的侏罗纪也并不多见。

化 石　肢龙的头部 >>>

从已经发现的头骨化石可以清晰地看到，肢龙的牙齿平滑整齐，紧紧挨在一起，具备植食恐龙牙齿的典型特征。

全副武装

肢龙是覆盾甲龙类的早期成员。从属名就能看出，肢龙身上穿有严严实实的“护体铠甲”。事实也的确如此。肢龙的脊背上不但长有厚重的骨质鳞片，还镶嵌着大量的骨质尖刺，而且它们的身侧以及尾巴上同样覆盖着狰狞的尖刺。它们全身防护得如此严密，难怪让许多掠食者无从下手。不过，有得必有失。肢龙虽然有了全副的武装，但也因此变得行动迟缓，不得不用四足行走。

钉状龙 | *Kentrosaurus*

钉状龙是剑龙类的成员，主要生活在侏罗纪晚期的非洲中部。和普通剑龙骨刺嶙峋的模样比起来，钉状龙要更加极端。除拥有剑龙类的“标准配置”——骨板以外，钉状龙身上还长有大量的骨质尖刺，就连尾巴上也是如此。这让它们看起来和放大许多倍的刺猬差不多。

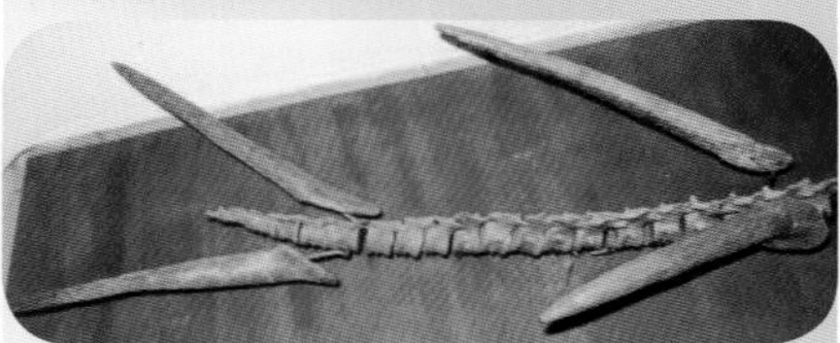

钉状龙锋芒毕露的尾刺是它们最为有效的自卫武器。如果有不长眼的肉食恐龙前来袭击，钉状龙就会甩起尾巴狠狠还击，给对方造成致命的伤害。

牙齿与食物

目前，古生物学家还没有发现完整的钉状龙头骨化石。不过，他们结合已发现的骨骼化石推测，钉状龙很可能和其他剑龙类一样，长着狭窄的吻部和细密小巧的牙齿，整日穿梭在森林里，靠啃食地面上低矮、鲜嫩的植物来填饱肚子。

大　小	体长约为 5 米
生活时期	侏罗纪晚期
栖息环境	森林
食　物	植物
化石发现地	坦桑尼亚

"钉子"长满身

从已经发现的化石来看，钉状龙就像一种狰狞恐怖的凶兽。它们的颈部到背部长有巨大的骨板。这是所有剑龙类成员的共同特点。除此之外，钉状龙的肩膀部位还长有粗长的坚硬骨刺，也可以叫"肩棘"；它们的尾巴上武装着致命的尾刺，看上去像杀气腾腾的狼牙棒。这一件件装备既能帮助钉状龙阻挡来自肉食恐龙的攻击，也能让它们对那些掠食者进行反击。

姿势错误的钉状龙骨架

▲ 随着对钉状龙的研究越来越深入，古生物学家发现，现在许多博物馆里摆放的钉状龙骨架模型姿势存在一定错误。钉状龙的正确姿势应该是尾巴抬离地面，且四肢不会向外伸展。

两个"大脑"

和巨大的身体比起来，钉状龙的脑袋显得非常小，脑容量顶多相当于一颗胡桃大小。古生物学家认为这么小的大脑是没办法完全控制整个身体的，因此在它们的臀部或许还藏有"第二个大脑"来掌控身体。不过，现在人们已经确认，钉状龙臀部的"大脑"实际上是用来控制后肢与尾巴的神经系统。

楯甲龙 Sauropelta

楯甲龙属于甲龙类的一种。它们因脊背和尾巴上长出的厚厚甲片很像古人行军作战时手里拿着的盾牌而得名。这些甲片坚硬结实，能轻松抵挡住敌人的攻击，使楯甲龙免受伤害。

大　　小	体长约为 5 米，体重约为 1.5 吨
生活时期	白垩纪早期
栖息环境	森林
食　　物	植物
化石发现地	美国

化　石　楯甲龙的背部 >>>

古生物学家通过钻研化石发现，楯甲龙背部的“盾牌”并不是一个整体，而是由一块块细小的骨板像瓦片一样互相叠加、拼搭形成的。

肉食恐龙在捕猎时，通常会针对植食恐龙的颈部等血管密集的要害部位进行攻击，力求一击毙命或者让其彻底失去抵抗能力。但是，在面对楯甲龙时，肉食恐龙常常会觉得无从下口，因为楯甲龙的颈部长有许多大小、粗长不一的可怕棘刺。如果肉食恐龙贸然行动，嘴巴可能会被刺出大窟窿，血流不止。

蜷缩的“刺猬”

楯甲龙身上厚重的铠甲虽然极大地提升了防御力，但也使它们变成了连跑步都十分困难的“笨重战车”。加上楯甲龙性格温和，几乎没有攻击性，所以一旦遭遇掠食者袭击，它们唯一的办法就是蹲下身子，团起身体，把脊背上的小骨板一致朝外，把自己变成扎手的“刺猬”，从而让肉食恐龙望而却步。

▼长成这副模样的楯甲龙简直是让肉食恐龙进退两难的猎物。它们那布满棘刺的颈部意味着风险。肉食恐龙如果要打它们的主意，就要做好被刺伤的准备。

包头龙 Euoplocephalus

从 1902 年在加拿大发现第一块包头龙的骨骼化石起，至今已经过去了 100 多年。在这段漫长的岁月里，古生物学家相继发现了 40 多具包头龙化石标本，其中包括不少近乎完整的骨架化石标本。这些珍贵的化石标本让包头龙成为人们最了解的恐龙之一。

化 石　包头龙的尾锤 >>>

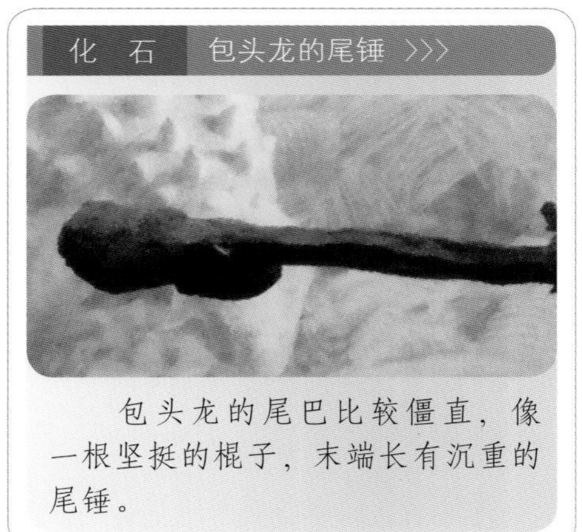

包头龙的尾巴比较僵直，像一根坚挺的棍子，末端长有沉重的尾锤。

大　小	长约为 6 米，体重约为 3 吨
生活时期	白垩纪晚期
栖息环境	森林
食　物	植物
化石发现地	北美洲

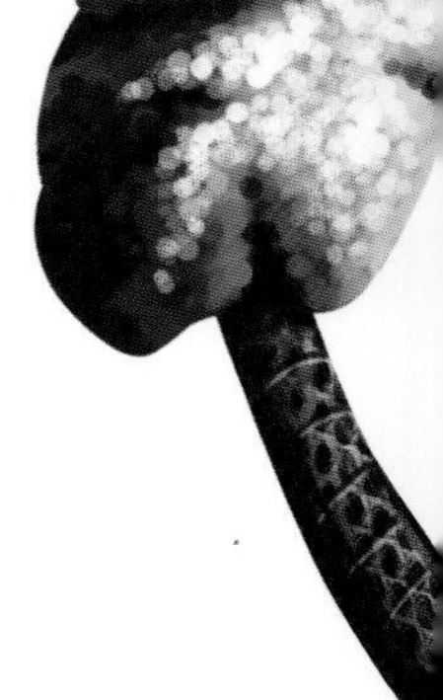

致命弱点

包头龙甲胄优良，武器锋利，看似勇不可当，但它们有一个致命的弱点。它们和现代的豪猪一样，体表长满尖锐的针刺（骨刺），腹部却没有丝毫防护。掠食者如果发现了这个弱点，只需把包头龙弄得四脚朝天，让其柔软的肚皮暴露出来，就可以让包头龙命丧黄泉。

▶ 包头龙是一种很特别的恐龙。它们在幼年时期通常过着群居生活，接受父母的细心抚养与照料。一旦成年，包头龙就会离开群体，选择独自生活，在茂密的森林中独自觅食。

武装到眼睛

包头龙是最大的甲龙类之一。它们名字里的“包头”二字并不是指地名，而是说它们厚重的装甲不仅遍及全身，甚至连头部也包裹住了。确实，我们从几具近乎完好的化石骨架上能看出，包头龙浑身上下包括脑袋都铺满大大小小的甲片。这些甲片构成了一副防御力绝佳的铠甲。不仅如此，包头龙的眼睑上也覆盖着小小的甲片。随着眼睛的睁合，这些小甲片就像活动的百叶窗一样，可以遮盖、保护包头龙的眼睛。

槽齿龙 Thecodontosaurus

三叠纪晚期是恐龙发展的早期阶段，槽齿龙就是生活在这一阶段的恐龙。作为原蜥脚类恐龙的代表之一，槽齿龙并不像它们的亲戚和后裔那样高大强壮，反而既原始又瘦小。它们当时生活在各个海岛上，随着时间的推移，才逐渐繁衍生息发展起来。

瘦弱的体形

在三叠纪时期，槽齿龙的平均体长不超过两米。这样娇小的体形如果放在侏罗纪、白垩纪时期根本不值得一提，但在当时已经是陆地上数一数二的了。

大　　小	体长约为2米
生活时期	三叠纪晚期
栖息环境	海岛
食　　物	植物
化石发现地	欧洲

▲ 槽齿龙是古生物学家找到的第一种原蜥脚类恐龙，也是第四种被人们命名的恐龙。之前的3种分别是斑龙、禽龙以及林龙。

化 石　槽齿龙的下颌骨 >>>

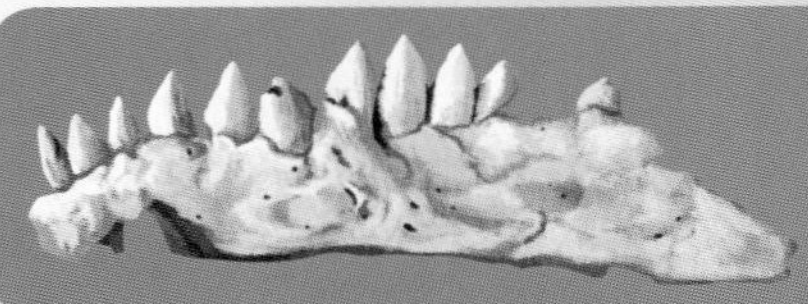

槽齿龙的头骨外观与现生巨蜥的很接近。但是，和现生巨蜥不同，槽齿龙的牙齿就像插头一样插在不同的齿槽里，而不是与颌骨生长在一起。

差点被毁

战争会给人类文明造成破坏，珍贵的槽齿龙化石就差点在战火中被损毁。20 世纪 40 年代，第二次世界大战如火如荼地进行。英国布里斯托尔市博物馆不幸被炸弹击中，收藏在里面的槽齿龙化石受到波及，被损毁了一大部分。幸运的是，仍有部分化石被保存了下来。

重龙 Barosaurus

19 世纪末，古生物学界因两位学者引起的奇葩“化石大战”而变得动荡不安。许多化石猎人为了战胜对手，开始不择手段地彼此竞争。重龙化石就是在这样复杂的大背景下被发现的。

化 石 重龙的头骨 >>>

通过收藏在博物馆里的化石可以发现，重龙的牙齿呈钉状，具备植食恐龙牙齿的典型特征。古生物学家推测它们需要吞咽胃石来促进食物消化。

大小	体长约为 28 米
生活时期	侏罗纪晚期
栖息环境	平原
食物	植物
化石发现地	北美洲

庞然大物

重龙是侏罗纪晚期蜥脚类恐龙中“出类拔萃”的成员。小小的头部，长达近 10 米的脖子，粗壮的四肢以及足以横跨整个网球场的庞大身躯，使一头重龙比 3 头大象还沉。

粗糙的皮肤

重龙的皮肤一点儿也不光滑，反而显得很粗糙，而且表面覆盖着一层鳞片。古生物学家认为这层鳞片对于重龙来说非常重要。它不仅能保护重龙免受掠食者的抓伤或咬伤，还可以在干旱缺水的天气里帮助重龙减少体内水分的蒸发，让重龙比其他恐龙多了几分生存优势。

▶ 20 世纪 90 年代，美国自然历史博物馆展出了一具靠后肢站立的重龙骨架模型。这具骨架始一出现就饱受争议。有人觉得它的姿势是错误的，因为模型显示的重龙太大了，心脏没办法把血液输送到大脑；也有人认为重龙可能有一颗或多颗足够巨大的心脏，能轻松把血液输送到全身。

有争议的重龙骨架模型

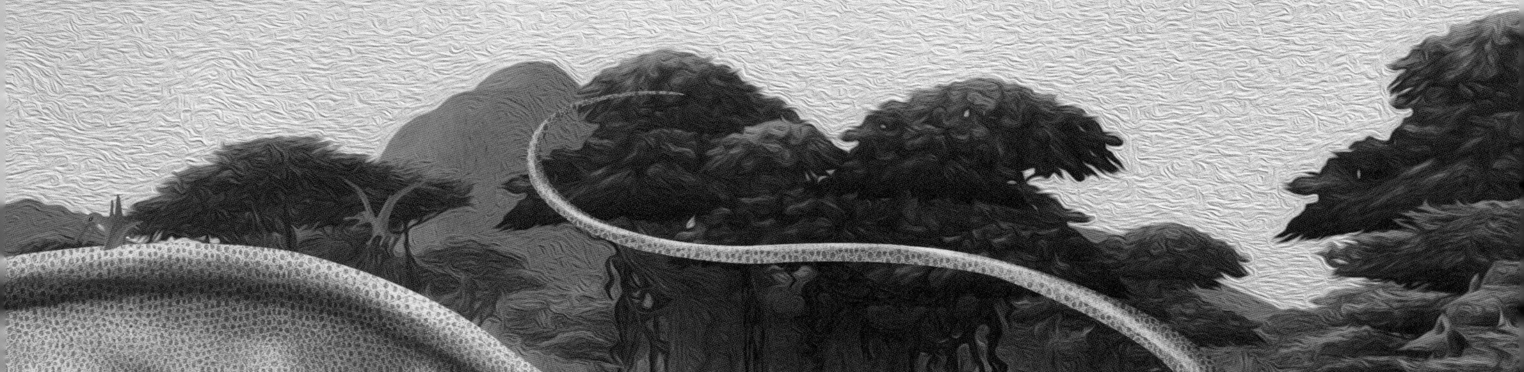

尾巴武器

和超长的脖子相对应，重龙还长着超长的尾巴。这不仅是辅助重龙保持身体平衡的工具，还是自卫反击的强大武器。如果有掠食者惹怒了重龙，它们就会猛地挥动鞭子一样的尾巴震慑或击伤对方，让其知难而退。

鲨齿龙 Carcharodontosaurus

鲨齿龙是活跃在白垩纪晚期的肉食恐龙。它们曾经辉煌一时，占据陆地食物链顶端的宝座长达几百万年之久。然而，强大的它们最终还是在激烈而残酷的竞争中灭绝了。它们的宝座不得不转交给迅速崛起的霸王龙等新生强者。

大　　小	体长为 12 ～ 14 米，体重为 6 ～ 11.5 吨
生活时期	白垩纪晚期
栖息环境	平原、森林
食　　物	肉类
化石发现地	非洲

化　石　鲨齿龙的牙齿 >>>

鲨齿龙因牙齿外形像现代大白鲨的牙齿而得名。通过化石可以看到，这枚牙齿像一把弯曲的匕首，既薄又利，有十分明显的纹路。

巨大的体形

作为白垩纪大型肉食恐龙的成员，鲨齿龙有着与身份相配的庞大体形。根据目前已发现的化石，成年后的鲨齿龙身长一般为12～13米，有的甚至能达到14米，相当于我们平时乘坐的公交车的长度。身材高大、体形健壮的鲨齿龙在非洲大陆难逢敌手，是当时当地最强大的掠食者之一。

波折往事

早在20世纪初，古生物学家就发现了鲨齿龙的化石。但是，当人们打算深入研究的时候，二战的弹火毁掉了它们。迫于无奈，古生物学家只能深入撒哈拉大沙漠搜寻线索。功夫不负有心人，最终他们在那里成功找到了鲨齿龙的头骨化石。

▲因为头部很大，又长有巨大而尖锐的牙齿，所以鲨齿龙的脑袋十分沉重。运动时，鲨齿龙往往需要借助坚硬且肌肉发达的尾巴来保持身体平衡。

猎杀进行时

兽脚类恐龙大多是一些凶悍的掠食者，鲨齿龙也不例外。饥饿的鲨齿龙在捕猎时会率先攻击猎物，利用强壮的身体把对方撞倒或击晕，然后趁猎物被撞得来不及反应时，抬起后腿，将其牢牢踩在脚下。之后，它们再弯腰低头，张开血盆大口，用锐利的牙齿撕咬猎物。当猎物因为失血过多死亡或失去抗的力气后，鲨齿龙就会痛痛快快地享用美食。

腔骨龙 *Coelophysis*

生活在三叠纪晚期的腔骨龙是最早出现的兽脚类恐龙之一。它们的名字很含蓄地表明了它们身上最大的特点——拥有腔骨，即“中空的骨骼”。因此，别看腔骨龙体形和现代的一辆小汽车那么大，体重可能连一个成年人都不及。

大　　小	体长约为 3 米，体重约为 20 千克
生活时期	三叠纪晚期
栖息环境	平原、森林
食　　物	肉类
化石发现地	美国

化　石　腔骨龙的腹腔 >>>

古生物学家在腔骨龙化石的腹腔部位发现了一些细小的骨头化石。他们初步推断腔骨龙有同类相食的习惯。但是，有些学者认为那些骨头也可能是其他爬行动物的。

群体狩猎

像腔骨龙这种瘦弱的小型恐龙，如果独自捕猎很容易吃亏，因此它们一般会选择群居生活，结成互助的联盟。如果发现猎物，它们就会呼朋唤友，蜂拥而至，把对方围起来，然后展开以多欺少的群体攻击。面对腔骨龙类似现代鬣狗的军团式攻势，很少有动物能坚持不败，甚至一些大型植食恐龙也难逃被猎杀的厄运。

成为“宇航员”

1998 年，美国“奋进”号航天飞机上迎来了一位特殊的乘客——一块腔骨龙的头骨化石。它在空间站中接受了各种实验，是继慈母龙化石之后第二块登上太空的恐龙化石。

体重的真相

和约 3 米的体长相比，腔骨龙 20 多千克的体重实在是微不足道。腔骨龙全身上下的骨骼不仅纤细，而且几乎都是中空的，骨骼内壁的厚度和纸张差不多。所以，身形出众的腔骨龙无论是走路还是捕猎，动作都十分轻盈、灵巧。

▲ 1947 年，美国新墨西哥州的幽灵牧场出土了大量的腔骨龙遗骨化石。这些腔骨龙的死因始终存在争议。它们到底是死于突然爆发的传染性疾病还是毫无规律的自然灾害或者其他原因？很可惜，人们至今还没有确切答案。

棘龙 Spinosaurus

1912 年，历史上第一块棘龙化石在埃及西部被发现。在之后的十几年中，当地陆续出土了棘龙的多块骨骼化石（包括脊椎与后肢等部位的化石）。但是，好景不长，第二次世界大战的战火波及收藏棘龙化石的博物馆，珍贵的棘龙化石因此被摧毁。此后很多年，人们再也没有发现新的棘龙化石。直到进入 21 世纪，一具高度完整的棘龙化石才在撒哈拉沙漠现身。

化　石　棘龙的背帆 >>>

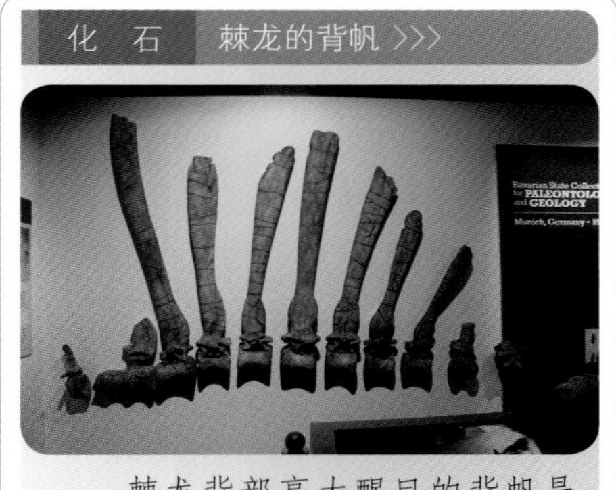

棘龙背部高大醒目的背帆是它们身上最大的特征。关于背帆的作用，古生物学家多年来一直在探讨、研究，但直到现在也没有完全破解。

背帆与骨质增生

第一眼看到棘龙化石标本，你可能会被棘龙脊背上足有一个成年人高的背帆吸引。这张帆由非常高大的神经棘构成，由一连串长长的脊柱支撑，每根脊柱都是从脊骨上直挺挺地长出来的。这听上去是不是有些像骨质增生的症状？不过，对于棘龙来说，这可不是病态发育，而是正常的身体结构特征。

背帆作用的猜想

虽然古生物学家至今没有确定棘龙背帆的用处，但他们提出了许多猜测与假设，比如吸引异性、追求配偶、调控忽高忽低的体温，又或者像骆驼的驼峰一样可以储藏能量，等等。

棘龙复原图

凶狠的外表

作为残暴的掠食者，棘龙的外貌非常符合它们的食性——身材高大，体魄强壮，长有和鳄鱼相似的头部，嘴巴狭长，里面长满锋利、尖锐的牙齿。另外，和大多肉食恐龙前肢短小的情况相反，棘龙的前肢发达健壮，上面长有狰狞的利爪。这说明它们的攻击力很强。

大　小	体长为 12 ～ 18 米，体重为 7 ～ 20 吨
生活时期	白垩纪早期
栖息环境	沼泽
食　物	肉类
化石发现地	非洲

▲ 棘龙的前肢发达强壮，既能在水中捕鱼，又能擒杀陆地动物，算得上多功能的“利器”。和棘龙的前肢比起来，霸王龙弱小的前肢几乎不值得一提。

重爪龙 Baryonyx

1983 年，一位名叫威廉·沃克的业余化石收藏家在英格兰发现了一块长度超过 30 厘米的恐龙爪子化石。这则消息轰动了整个古生物学界。1986 年，两位来自伦敦自然史博物馆的古生物学家把爪子的主人命名为“重爪龙”。同时，为了纪念威廉·沃克的贡献，人们把他的姓氏加到重爪龙的种名中，所以重爪龙也叫“沃氏重爪龙”。

化 石 重爪龙的指爪 >>>

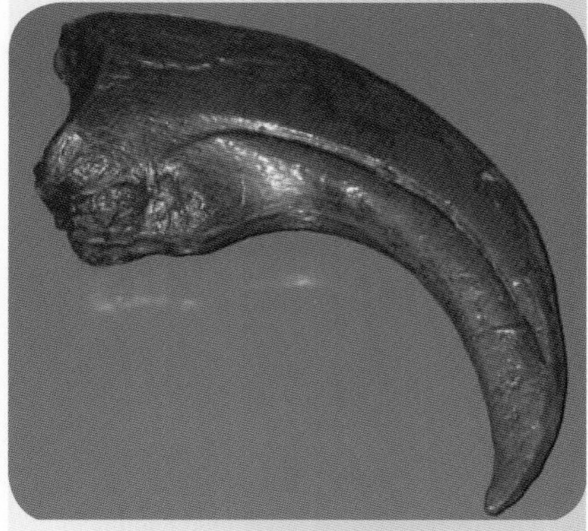

这是一块重爪龙的指爪化石，如今收藏在博物馆中。通过它，我们能直观地认识到，重爪龙拥有大得可怕的爪子，可以给猎物带来难以想象的杀伤力。

重量级的爪子

虽然重爪龙不是用四足行走的动物，但它们的前肢异常发达，并且各生有 3 根粗长的手指，每根手指上都长着锋利的尖爪，尤其是大拇指上的尖爪，长度更是超过了 30 厘米。如此大的爪子，即使翻遍整个中生代的恐龙档案，也十分少见。

大　　小	体长为 7 ～ 9 米，体重约为 12 吨
生活时期	白垩纪早期
栖息环境	河岸边
食　　物	鱼类，也可能吃其他动物
化石发现地	欧洲

恐龙“渔夫”

重爪龙最爱吃的食物就是史前鱼类。它们堪称白垩纪恐龙里的“捕鱼达人”。它们吻部狭长，和现代鳄鱼很像；牙齿呈圆锥状，十分锋利；弯钩一样的巨大指爪能轻松把鱼类从水里“钓”出来。每次捕鱼的时候，重爪龙都要站在水里，聚精会神地盯着水中的鱼类，然后把握时机用嘴或爪子把鱼类抓住，带到岸上慢慢食用。

其他食物

白垩纪的鱼类种类十分丰富，数量很多，一般情况下，重爪龙是不需要担心食物问题的。不过，古生物学家曾经在一些重爪龙化石的腹腔部位发现了其他恐龙的骨骸化石。这说明它们很有可能偶尔会换换口味，用其他恐龙充当食物。

▼虽然重爪龙和棘龙都属于棘龙科，但从骨架化石标本中可以看出，重爪龙的脊背上并没有突出的骨骼。这说明它们并不具备背帆这种特化的器官

异特龙 Allosaurus

异特龙是一种活跃在侏罗纪晚期的残暴掠食者。它们数量庞大，凶狠暴虐，四处捕杀猎物。许多体形巨大的植食恐龙倒在它们的利齿之下。在当时的北美大陆，雄霸天下的异特龙几乎没有对手，藐视一切。

化 石 异特龙的头骨 >>>

异特龙的嘴巴又大又长。它们那咬合力强大的上下颌里长满锋利的牙齿，能轻松刺穿猎物的皮肉。而且，异特龙牙齿更替的速度很快，一直在进行着"掉牙—长牙"的循环。

大 小	体长为 8 ~ 12 米，体重为 2 ~ 5 吨
生活时期	侏罗纪晚期
栖息环境	平原
食 物	肉类
化石发现地	北美洲

谁是凶手?

美国犹他州某地曾经一次性出土了几十具异特龙化石。化石显示，这些异特龙年龄和体形各不相同，但死亡时间却几乎一致。这个惊人的发现让古生物学家既兴奋又困惑。在侏罗纪晚期，异特龙横行北美，罕逢敌手，到底是谁把它们集体“屠杀”了呢？在经过深入研究、探讨后，他们猜测：这片发现地在当时很可能是一片沼泽或烂泥塘，大量异特龙因为某种原因集体陷到里面无法挣脱，最终绝望地死去。

变化的捕猎方式

异特龙的捕食方式会随着年龄的增长而发生变化。年轻的时候，它们身强体壮，行动迅速，常常会尽全力去追捕逃跑的猎物。上了年纪以后，它们的身体会变得越来越沉重，行动开始笨拙、迟钝起来。到了这个阶段，异特龙便会主动改变捕食策略，不再一味地追捕猎物，转而隐藏在幕后，等待时机伏击目标。

► 在博物馆参观异特龙的骨架模型或复原模型的时候，你也许会发现异特龙的头顶上有一对小角。其实，这对小角是异特龙薄弱的角冠，由向上延伸的泪骨构成。古生物学家猜测，角冠上很可能有角质存在，并且角冠具有不同的功能，比如吸引异性、帮眼睛遮挡阳光等。

异特龙头顶的角冠

角鼻龙 Ceratosaurus

从外表看上去，角鼻龙和同时期的肉食恐龙并没有什么太大的区别——都有巨大的头部、灵活的脖子、强壮的身体以及粗长的尾巴。它们同样前肢短小无力，靠健壮的后肢行走。不过，角鼻龙的鼻子前端长有特殊的小角。这正是角鼻龙名字的由来。

大　　小	体长约为 6 米，体重约为 1 吨
生活时期	侏罗纪晚期
栖息环境	平原
食　　物	肉类
化石发现地	美国、坦桑尼亚

结伴捕猎

角鼻龙虽然体形看起来不小，但在“巨龙到处走”的侏罗纪里并不出众。这就导致它们在捕杀大型植食恐龙时经常会遇到挫折，铩羽而归。因此，角鼻龙很少独自捕食，一般是结伴出行。

化　石　角鼻龙的头骨 >>>

角鼻龙鼻子上方短小的角是它们和其他肉食恐龙最大的区别。多年来，古生物学家一直不确定其短角的作用，因为它们的短角实在太短、太小了。

角的用途

古生物学家曾对角鼻龙短角的用途作出过多种假设。有人猜测它们是雄性角鼻龙之间彼此争斗的武器，也有人认为它们是角鼻龙用来炫耀和求偶的工具，还有人认为它们纯粹只是一种装饰、摆设 。

凶狠的搏杀

角鼻龙的捕食方式有些残忍。角鼻龙在追到猎物后，往往先用尖锐的爪子把猎物刺伤、制服，然后用尖利的牙齿使劲撕咬对方，直到猎物满身伤口，鲜血淋漓，再也没有力气挣扎为止。另外，角鼻龙同类之间的战斗也十分激烈。它们常常会用坚硬的头部彼此撞击，或者通过不停地吼叫来震慑对方。

▼角鼻龙从颈部到尾巴的皮肤表面长有一连串骨质甲片。这在肉食恐龙中很少见。甲片能在一定程度上保护角鼻龙，使其避免受到严重伤害。

美颌龙 Compsognathus

在人们的印象里，肉食恐龙似乎应该是一些身强体壮的大家伙。尽管多数肉食恐龙是这样的，但也有一些小巧玲珑的特例，美颌龙就是其中之一。

化 石 美颌龙的骨架 >>>

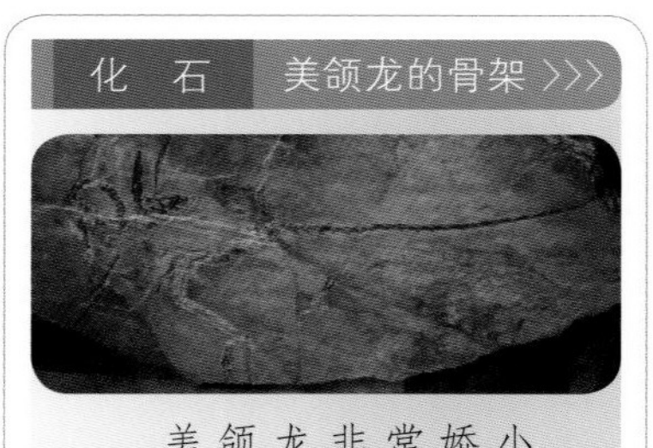

美颌龙非常娇小，仅和一只现代家鸡差不多大，是整个中生代里体形最小的恐龙之一。

大 小	体长约为 1 米，体重约为 3.5 千克
生活时期	侏罗纪晚期
栖息环境	灌木丛、沼泽
食 物	昆虫、蜥蜴、早期哺乳动物
化石发现地	德国、法国

小“龙”凶猛

多年来，古生物学家通过研究各地出土的美颌龙化石，已经对美颌龙有了非常深刻的了解。别看美颌龙个头不大（成年后体长也只有 1 米左右），看上去一副弱不禁风的样子，但这只是它们表面的伪装。实际上，它们无愧于肉食恐龙的“血统”，性格非常凶悍，经常拉帮结伙，组队围猎一些比较大的猎物。

爬树高手

美颌龙天生娇小轻盈，拥有中空的骨头、强健的后肢和细长的尾巴。这让它们在追逐猎物时变得异常敏捷。一旦发现猎物，美颌龙就会锲而不舍地追赶。此外，美颌龙在爬树方面也很有“心得”。如果猎物躲到树上，美颌龙就会顺着树干爬上去进行抓捕。

多年误解

之前，古生物学家曾经发现一具特殊的美颌龙化石——它的身体里有另外一具骨骼化石。最初，人们以为这是一具幼龙的残骸化石，由此推测美颌龙有同类相食的劣习。但是，后来人们经过研究发现，那只是一具巴伐利亚蜥的骨骼化石而已。

▼ 美颌龙的前肢很有特点，——前段长有细小的指骨，上面长着3根手指，并且都带有锐利的爪子。人们认为美颌龙是靠前肢来抓捕猎物的。

镰刀龙 Therizinosaurus

20 世纪 40 年代，一支由苏联和蒙古国组成的科学考察队在蒙古国茫茫的戈壁滩上偶然发现了几块巨大的指爪化石，其中最长的甚至达到 1 米左右，比人的臂膀还要长。由于发现的化石标本外形呈镰刀状，古生物学家便将长着这种大爪子的恐龙命名为“镰刀龙”。

化 石　镰刀龙的指爪 >>>

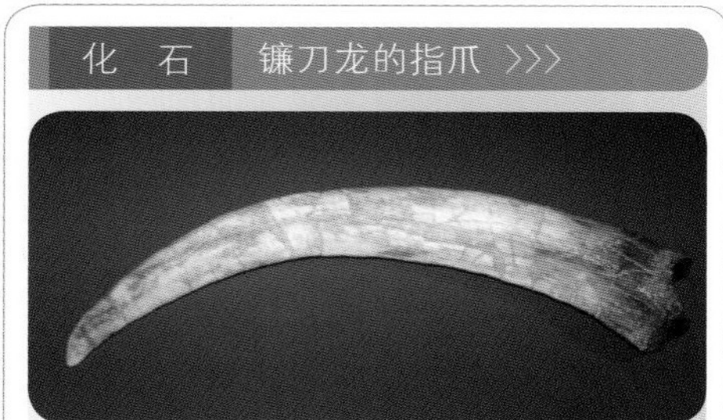

镰刀龙和重爪龙一样，都长有大大的爪子。不过，镰刀龙的指爪显然要比重爪龙的大许多，也显得更加怪异——它们看上去非常钝。镰刀龙可能正是靠它们来取食的。

大　小	体长为 8 ~ 11 米
生活时期	白垩纪晚期
栖息环境	戈壁、沙漠
食　物	植物，也可能食用肉类
化石发现地	蒙古国

环境的变迁

虽然镰刀龙的化石是在荒凉寒冷的戈壁滩上被发现的，可镰刀龙原本生活的环境并不像现在的沙漠、戈壁这样黄沙遍野、一片荒凉，而是植物繁盛、水草丰美。当时的镰刀龙很有可能像现在的长颈鹿一样，抬起头伸长脖子就能吃到树上的叶子。后来，随着白垩纪晚期地球气候的异变，草木渐渐消失，土地干旱劣化，原来葱葱郁郁的植被变成了现在一片连着一片的戈壁与荒漠。

温和的性格

如果光看外表的话，镰刀龙可能会被人们认为是性情暴戾的掠食者。毕竟，它们前肢上的“大镰刀”看上去可不是装饰品。然而，古生物学家推测，镰刀龙很可能是一种性格温和的植食恐龙。

和奔跑无缘

镰刀龙长得又高又大，脖子既细又长，头不大，却挺着将军肚，后肢细长，没办法长时间支撑身体，而前肢上大爪子的存在又让四肢着地成为奢望。因此，镰刀龙注定一生无法奔跑，只能慢慢走路。

▼ 镰刀龙的前肢非常发达，长度惊人，甚至达到3米左右。它们的爪子常被用来取食，在危急的情况下，还能被当成自卫的武器。

伶盗龙 Velociraptor

或许很少有人知道伶盗龙的名字，但若提起迅猛龙来，也许很多人不会觉得陌生。它们是一群生活在白垩纪晚期的“盗贼”。虽然身体表面有一部分覆盖着羽毛，但它们并不会飞行，只能在地面上飞速地奔走。

大　　小	体长约为2米
生活时期	白垩纪晚期
栖息环境	沙漠、灌木丛
食　　物	早期哺乳动物、蜥蜴、小型恐龙
化石发现地	亚洲

化　石　伶盗龙的头骨 >>>

伶盗龙的头部狭长扁小，看起来十分精巧。那如匕首一般弯曲的利齿告诉我们：它们是一种肉食恐龙。小型恐龙、早期哺乳动物以及蜥蜴都是它们的狩猎目标。

收起的脚趾

和很多其他肉食恐龙不同，伶盗龙走路时从来只用后肢上的两根脚趾。伶盗龙的第一根脚趾是小型的上爪，第二根脚趾上则长着镰刀状的利爪。这只利爪是用来撕扯猎物皮肉的。为了保护这只利爪，伶盗龙走路时会将那根脚趾向上或向后收起，以避免不必要的摩擦。

来去如风

从伶盗龙的另一个名字“迅猛龙”就能知道，它们奔跑的速度非常快。有人计算过，它们奔跑的速度甚至能达到 60 千米 / 小时。虽然伶盗龙只能短暂维持这样的速度，但这已足以让它们追上逃跑的猎物。在遇到危险的敌人时，这样出色的速度同样能帮助它们逃离危险境地。

伏击猎杀

伶盗龙最喜欢潜藏在林地、水源地等猎物经常出没的地方，静静等待时机的到来。一旦猎物出现，伶盗龙就会选择悄无声息地靠近，直至来到距离猎物不远的地方，然后一跃而起，在对方毫无防备的时候将其摁倒在地，然后抬起脚用锋利的脚爪猛地刺入猎物柔软的腹部，再狠狠地搅上一搅。就这样，一场完美利索的猎杀结束了。

▲到目前为止，古生物学家还没有发现带有羽毛痕迹的伶盗龙化石。但是，他们在伶盗龙化石的前肢部位发现了疑似能生长羽毛的器官。他们由此推测，伶盗龙长有羽毛的可能性很大。

恐爪龙 Deinonychus

恐爪龙是 20 世纪人类认知恐龙的一个重要发现。在此之前，人们对于恐龙的印象比较想当然，认为它们又臃肿又笨拙，简直就像肥胖的爬虫。但是，恐爪龙化石的发现让“身手灵活、行动敏捷”的新标签贴到了恐龙的身上。

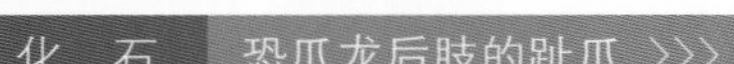

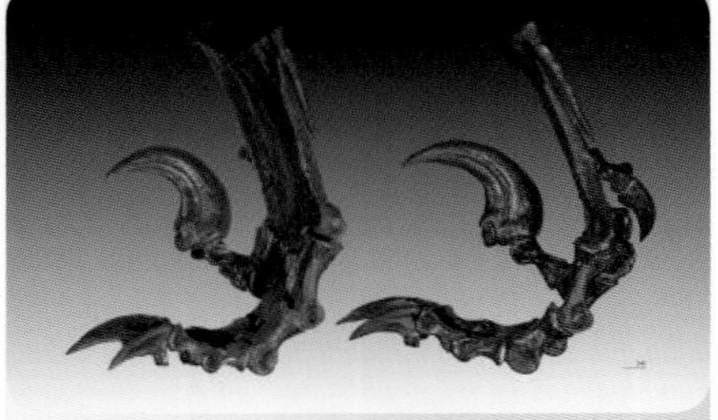

恐爪龙因后肢脚趾上长着巨大的趾爪而闻名于世。其趾爪在外形上比较接近镰刀形，所以也被称为“镰刀爪”。这是恐爪龙无往而不利的捕猎利器。

▶ 古生物学家约翰·奥斯特罗姆在 20 世纪 60 年代对于恐爪龙进行研究，掀起了“恐龙文艺复兴”。这不仅颠覆了以往人们对于恐龙的认知，还开启了关于“恐龙是冷血动物还是温血动物”的漫长辩论。

大　　小	体长为 3 ～ 4 米
生活时期	白垩纪早期
栖息环境	森林、沼泽
食　　物	肉类
化石发现地	美国

集群捕猎

跟白垩纪大型植食恐龙比起来，相对瘦小的恐爪龙根本不占优势。为了保证狩猎的成功率，聪明的恐爪龙会选择像现代的野狼一样集体行动。一旦发现目标，恐爪龙“集团”里的成员就会一拥而上，倚仗灵巧的动作、迅捷的速度与对方周旋。同时，它们还会抬起趾爪配合前肢，不断在猎物身上抓出伤口。当创伤积少成多，血流不止，猎物就会失去反抗的力气，倒在地上“任龙宰割”。恐爪龙就是凭借这样的方式让许多大型植食恐龙丢掉了性命。

开膛之爪

恐爪龙那“威名满天下”的巨大趾爪长在其后肢的第二个脚趾上。根据已经出土的化石，恐爪龙第二趾爪的长度应该在 12 厘米左右。尖锐的“造型”保证了其锋利程度，能够让恐爪龙轻松地“开膛破肚”。这不禁让人们想起了 19 世纪晚期横行伦敦街头的“开膛手杰克”。

小盗龙 Microraptor

小盗龙化石出土于中国辽宁。这种恐龙是目前已知的体形最小的恐龙之一。不仅如此，它们还是最早被发现的长有羽毛的恐龙之一。这种鸟类特征多于恐龙特征的恐龙隐隐向人们揭示了恐龙与鸟类之间紧密的关联，为“鸟类是由恐龙进化而来”的假说提供了非常有力的支持。

或许会滑翔

虽然古生物学家没有在出土的小盗龙化石上发现鸟类特有的用来飞行的飞行肌痕迹，但他们认为身上长有羽毛的小盗龙也许能够借助羽毛的便利在空中滑翔。人们曾假设小盗龙平时生活在树上，经过多年的适应和练习学会了在树林间滑翔；也有人觉得小盗龙应该是在地面捕食时不停地用力奔跑、跳跃，最终学会了滑翔的技巧。

► 全球已发现的长有羽毛的恐龙不止小盗龙一种，只是它们被发现的时候排名较靠前。除了小盗龙，古生物学家发现的长有羽毛的恐龙还有中华龙鸟、原始祖鸟、尾羽龙、北票龙等。

四翼恐龙

小盗龙身娇体轻，不管是体形还是外表都和现代的鹰很像。它们还有一个“四翼恐龙”的外号。这是因为小盗龙的体表覆盖着一层毛茸茸的飞羽，尤其是其前肢和后肢几乎全被羽毛覆盖住。所以，小盗龙张开四肢时，看上去就像张开了 4 只翅膀一样。

多样食性

自从小盗龙化石被发现以来，人们一直以为小盗龙只吃一些生活在陆地上的小动物，比如早期的哺乳动物、小型爬行类动物、昆虫等。但是，最近古生物学家在某些小盗龙化石的腹腔部位发现了鱼类化石。这充分说明：小盗龙的食性远比我们想到的还要广泛、复杂许多。

大　　小	体长约为 1 米
生活时期	白垩纪早期
栖息环境	森林
食　　物	早期哺乳动物、昆虫、蜥蜴、鱼类
化石发现地	中国辽宁

化　石　小盗龙的头骨 >>>

古生物学家发现，到目前为止，已发现的大多数肉食恐龙牙齿两侧长有锯齿，但小盗龙不同，它们的牙齿只有一侧存在锯齿。这说明小盗龙在进食时应该是将食物囫囵吞下去的。

高吻龙 Altirhinus

20 世纪中后期，苏联和蒙古国曾经多次组织联合科学考察队，对蒙古国野外的中生代地层进行详细的勘查与探测。在这段时间里，考察队发现了许多珍贵的恐龙化石。这当中包含很多以前人们从未见过的种类，高吻龙化石就是其中之一。

大　　小	体长为 6 ～ 8 米，体重约为 1 吨
生活时期	白垩纪早期
栖息环境	平原
食　　物	植物
化石发现地	蒙古国

化　石　高吻龙的头骨 >>>

高吻龙的口鼻部非常巨大，鼻端上方高高隆起，有一个明显的高拱。这既是它们最大、最显眼的特征，也是它们学名的由来。

高鼻子的作用

高吻龙的外貌非常有特点。从它们的化石就能看出，那大得出奇的鼻拱是其他恐龙所不具备的特征。高吻龙鼻拱的用途到底是什么呢？古生物学家曾作出许多猜测。有人认为高高的鼻拱可以帮高吻龙储存水分；有人认为鼻拱对提升嗅觉很有帮助；还有人觉得鼻拱是高吻龙的发声器官，能够发出声音，从而让高吻龙与同族的兄弟姐妹进行沟通和交流。

▼ 高吻龙的前肢比后肢短很多。按道理，高吻龙应该是用两足行走。但是，它们的前肢腕骨粗厚、结实，能支撑较大的体重。因此，高吻龙也有可能是四肢着地行走。

分工合作的嘴与牙

跟许多植食恐龙一样，高吻龙口鼻部前端长有角质喙状嘴。它们在进食的时候，会先用喙状嘴把植物切断，然后把食物吃进嘴里慢慢地咀嚼，直到柔韧的植物变成碎末再将之吞到肚子里。这种进食方式在植食恐龙中很常见。

作用不一的手指

高吻龙的前肢长有 5 根手指。它们各有不同的用途：最外侧的手指长有锋利的尖刺，既能自卫，也可以破开水果或种子的外壳；中间的 3 根手指最厚，负责承担一部分身体重量；最后一根手指应该是配合其余手指抓取食物的。

腕龙 Brachiosaurus

腕龙堪称恐龙族群里的长颈鹿，是生活在侏罗纪晚期的巨型植食恐龙，也是有史以来陆地上最大的动物之一。

化 石 腕龙的脖颈 >>>

腕龙的脖子非常长，几乎与马门溪龙的脖子相差无几。但是，和马门溪龙的脖子比起来，腕龙的脖子不但更加灵活柔软，还能够做一些幅度较大的动作。

大　　小	体长约为 26 米，体重约为 80 吨
生活时期	侏罗纪晚期
栖息环境	平原
食　　物	树叶、嫩枝
化石发现地	北美洲、非洲

▼古生物学家认为，腕龙和钉状龙一样，长有两个“大脑”：一个是主管思维的正常大脑；另一个则是位于后腰、分管四肢运动和部分内脏的神经中枢，又称“第二大脑”。

鼻子带来的错误猜想

和大多数恐龙不同，腕龙的鼻子不是长在口鼻部的前端，而是位于头顶。这种特别的构造让古生物学家多年来一直认为腕龙是生活在水里的恐龙。在他们原本的设想中，腕龙经常深入湖泊寻找食物，就算遇到危险，也会直接藏到水下，只把鼻孔露出来呼吸。然而，随着对腕龙研究的深入，人们渐渐发现，腕龙的 4 只脚形状狭窄，根本不适合在水里移动。至于“遇到危险藏匿在水中”的假设更是无稽之谈，因为水下过高的压力会压迫腕龙的内脏器官，严重的话，甚至会使其因肺部衰竭而死亡。

食量惊人

腕龙身材魁梧，体形巨大，要比现代陆地上最大的哺乳动物——大象还壮上好几圈儿。维持这样庞大身体的正常活动，需要进食大量的食物。古生物学家估算，如果一头成年大象每天能吃掉 150 千克的食物，那么一只成年腕龙就能吃掉大约 1500 千克的食物。这饭量足足是大象饭量的 10 倍！

为恐龙安个家

古生物学家把宝贵、脆弱的恐龙化石从野外挖掘出来，完成清洗、加固、修复等工作后，该怎样安置它们呢？应该没有比修建一座博物馆为恐龙安一个特别的家更好的主意了。

建立恐龙博物馆的作用

1. 恐龙化石十分脆弱，出土后更是如此。离开原本封闭的埋藏环境的它们需要一个更加安全的场所“休养生息”，接受严密的保护。像博物馆这种专业性强的机构是最合适不过的。

2. 每件恐龙化石都是大自然留下的珍贵宝藏。它们为人类还原了一个真实的中生代世界。博物馆通过收藏、展示这些恐龙化石，可以向公众普及科学知识，为公众增添一个了解恐龙和破解谜团的渠道。

那些恐龙博物馆的世界之最

澳大利亚最大的恐龙化石博物馆
——堪培拉国家恐龙博物馆

世界上拥有侏罗纪中期恐龙化石最多的博物馆——中国自贡恐龙博物馆

世界最大的恐龙博物馆
——中国山东天宇自然博物馆

拥有世界最高恐龙骨架的博物馆
——德国柏林自然博物馆

布氏长颈巨龙骨架

拥有世界最大霸王龙骨架的博物馆
——美国芝加哥菲尔德自然历史博物馆

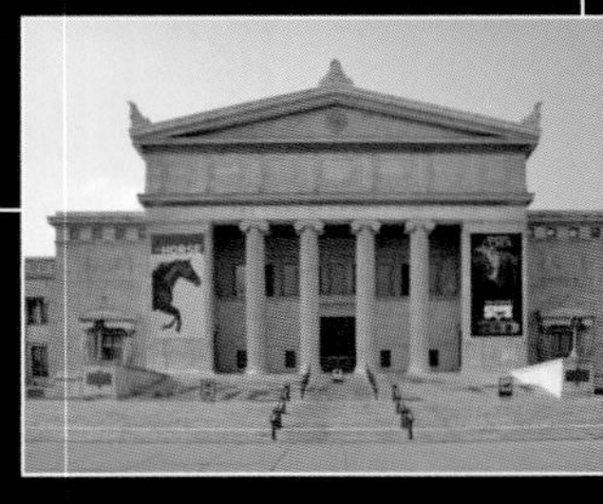

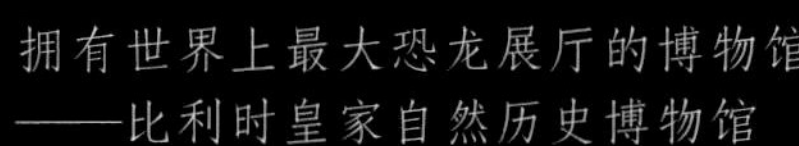

拥有世界上最大恐龙展厅的博物馆
——比利时皇家自然历史博物馆

世界最大的霸王龙骨架

一、四川自贡恐龙博物馆

四川自贡作为中国重要的恐龙化石产地，为研究恐龙的演化提供了丰富的原始资料。为了保护出土的各类恐龙化石，在国家的大力支持下，1987 年，自贡恐龙博物馆正式建成。它不仅是中国第一座专业性恐龙博物馆，还是世界上收藏和展示侏罗纪恐龙化石最多的地方之一。

自贡恐龙博物馆建立在著名的大山铺恐龙化石群遗址之上。这处遗址是四川省最具代表性的恐龙化石产地，所埋藏的化石有埋藏量丰富、类型多样、完整度高等特点。馆内藏品以此处遗址出土的化石为主。

自贡恐龙博物馆的稀世之宝

李氏蜀龙尾锤化石：世界上第一个发现的蜥脚类恐龙长有尾锤的实例。

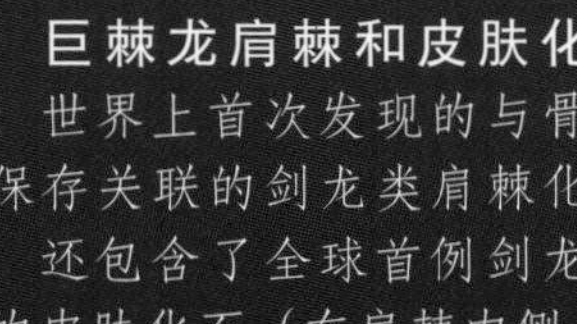

李氏蜀龙尾锤化石

巨棘龙肩棘和皮肤化石：世界上首次发现的与骨架保存关联的剑龙类肩棘化石，还包含了全球首例剑龙类的皮肤化石（在肩棘内侧，约有 400 平方厘米）。

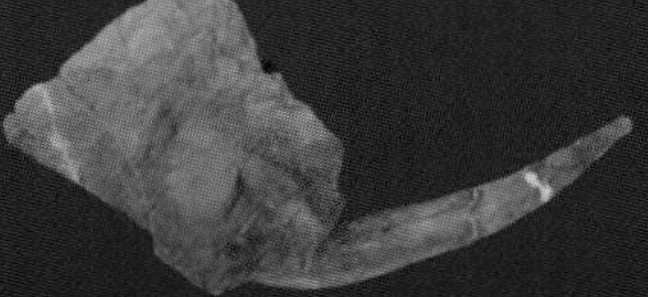

巨棘龙肩棘化石

博物馆题字

张爱萍同志为博物馆题写的“恐龙群窟，世界奇观”字样

博物馆剑龙造型的大门

大山铺恐龙化石群：20 世纪 70 年代，人们在四川省自贡市大山铺镇意外发现了几块暴露出地面的恐龙化石。当地质古生物专业人员赶到这里并展开发掘后，他们为这里的恐龙化石数量与密度感到震惊。他们在数千平方米的挖掘范围内发现了上百具恐龙以及伴生的古生物化石。

二、河南西峡恐龙蛋化石博物馆

1993 年，南阳西峡恐龙蛋化石群的发现让当地“恐龙之乡”的名声“冲出亚洲，走向世界”。为了保证海量恐龙蛋化石的安全，政府在化石群遗址的基础上建立了恐龙蛋化石博物馆。值得一提的是，它是目前国内唯一一座以蛋化石为核心展品的古生物博物馆。

博物馆建筑外形

恐龙蛋化石博物馆外景

当地出土的恐龙蛋化石向来以“数量大、类型多、范围广、分布集中、保存完好”为特点，号称“世界第九大奇迹”，尤其是那些直径超过 50 厘米的巨型长形蛋以及戈壁棱柱形蛋，更是世界上十分珍惜、罕见的品种。它们不仅是西峡恐龙蛋化石的标志，也是博物馆中非常少见的珍品。

戈壁棱柱形蛋

巨型长形蛋

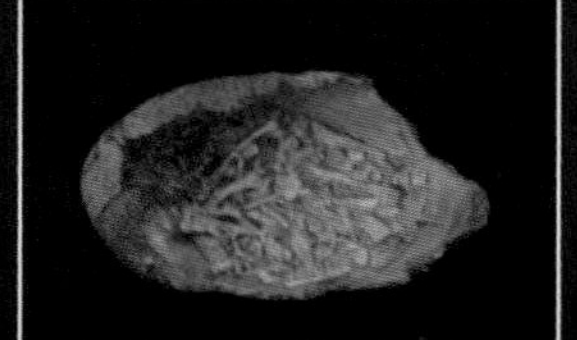
恐龙胚胎化石

为了让人们能更加直观地认识当地化石群的原貌，博物馆除了收藏、展示恐龙蛋化石、恐龙胚胎化石以及恐龙骨骼化石，还建设了体现生命演化的“时光隧道”等大型展线。从某种程度上讲，它们为人们研究早已灭绝的恐龙提供了许多原始、翔实的资料。

三、辽宁古生物博物馆

辽宁古生物博物馆是经由当地政府批准建立的中国规模最大的一座古生物博物馆。早在1亿多年前的白垩纪，辽宁地区曾是许多古生物繁衍生息的地方，拥有很多像“辽西热河生物群”这种广泛、大型的古生物聚集地。建立古生物博物馆，既是为了保护那些珍稀的化石，也是为了向公众宣传、科普知识。

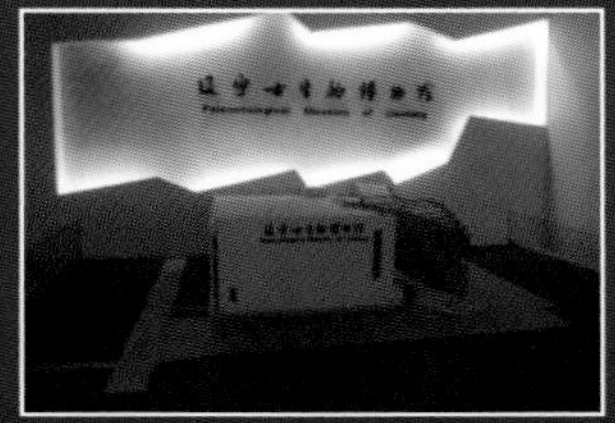

辽宁古生物博物馆场景一览

除了展出各种各样的古生物（包括动物和植物）化石，博物馆还为许多恐龙化石设立了专门的展览平台和展厅供人们鉴赏。诸如辽宁十大古生物群、“恐龙王国”的展厅以及“辽宁大型恐龙厅”等厅的展览，常常受到人们的青睐。

辽宁十大古生物群包括太古代鞍山群早期生命、寒武—奥陶纪海生生物群、晚古生代本溪生物群、林家生物群、羊草沟植物群、燕辽生物群、辽西古生物群（热河生物群）、阜新生物群、抚顺生物群与辽宁古人类。其中，辽西古生物群在世界的知名度最高。

近鸟龙，目前世界发现的最早的长羽毛恐龙，是辽宁古生物博物馆中著名的明星。

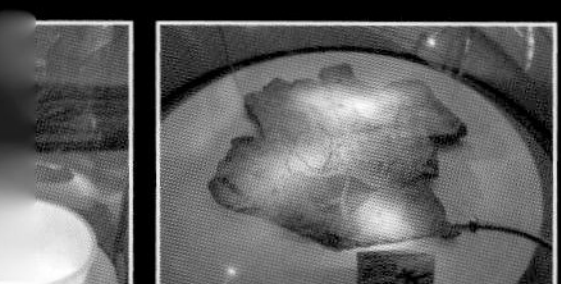

博物馆中巨大的恐龙胫骨（小腿骨）化石

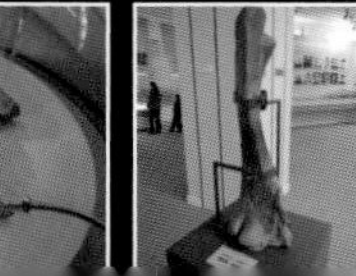

著名的赵氏小盗龙，是迄今为止发现的体形最小的长羽毛恐龙。

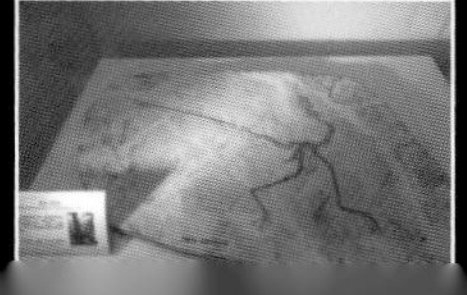

鹦鹉嘴龙化石

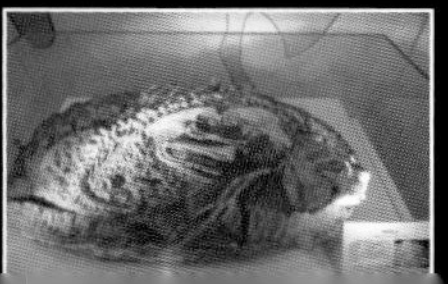

辽宁巨龙化石

恐龙皮肤

四、美国自然历史博物馆

美国自然历史博物馆位于纽约，占地面积达 7 万多平方米，馆藏超过 3600 万件，是世界上规模最大的自然历史博物馆。它所陈列的内容非常丰富，涵盖古生物、现代生物、矿物、天文以及人文等多方面内容，包括大量化石、生物的剥制标本、复原模型等。这里有大量与恐龙相关的资料，并会时不时地举办特别展示。

右图为一身戎装的美国前总统西奥多·罗斯福雕像。他在任期间（1901—1909）提出了有关保护、利用和开发自然资源的主张，并开辟了大量自然资源保护区。

剑龙骨架

三角龙骨架

大鸭龙骨架

博物馆大厅里的重龙骨架，长达 12 米，高约 5 米，由真正的化石装架而成。

六、蒙古自然历史博物馆

蒙古自然历史博物馆位于蒙古国首都乌兰巴托，是蒙古国内首屈一指的博物馆。它坐落于宽敞的街面，白色外墙的建筑略显古典，显然已经存在一定的时间了。事实上，这座博物馆建立于 20 世纪 20 年代，其年龄至今已接近一个世纪。

五、洛杉矶自然历史博物馆

洛杉矶自然历史博物馆外观

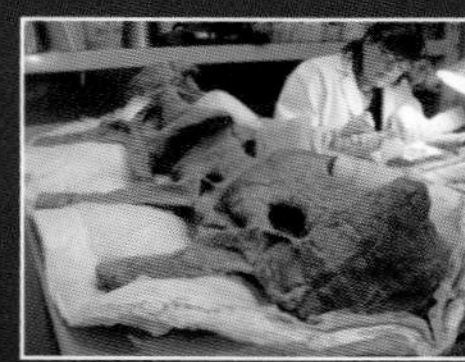

公众可以亲眼看到工作人员进行化石修复的工作。

跟美国自然历史博物馆比起来，洛杉矶自然历史博物馆虽然没有那么大气，却是美国西部地区最大的自然历史博物馆，在古生物学研究方面具有相当重要的地位。洛杉矶自然历史博物馆经常会举办一些小型特展，把科研成果展示给公众。有趣的是，博物馆安排了很多和恐龙相关的动手游戏，鼓励人们主动参与其中，享受其中的乐趣。

全球唯一的霸王龙生长发育系列化石

和松鼠差不多大小的果齿龙复原模型

化石野外埋藏剖面展示

蒙古自然历史博物馆内保存的恐龙化石主要来自 20 世纪早期，多是美国、苏联、蒙几个国家合作发掘的成果。如果有机会来到这里，你会发现这些化石的珍贵与精美程度与伦比。可惜的是，展览的相关设施已经陈旧过时。不过，丰富的馆藏资源已足以让人开眼界了。

疑似鸭嘴龙蛋的蛋化石

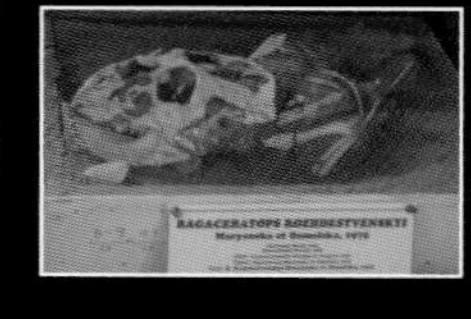

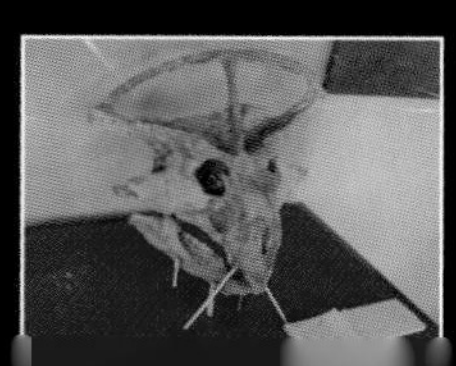

七、蒙古科学院古生物研究所博物馆

蒙古科学院古生物研究所博物馆与自然历史博物馆仅有一路之隔。它是古生物研究所的下设机构，位于一个偏僻的院落之中，外观看上去十分落魄。可是，谁能想到里面收藏了许多堪称国宝的化石呢?

蒙古科学院古生物研究所博物馆里的“宝贝”主要来自近30年来多国联合进行的大型考察。馆内展出的恐龙化石有几十件，几乎每件都是难得一见的稀世珍品。它们代表了蒙古国近年来在古生物学方面的重要发现和成就。

由于出土了大量窃蛋龙化石，蒙古国因此成为世界各地学者心中研究窃蛋龙的“圣地”。

科学院古生物研究所博物馆

完整的暴龙头骨

完整的鸭嘴龙头骨

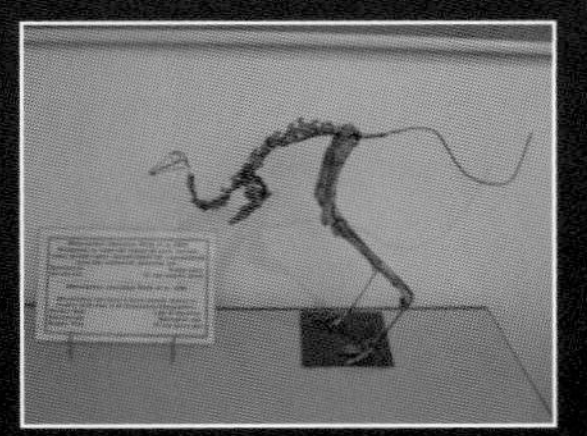

前肢仅有一个爪子的单爪龙骨架

窃蛋龙骨架（最右下方是为窃蛋龙洗刷“冤屈”的“龙蛋共存”化石）

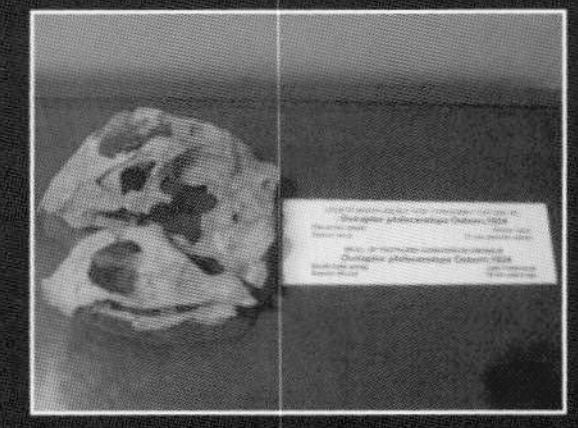

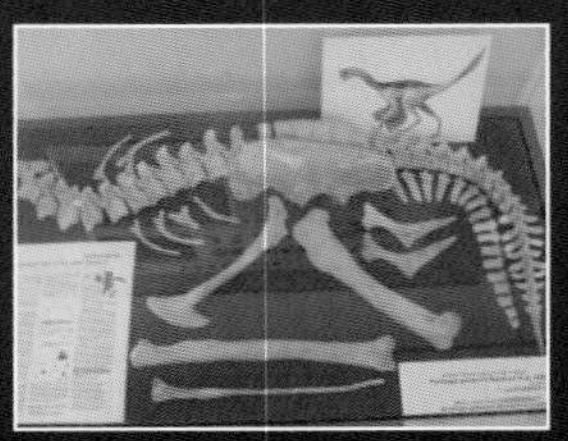

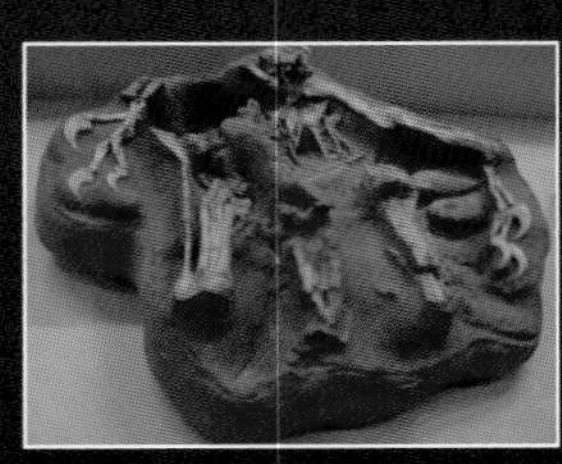

八、澳大利亚博物馆

澳大利亚博物馆位于澳大利亚第一大城市——悉尼。它承载了这座国际化大都市的重要文明。博物馆向来重视恐龙历史和文化，尤其对恐龙的展示形式具有独特的认识。在进入21世纪以后，这一方面又有了新的提升和突破。

澳大利亚博物馆

当然，博物馆中也有很多本土藏品，其中有不少藏品弥足珍贵。在白垩纪时期，由于地质活动剧烈，许多陆地从古大陆分离、漂移。当时的澳大利亚却始终和南极洲保持连接，因而有着和南极洲相似的气候与环境。要知道，当时的南极洲虽然不像现在这么寒冷，但依然处于极地范围。所以，生活在这里的恐龙都具有较强的适应能力。

霸王龙头骨模型复制（美洲）

角龙骨架（美洲）

约巴龙骨架（非洲）

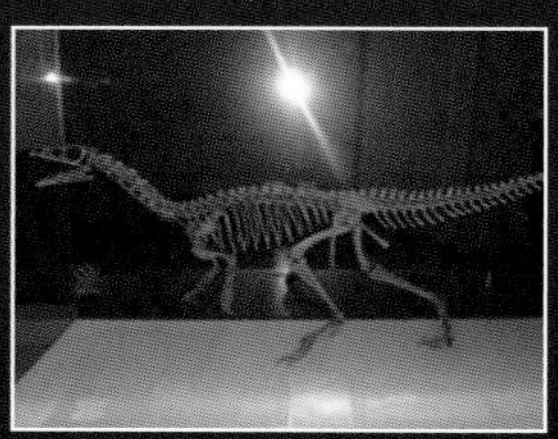
始盗龙骨架（美洲）

非洲猎龙复原模型（非洲）

实物与投影相结合的大型肉食恐龙骨架展示

恐龙骨架与场景相结合的想象图景

木拖布拉龙骨架

昆塔龙复原模型

人们进入博物馆以后，经常能看到一些来自其他国家和地区的恐龙化石与标本，会不禁产生一种“足不出户，遍览天下”的感觉。

另外，博物馆还将现代科技融入恐龙展览中，利用灯光、音效等烘托氛围，让传统呆板的展示变得活灵活现起来，从而让恐龙与公众的“沟通”变得更加有趣。

九、比利时皇家自然历史博物馆

人们对于恐龙化石的认识和研究最早起源于 19 世纪上半叶的欧洲。100 多年过去了，欧洲各国对于恐龙的了解不再像当初那样浅薄，人们建立了许多博物馆来收藏恐龙的海量资料，并把与它们相关的科研成果展示出来。其中，位于欧洲西北部的比利时皇家自然历史博物馆就是其中非常著名的一座。

2007 年，这家博物馆举办了一场号称是欧洲最大的恐龙展，吸引了来自世界各地的恐龙迷。

比利时皇家自然历史博物馆入口处

博物馆为了这场恐龙展，可以说是花了大价钱——耗资 2600 万欧元。在经历长达 3 年的装修、整改后，博物馆才把 35 具完整的恐龙化石骨架在 3000 平方米的新展厅向公众展出。

出土于比利时贝尼萨尔煤矿的禽龙骨架化石是这次展览当之无愧的主角

霸王龙　沧龙　似鳄龙　三角龙

梁龙骨架展示

成年鸭嘴龙骨架与孵化、护幼行为展示

灯光映照下的三角龙骨架

恐龙头骨化石

不知名的肉食恐龙骨架

发掘现场及常用工具设备

博物馆为了让人们更加了解恐龙化石的发掘过程，还展出了恐龙化石的挖掘现场与工作人员用到的工具。

恐龙与鸟的千古“姻缘”

不得不说的故事

百余年来，有些人一直相信庞大而又神秘的恐龙家族在白垩纪末期的大灭绝事件中彻底消失了。真的是这样吗？如此强大的恐龙家族难道就没有幸存者吗？恐龙与鸟两种看似毫无关联的动物群体之间究竟有什么纠葛和故事呢？

达尔文与进化论

19 世纪 50 年代末，英国博物学家达尔文在《物种起源》中提出了进化论。他坚信从一类物种到另一类物种的演变是一个缓慢、渐进的过程。也就是说，新物种的产生是旧物种演化的结果。但是，这一观点在当时遭到了很多科学家的反对。他们认为新老物种之间尚未发现处于中间过渡形态的化石，所以进化论并不能成立。

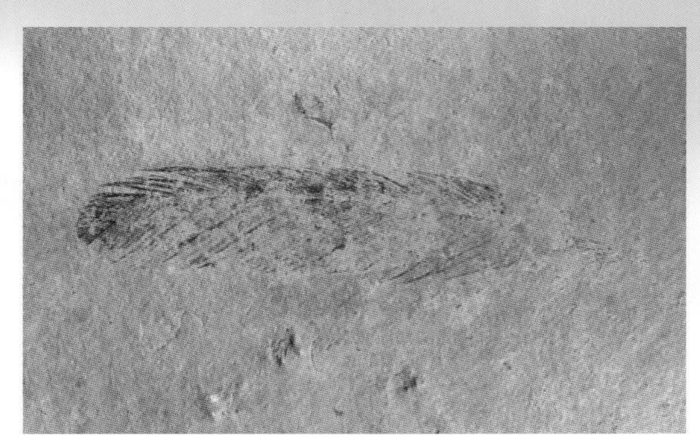

人们发现的第一件始祖鸟羽毛化石标本

始祖鸟

一根羽毛

1860 年，人们在德国索伦霍芬的一个采石场附近发现了一根羽毛。特别的是，这根羽毛静静地躺在约 1.5 亿年前的晚侏罗世地层中，实在令人难以置信。这根羽毛长约 68 毫米，羽翮（hé）宽约 11 毫米，羽干两侧是不对称的两个羽片，羽轴、羽枝都十分清楚。就是这根来自古老的史前世界的羽毛让我们确信，早在侏罗纪时期，地球上就已经有长有羽毛的动物存在了。

最早的羽毛出现在何时?

没有人知道最早的羽毛究竟出现在什么时候。有些古生物学家声称，最早的羽毛应该来自长棘龙。这是一种生活在三叠纪时期的爬行动物，长有可能用于滑翔的羽状甲鳞。但是，大多数人觉得这种甲鳞与鸟类的羽毛进化并无直接关系。

长棘龙

始祖鸟化石

距离发现第一块羽毛化石一个多月后，索伦霍芬又出土了一具除头部缺失外相对比较完整的化石。这具化石清楚地显示，该物种有一对长有羽毛的翅膀。后来，这具化石标本被命名为“始祖鸟”。

第一具始祖鸟化石

美颌龙

始祖鸟的腰带和后肢与小型兽脚类恐龙——美颌龙有许多相似之处。所以，始祖鸟化石出土后，其标本一度被认为是美颌龙。直到人们发现了羽毛的模糊轮廓，其身份才得到确认。

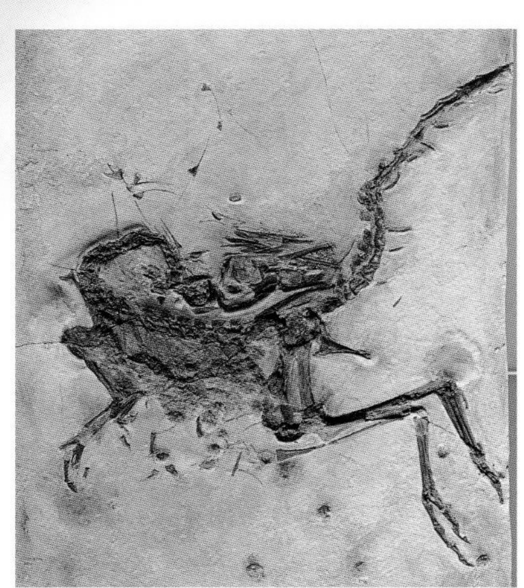

美颌龙化石

美颌龙复原图

形态特征

研究人员通过研究始祖鸟化石发现：始祖鸟的长尾巴由 21 节尾椎组成；前肢的 3 块掌骨没有完全愈合成腕掌骨，指尖是爪；骨骼内部没有气窝。这些特征表明它们仍然保留着爬行动物的某些特征。但是，除了长有羽毛，其部分掌骨已经与腕骨愈合，说明它们已经具备了向鸟类进化的过渡特征。

始祖鸟骨骼复原图

不会飞行

古生物学家通过研究发现，始祖鸟的身体结构并不适合飞行，它们只能在低空滑翔。而且，它们的爪子虽然很有力，能抓住东西，却不能抓握树枝。所以，它们仍然主要生活在地面上。

始祖鸟复原图

第二具化石

1877 年，一名工人在距离索伦霍芬约 3.5 小时路程的杜尔采石场发现了第二具始祖鸟化石。这具化石保存得十分完好，清晰地显示出始祖鸟的各个解剖结构。通过这具化石，古生物学家确认，始祖鸟的确长有牙齿。

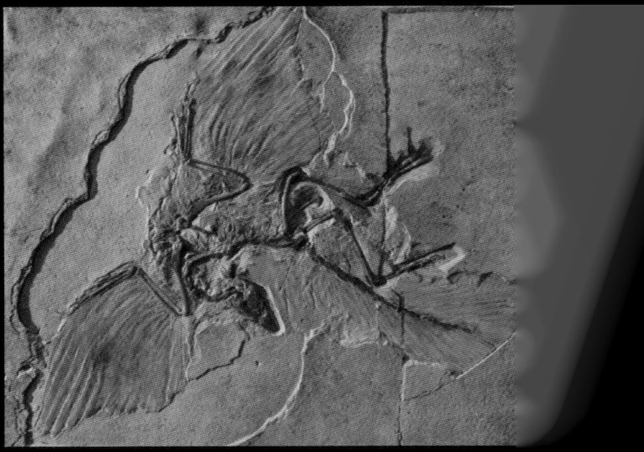

第二具始祖鸟化石

第十件珍宝

因为出土始祖鸟化石，德国索伦霍芬一时间名声大噪。在 1860 年以后的近 150 年间，这个“生物宝库”先后出土了 10 具始祖鸟化石。第十具始祖鸟化石的头部骨骼、前翼以及尾部羽毛的印痕清晰可辨。这具化石所显示的骨骼形态和组合特点与恐爪龙十分相像。这为“鸟类起源于恐龙”的假说提供了强有力的支持。

第十具始祖鸟化石

化石新发现

2011 年，在德国新慕尼黑国际会展上，第十一件始祖鸟化石标本与世人见面了。这件化石标本虽然没有前肢和头骨部分，但其他部位保存得非常完整。

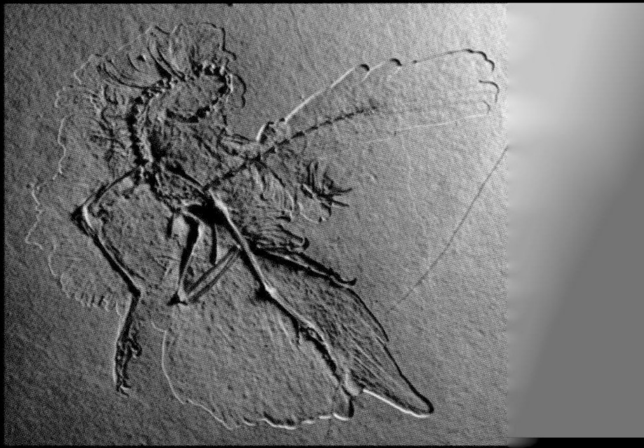

鸟类起源的谜题

鸟类的起源问题一直困扰着科学界。科学家们基于生物进化理论，从鸟类的骨骼特征等方面进行推测，认为鸟类是从爬行动物进化而来的。但是，至于它们究竟是从哪种爬行动物进化而来的，至今没有定论。

第十一具始祖鸟化石

恐龙起源说

英国著名博物学家托马斯·亨利·赫胥黎十分认同达尔文的进化论。1868 年，他发表了一篇名为《论介于恐龙类爬行动物与鸟类之间最接近中间型的动物》的论文，提出恐龙与很多现生平胸鸟类有相似之处，始祖鸟就是介于二者之间的过渡物种。可是，因为缺乏强有力的证据，这一假说当时并没有被学界认可。直到 100 多年后美国耶鲁大学教授约翰·奥斯特罗姆引证了赫胥黎的观点，并公布了恐爪龙类和鸟类的骨骼相似性比较结果，鸟类的恐龙起源假说才正式“复活”，得到世人的关注。

托马斯·亨利·赫胥黎

约翰·奥斯特罗姆

槽齿类起源假说

1913年，南非著名的古生物学家布罗姆提出了鸟类的槽齿类起源假说。后来，荷兰古生物学家海尔曼又在他的著作《鸟类的起源》中对这一假说进行了分析和支持。因为这部著作具有相当高的权威性，影响甚广，所以在之后的半个多世纪里海尔曼的这一理论被广泛引用和提及。

派克鳄

派克鳄是槽齿类家族的成员，生活在三叠纪。有人认为它们是鳄鱼、恐龙和翼龙的祖先。

派克鳄化石

派克鳄复原图

鳄形类起源说

1972 年，英国古生物学家沃尔克提出鸟类与早期鳄形类有“血缘关系”的假说。但是，10 年之后，沃尔克放弃了这个假说，转而加入恐龙起源说的行列。不过，美国堪萨斯州立大学生态学与进化生物学系的古生物学家、古鸟类学家马丁却十分认可沃尔克早期的观点，因为他经过研究认为，鱼鸟、黄昏鸟在牙齿形态特征以及替换方式方面与早期鳄类十分相似。

楔齿鳄

不论是楔齿鳄的乌喙骨还是肱骨，其形态特征都与鸟类的十分相似。

楔齿鳄化石

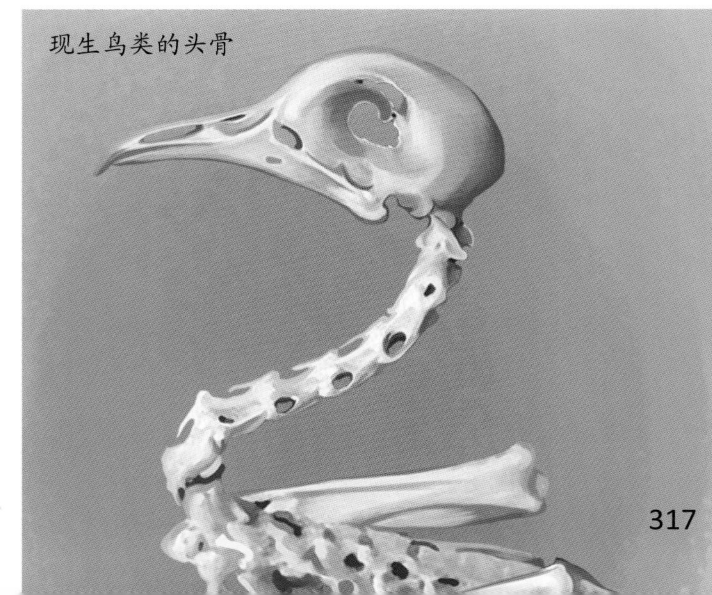

现生鸟类的头骨

说不清的故事

为了探索鸟类起源的未知谜团，一代又一代的古生物学家投入研究鸟类起源的工作中。如今，大量化石和研究成果似乎在向我们传达一个信息——鸟类起源于恐龙。那么，到底哪种恐龙是鸟类的祖先呢？世代生活在地面上的恐龙又是怎样学会飞行的呢？这些关于鸟类的奥秘至今也没有确切的解释。

热河生物群

20 世纪 90 年代以来，古生物学家在中国辽宁西部地区取得了许多重大发现。热河生物群中的大量化石证据显示，那里曾生活着众多身披羽毛、擅于奔跳和滑翔的恐龙。那么，这些身披羽毛的恐龙是否就是鸟类的祖先呢？确切的答案我们不得而知。但是，各种珍贵的化石却为鸟类的恐龙起源这一假说提供了强有力的支持。

孔子鸟

1994 年，中国科学院古脊椎动物与古人类研究所的古鸟类专家侯连海与古哺乳类专家李传夔，在中国辽宁建平的一位化石收集者手中发现了孔子鸟化石。这件化石标本来自辽宁省北票市。次年，它被命名为“圣贤孔子鸟”。孔子鸟化石显示：这种动物具有发育的喙状嘴，上下颌没有牙齿，是目前为止世界上最早出现的具有鸟喙的古鸟；其头骨为双孔型，且没有完全愈合。孔子鸟化石的发现在世界古生物界引起巨大的反响。

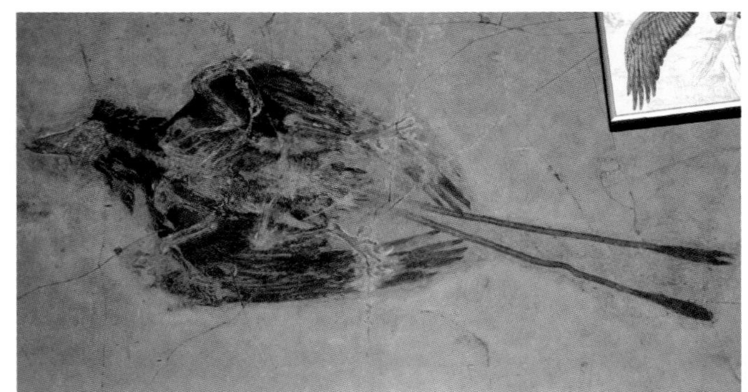

长有尾羽的雄性孔子鸟化石

孔子鸟复原图

原始中华龙鸟

1996 年，一名叫李荫芳的农民在中国辽西北票市上园乡发现了中华龙鸟化石。我们从化石上可以看出，中华龙鸟体表有很多纤维状结构。化石被发现之初，因为化石四周留有大量的羽毛印痕，所以研究人员曾认为化石所显示的是一种原始鸟类。后来经过对比，研究人员才发现这其实是一种小型肉食恐龙。于是，古生物学家推测，中华龙鸟的纤维状结构可能是“初级羽毛”（羽毛的前身，不具备飞翔功能）。

中华龙鸟化石

中华龙鸟复原图

“近鸟”一族

正当古生物学家为中华龙鸟争论不休的时候，又陆续有带有羽毛痕迹的恐龙化石在中国现身。透过那长有羽轴和羽枝的羽毛，科学家们意识到，身披羽毛已经不是“鸟纲”一族特有的专利了，因为早在鸟类出现之前地球上就已经有羽毛存在了。此后，科研人员相继在中国辽宁热河生物群的地层中发现了大量珍贵的带有羽毛痕迹的恐龙化石。正是这些能诉说史前故事的石头将中国推向了古生物学研究的前沿。

尾羽龙化石

尾羽龙复原图

尾羽龙

尾羽龙全身布满短绒毛，前肢呈翼状，且长有大片华丽的羽毛。它们的尾巴上还有一束束扇形排列的尾羽。这些羽毛尽管不能帮助它们飞行，却被推测有保暖和吸引异性的作用。经研究，科学家认定尾羽龙是一种行走快速的植食恐龙。

原始祖鸟

原始祖鸟化石与尾羽龙化石出土于同一地点、同一层位。古生物学家通过缺少头部的化石残骸推测，原始祖鸟是一种火鸡般大小并长有羽毛的兽脚类恐龙。它们前肢较长，应该十分灵巧，可以抓捕昆虫；后肢粗壮，善于奔跑追击猎物；尾部已经发育出真正的羽毛，但不会飞行。

原始祖鸟骨骼图

原始祖鸟复原图

北票龙

北票龙化石也是在中国的辽西北票地区被发现的。值得注意的是，化石显示北票龙的体表长有很多长约10厘米的细丝毛状物。古生物学家根据化石显示的骨骼形态特点，将北票龙归入兽脚类中的镰刀龙家族。

北票龙复原图

中国鸟龙

1998年夏天，中国古生物研究人员在辽宁北票四合屯发现了千禧中国鸟龙化石。这件化石标本形态结构十分接近于始祖鸟，身上长有类似中华龙鸟的丝状皮肤衍生物。研究人员推测，这种生物虽然不能飞行，但骨骼结构正在向飞行的方向演化，已经能拍打前肢了。

中国鸟龙复原图

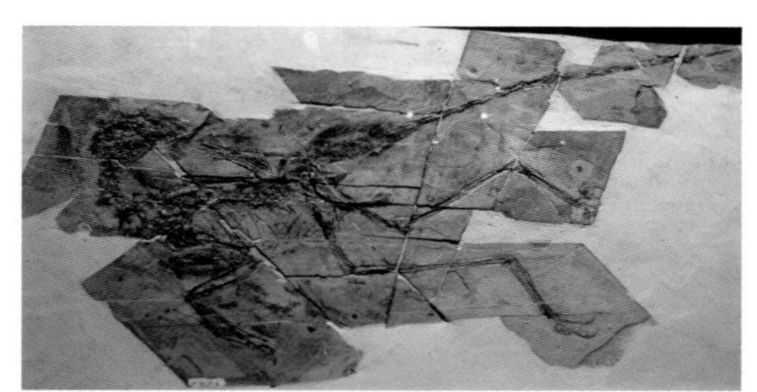

中国鸟龙化石

热河鸟化石

热河鸟

热河生物群的发现带给古生物研究者们一个又一个惊喜。2001年10月份，中国科学院古脊椎动物与古人类研究所的科研人员在中国辽宁朝阳征集到一块古鸟类的化石板。这块化石板中的动物标本就是后来震惊中外的热河鸟。化石显示，这只热河鸟不但骨骼结构十分完整，而且羽毛痕迹非常清晰。最重要的是，这块化石里还有植物种子的痕迹。

热河鸟复原图

飞向蓝天

人们从那些带有羽毛痕迹的化石中了解到，早在鸟类出现之前，恐龙家族中就已经出现了身穿羽衣的成员。那么，即便如此，它们以及后代又是怎样飞起来的呢？对此，古生物学家有两种推测。一种观点认为：恐龙最初生活在地面上，在漫长的演化过程中，一些恐龙逐渐具备了鸟类的某些特征。后来为了更好地捕食，这些地栖者前肢开始演化成翅膀，并借助奔跑和跳跃渐渐掌握了飞行技巧，从而飞上了蓝天。

鸟类飞行的奔跑起源假说模拟

还有很多古生物学家认为，最初恐龙需要借助重力滑行才能飞起来，所以它们在会飞之前应该是生活在树上。

鸟类飞行的树栖起源假说模拟

小盗龙复原图

会爬树的恐龙

有关研究表明，驰龙类成员有可能是掌握爬树技能的恐龙。其中，这个家族里的小盗龙被认为最有爬树天赋。小盗龙不仅体形较小，身体轻盈，还有着锋利、发达的爪子。而且，这些小家伙的爪和腕骨可转向的角度很大，因此其指爪应该具有抓握功能。

顾氏小盗龙化石

赵氏小盗龙

2001 年，人们在中国辽西发现了赵氏小盗龙化石。古生物学家经研究后认为，赵氏小盗龙在生存年代上要比中华龙鸟、尾羽龙等恐龙晚很多。这种恐龙的体形与鸡一般大小，耻骨连合，后部背椎也愈合成荐椎。这些发现对鸟类的恐龙起源假说是非常有利的支持。

顾氏小盗龙复原图

顾氏小盗龙

2003 年，中国科学院古脊椎动物与古人类研究所学者徐星在中国辽西获得一块顾氏小盗龙化石。尽管顾氏小盗女与赵氏小盗龙有很多相似之处，但不同的是，顾氏小盗龙后肢的外侧长有长长的羽毛，并且排列得非常整齐。

恐龙离鸟有多远

从始祖鸟化石现身的那天起，在很长一段时间内，古生物界认为始祖鸟便是鸟类的祖先。但是，这一发现最近被一项新的研究成果重新定义了。那么，鸟类的祖先如果不是始祖鸟，又会是什么神秘的史前动物呢？鸟类起源的面纱正在被渴望追根溯源的古生物工作者们一层一层地揭开……

光环被摘

一直以来，古生物界对始祖鸟的飞行能力、生态行为和习性等都有争议。但是，作为兼具鸟类与恐龙特征的过渡性生物，始祖鸟一直是人们研究鸟类起源的核心对象。直到近几年中国科学院古脊椎动物与古人类研究所的学者们在国际领先的科学周刊——《自然》上发表了一篇论文，始祖鸟的祖先地位才被撼动。这些学者们以科学理论为基础，通过统计、分析某些参数，对古生物物种进行了重新定位，并得出一个结论，即始祖鸟是原始恐爪龙类，应该是伶盗龙的祖先。

蒙古伶盗龙

蒙古伶盗龙有可能是始祖鸟的后代。可惜的是，它们并不会飞行。

蒙古伶盗龙复原图

郑氏晓廷龙

古生物学家通过研究郑氏晓廷龙的化石发现：郑氏晓廷龙的锥形齿以及又长又粗的前肢与原始鸟类非常相似，而它们那特化的第二趾、后肢上长长的飞羽等几乎和始祖鸟如出一辙。可是，郑氏晓廷龙却是一种小型兽脚类恐龙，与始祖鸟存在亲缘关系。由此，古生物学家得出一个惊人的结论——始祖鸟并不属于鸟类，而是一种恐龙。

探索未知

150 多年来，始祖鸟长期坐拥“鸟类始祖”的头把交椅。上述发现却让这一切变成了泡影。既然始祖鸟已退出“鸟类始祖”的舞台，那么谁才是鸟类真正的祖先呢？随着时间的推移，相信会有更多的新物种现身，所以鸟类祖先的确定要经过一定的过程。

目前鸟类祖先的代表

中国科学院古脊椎动物与古人类研究所学者徐星表示，从目前的研究成果来看，在中国内蒙古宁城县发现的耀龙和树栖龙可以作为原始鸟类的代表。

树栖龙

树栖龙生活于侏罗纪晚期，只有麻雀般大小。它们独特的捕食技能是可以像啄木鸟那样用夸张的前爪将藏在树洞里的小虫掏出来。

耀龙

耀龙尾巴上长有 4 根呈长带状的尾羽，羽轴、羽片等构造已发育完全。它们身长约为 40 厘米，与现生鸽子差不多大。

郑氏晓廷龙复原图

郑氏晓廷龙化石

树栖龙复原图

耀龙复原图

鸿沟仍在

很多化石的现身让我们在探索鸟类起源的道路上越走越远，鸟类与恐龙的差距也因此在逐步缩小。但是，这并不意味着早期鸟类与恐龙之间已无法区分。事实上，目前它们之间仍存在着无法逾越的鸿沟。这些鸿沟将作为我们未来探索鸟类起源于恐龙假说的努力方向，直到这一系列谜底被全部揭开为止……

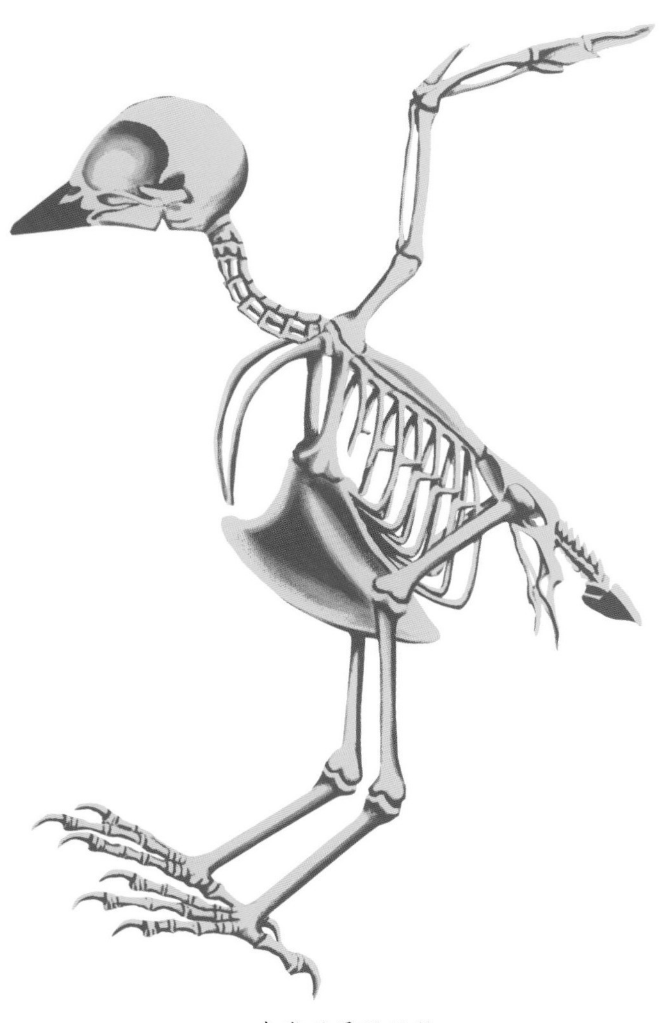
鸟类的骨骼结构

骨骼

之前，有人认为，虽然某些种类的恐龙与鸟类有些地方比较相似，但恐龙不可能是鸟类的祖先。这是因为恐龙的锁骨已经退化，而鸟类的锁骨进化愈合成了叉骨。但是，随着中国鸟龙、驰龙等恐龙化石的发现，这一观点不攻自破。另外，这些新发现的化石表明，有些恐龙肩胛骨上肱骨关节窝的位置和方向与鸟类的很接近。

肩带部分肩胛骨和乌喙骨的夹角小于或接近 90°是所有会飞行的鸟类的共有特征。很显然，多数恐龙肩胛骨和乌喙骨之间的夹角要大于 90°，无法满足这一“标准”。不过，在最新发现的中国鸟龙和驰龙的标本中，其肩胛骨与乌喙骨之间的夹角已非常接近 90°。而且，驰龙类的耻骨与肠骨的夹角也与早期鸟类非常相似。

恐龙羽毛与鸟类羽毛对比

结构微不同

第二掌骨和第二指是鸟类初级飞羽生长的基础。因此，它们的半月形腕骨主要与第二掌骨接触或已与第二掌骨愈合。一些与鸟类类似的恐龙则不同，其半月形腕骨则主要与第一、第二掌骨的关节接触。

让羽毛“说话”

羽毛结构的差异可以成为区分鸟类与恐龙的重要依据。虽然众多的化石证明了恐龙也可以长有羽毛，但恐龙的成片羽毛大都呈对称结构，而会飞行的鸟类的飞羽羽片两侧则是不对称的——这是它们飞行的关键。

鸟类演化多辐射

如今，鸟类起源于恐龙的假说被越来越多的人接受，但另一个问题又出现了。现代世界里生活着超过 9000 种鸟类，数量多达几千亿只。鸟类已成为当今地球类型最丰富、数量最多的动物之一。那么，它们的祖先究竟是如何繁衍成这样一个“大家族”的呢？追根究底，这主要是由辐射演化导致的。

各种各样的现代鸟类

新生代的鸟类祖先

虽然目前人们认为世界上最古老的鸟类出现在中生代，但这些都是比较原始的类型，是和现代鸟类差别比较大的古鸟类。实际上，目前发现最早的、同现代鸟类形态非常相近的现生鸟类出现于新生代早期，也就是恐龙灭绝后不久的一段时间。当时，鸟类的形态结构和习性已经十分接近我们所熟知的现代鸟类。

关于现生鸟类最早出现的时间，古生物学界还有一种观点，那就是它们出现在白垩纪晚期。

1.1998 年，古生物学家在美国怀俄明州白垩纪晚期的地层中发现了一块奇特的骨骼化石。经过初步判断，有人认为这是一块不完整的鹦鹉下颌骨化石，但很少有人认同这个看法。

2.2002 年，又有人爆出“在南极发现白垩纪潜鸟化石”的大新闻，但始终不被人们接受。

3.2005 年，阿根廷的古生物学家描述了他们发现的白垩纪晚期雁形目“*Vegavis*”化石，初步表明在临近新生代的白垩纪末期已出现了现生鸟类。

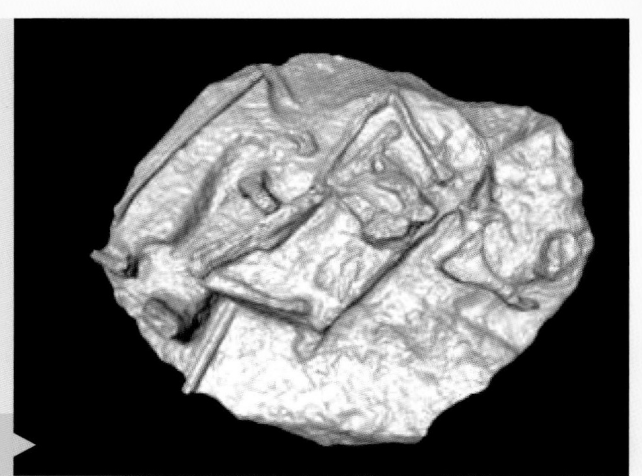

白垩纪晚期雁形目“*Vegavis*”化石

然而，支持这一观点的实物证据保存不够理想或太过缺乏。因此，大多数人仍然坚持现生鸟类最早出现在新生代早期的观点。

辐射演化

辐射演化也叫“演化辐射”，是生物学中的一个专业名词。它指的是某种生物忽然获得某些关键特征，然后一发不可收拾地出现了许多新生特征，于是辐射式地发展出许多新的类型。读了前面这句话，你可能会觉得云里雾里。在这里，我们举个简单的例子：当某种恐龙长出羽毛，有了滑翔甚至飞行的能力，那么这种恐龙很可能会就此发展出许多后代（比如鸟类）。

通俗来讲，生物在演化过程中是不会始终局限于某一区域范围之内的。但是，如果要拓展生存空间，一部分生物就要告别原本的居住地，去接触不同的环境。为了适应变化的环境，这些生物必然要作出改变。就这样，它们与原来的物种产生了差别。按这种情况发展下去，新的物种会不断出现，物种之间的差异也会越来越大。这个演化过程可能是激进、急速的，也可能是渐进的。

进入新生代以后，早期的现生鸟类千差万别，不仅外观大相径庭，体形大小不一，就连习性和食性也可能迥然不同。这就是辐射演化造成的结果。

普瑞斯比鸟 *Presbyornis*

普瑞斯比鸟又叫“古鸭”，生活在距今约 6200 万年前的地球上，是出现在古新世（古近纪开始的一个地质时期）的一种鸟类。

化 石 普瑞斯比鸟骨架 >>>

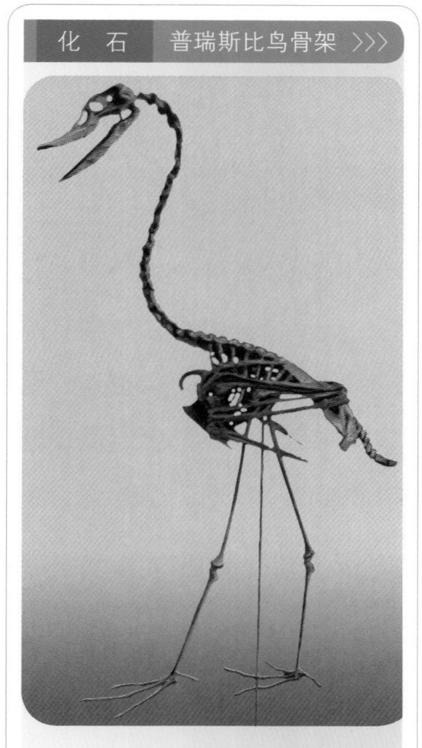

古生物学家发现普瑞斯比鸟外表上十分接近现代游禽类，如鸭子、鹅，认为它们与现代游禽类食性相似，都以水草、稻谷等植物和虾、泥鳅等动物为食。

古鸭的外形

古鸭是普瑞斯比鸟的另一个名字。这是因为它们的外形与鸭子很相似——头部不大，喙状嘴略微宽扁，脚掌宽大，脚趾之间有蹼相连。只不过，它们脖子细长，能弯曲出优美的弧度，双腿又细又长，身体强壮，体形甚至比天鹅还大。普瑞斯比鸟应该是一种群居鸟类，平时聚居在一起，感到饥饿后就会蹚入水中觅食。

◀ 普瑞斯比鸟适应能力很强，在远古时代生存了很多年，算得上当时演化较为成功的物种之一。

大　　小	体长约为 1.5 米
生活时期	古新世
栖息环境	湖滨
食　　物	水草、稻谷、虾、泥鳅等
化石发现地	欧洲、北美洲、南美洲

Phorusrhacidae

骇鸟

恐龙灭绝以后，食物链中顶级掠食者的位置空了出来。许多动物为此相互大打出手，争得你死我活。在这个过程中，一些古鸟类发生了剧变，体形变大，外观变得狰狞、凶恶。最后，它们脱颖而出，顶替了恐龙，成为大型肉食动物，填补了生态圈的空白。骇鸟就是其中之一。

化 石　骇鸟的头骨 >>>

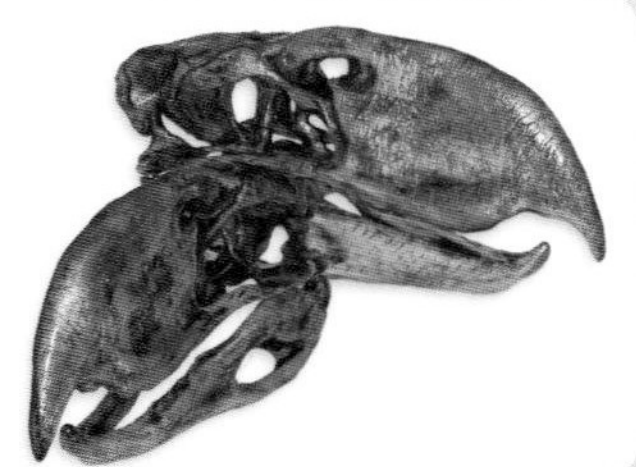

跟早期鸟类比起来，骇鸟仿佛在体形上走到了极端。它们身强体壮，膀大腰圆，巨大尖锐的喙状嘴看上去力道十足，具有强大的攻击力。

凶猛残暴

骇鸟身高腿长，个体高度能达到3米左右，足以俯视当时的大多数动物。它们原本用于飞行的翅膀消失不见了，变成一种肉钩似的结构，能像手臂一样伸出去拦截猎物。骇鸟双腿粗壮，擅长奔跑，很少有猎物能逃过它们的追杀。抓到猎物后，骇鸟往往会用铁钩似的喙状嘴给予猎物致命一击，然后用爪子将猎物杀死，吸食其骨髓。由此可见，骇鸟能成为横行霸道的掠食者并不是没有道理的。

► 骇鸟在地球上生活了千万年，直到大约200万年前才消失。古生物学家猜测，骇鸟之所以会灭绝，很可能是因为受到气候环境剧烈变化的影响。

大　　小	身高约为3米
生活时期	古新世至更新世
栖息环境	平原
食　　物	肉类
化石发现地	南美洲

桑氏伪齿鸟 *Pelagornis sandersi*

1983 年，古生物学家在美国查尔斯顿国际机场地下发现了一具体形巨大的鸟类化石标本。这是目前已知的世界最大的飞鸟。为了纪念主持发掘工作的博物馆馆长，这种鸟被命名为“桑氏伪齿鸟”。

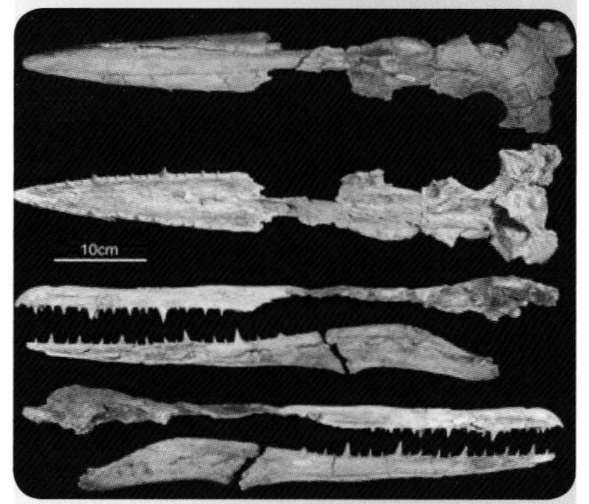

桑氏伪齿鸟的头骨非常具有迷惑性。一开始，人们将它们口腔中细密、尖锐的部分当成了牙齿。事实上，那只是它们角质喙状嘴的一部分，并不是会生长、更替的牙齿，但具有和牙齿一样的作用。

飞行的细节

许多古生物学家推测，桑氏伪齿鸟在飞行方式上和信天翁很像，都是借助海上的风力展翅飞翔。一旦落到地上，它们灵活的身姿就会变得迟钝、笨拙起来。这个时候，桑氏伪齿鸟要想再飞起来，就得迎着海风快速奔跑，努力拍动翅膀才可以完成。

▶桑氏伪齿鸟在捕猎时常常一边飞翔，一边用敏锐的目光搜索海面。一旦发现猎物，它们就会俯冲而下，用“牙齿”稳稳地叼住对方，然后飞到一个没人打扰的地方，安静地享用美餐。

大　小	翼展为 6 ～ 7 米，体重为 20 ～ 40 千克
生活时期	渐新世
栖息环境	海洋
食　物	鱼类、其他动物
化石发现地	美国

世界各地古鸟类的演化格局

根据国内外发现的早期现生鸟类化石，最早的现生鸟类特点十分明显，多出现在恐龙消失不久后的古新世，种类以鹤形目、雁形目为主。至于其余类型的鸟类大都是在之后才陆续出现的。

1. 鹤形目鸟类： 出现的时间十分久远，化石多见于欧洲“古新世—渐新世”的地层中，在中国安徽、山东以及湖北一带也有发现。当时的鹤形目鸟类大多体形巨大，失去飞行能力，以其他动物为食，是凶残的掠食者。骇鸟、泰坦鸟都属于此类。

2. 雁形目鸟类： 分布范围广，在中国以及欧洲、北美洲都发现了它们的化石，最早出现于古新世，其化石在始新世地层中最常见。雁形目鸟类和现代鸭、鹅的关系不浅，多是水生鸟类，普瑞斯比鸟、罗曼维尔雁鸭就是典型代表。

3. 隼形目与鸮形目鸟类： 两者在传统鸟类分类中按照生态类群被合称为“猛禽”，最早出现在始新世，其化石在欧洲渐新世地层中广泛分布。虽然中国也出土了相关化石，但年代晚，数量少。此两目鸟类都是一些比较凶狠的飞鸟，原鸮、新域鹫就是其中的成员。

4. 雀形目鸟类： 在现生鸟类中，雀形目鸟类是出现较晚的一种，最早出现的类型其化石主要分布在欧洲渐新世地层中，在始新世地层中也偶有出现。它们是鸟类家族中最庞杂的种群，也是真正会飞行的鸟类，属于中小型鸣禽。内蒙古松鸦就是其中的一种。

其余种类的现生鸟类化石在“始新世—渐新世”地层中都有发现，区别只在于发现的地点以及所处的时代不同。

重新理解“龙”和鸟

鸟类起源于恐龙的假说从重新兴起到占据主流只用了短短几十年的时间。尤其是最近 20 年来，人们对于中国辽西地区出土的长有羽毛的恐龙和早期鸟类化石的研究取得了堪称里程碑式的进步。但是，层出不穷的学术理论和化石证据在稳固了恐龙起源假说主流地位的同时也产生了不少其他问题。

▼目前在中国发现的几种长有羽毛的恐龙的化石

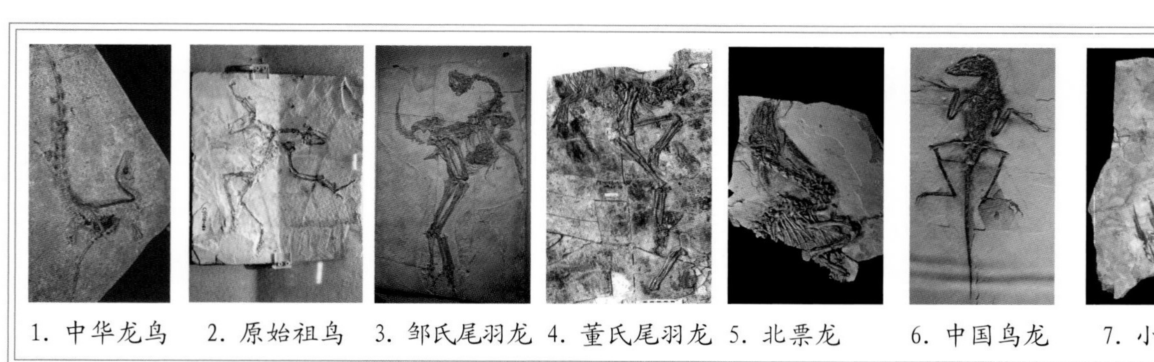

一、化石证据的“反向演化”

我们从之前的介绍中可以得知，鸟类的恐龙起源假说认为鸟类是从小型兽脚类恐龙中的手盗龙类发展而来的。古生物学家把手盗龙类划分为驰龙类、窃蛋龙类、镰刀龙类、伤齿龙类等几大类群。这些类群的代表生物类型（即上图中的长有羽毛的恐龙）在中国的辽西地区都有发现。

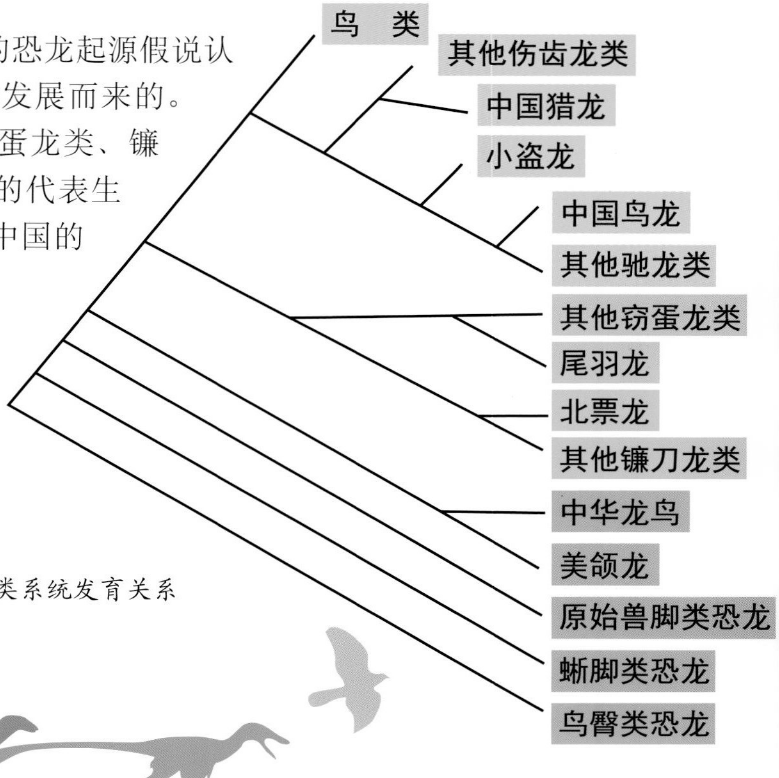

鸟　类
其他伤齿龙类
中国猎龙
小盗龙
中国鸟龙
其他驰龙类
其他窃蛋龙类
尾羽龙
北票龙
其他镰刀龙类
中华龙鸟
美颌龙
原始兽脚类恐龙
蜥脚类恐龙
鸟臀类恐龙

辽西恐龙与鸟类系统发育关系

然而，正是这些恐龙的发现使古生物学家对恐龙向鸟类演化过程的理解发生了“偏差”。在这里，我们要先了解国际学术界对恐龙向鸟类演化的特征的界定（见右图）。

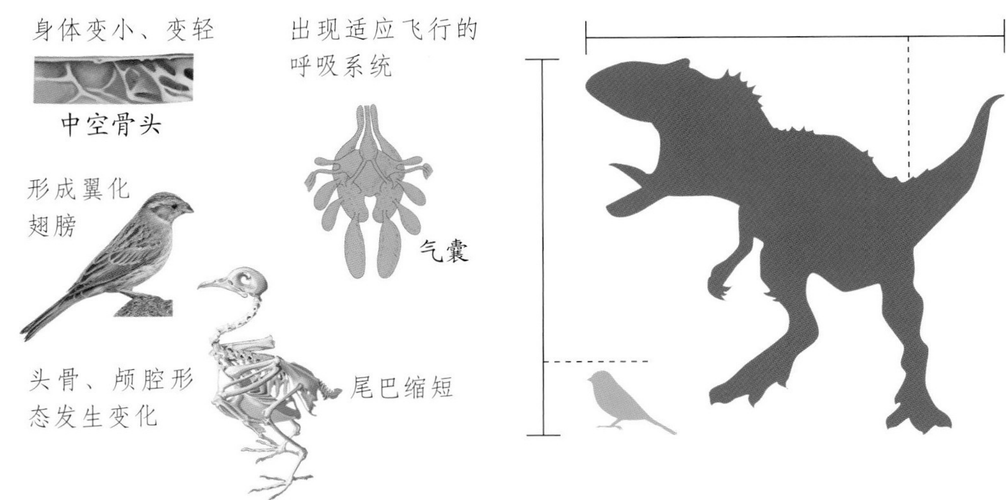

按道理，以上这些形态变化是恐龙向鸟类演化时必然会经历的过程。在古生物学家发现的化石证据中，演化顺序最接近鸟类的是伤齿龙类和驰龙类。但是，这两类恐龙身上却出现了许多“逆向演化”的特征，朝着兽脚类恐龙的形态发展。简单来说，这种现象和“返祖”相似。

这种和常识相悖的研究成果不仅让许多古生物学家感到困惑，还大大增加了恢复恐龙系统演化历程的难度。

二、混乱的特征分布

很多古生物学家认为驰龙类中的某种小型恐龙是鸟类的先祖，但也有不少人觉得伤齿龙类才是和鸟类亲缘关系最近的族群。除此之外还有一些其他的假说，在这里我们就不一一列举了。

你可能会想，出土的化石那么多，如果想知道哪类恐龙和鸟类关系最近，直接研究化石就可以了。然而，事情并没有这么简单。古生物学家在研究了几类恐龙的化石后，愕然发现这几大类群的特征分布实在有些杂乱：伤齿龙的脑颅形态接近早期鸟类；驰龙类的脑后骨结构与鸟类相似；窃蛋龙类的某些特征与恐龙大相径庭，却和鸟类差不多……

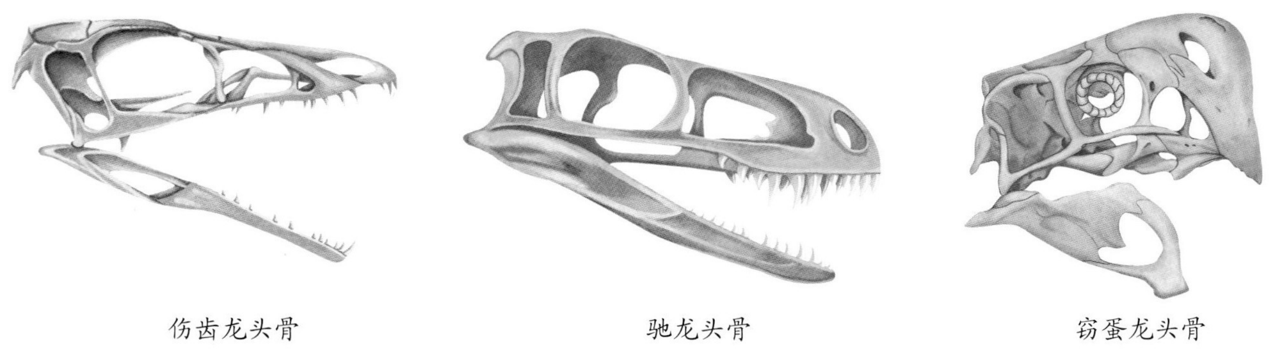

伤齿龙头骨　　驰龙头骨　　窃蛋龙头骨

对古生物学家来说，分析古生物的特征分布模式是一项非常重要的工作。可是，眼前手盗龙类东一榔头西一棒槌的特征分布模式却让他们无从下手。

三、意义非凡的中国猎龙

2002年6—7月，中、美、加3国十几名古生物学家在辽宁省北票市发掘出了张氏中国猎龙化石。

中国猎龙头骨化石

中国猎龙化石

经过研究，古生物学家发现，中国猎龙体形娇小，身长不超过 1 米，是白垩纪早期的小型伤齿龙类。他们将中国猎龙和特意选取的 40 多种恐龙放在一起，认真分析了它们全身上下 200 多个形态特征，发现在传统分类上一些本应属于鸟类的特征在这些恐龙身上也有体现。

中国猎龙身上出现的鸟类特征

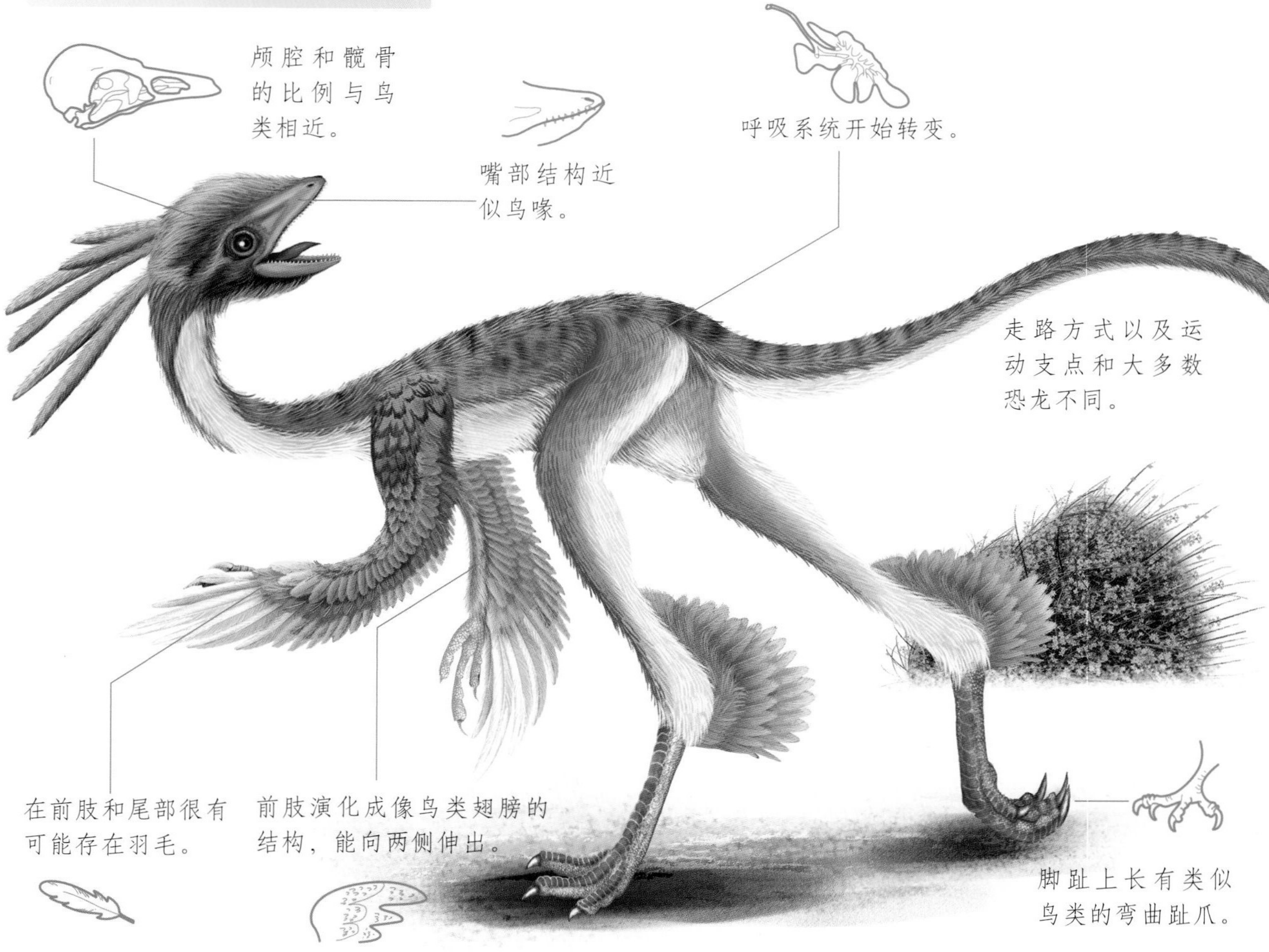

颅腔和髋骨的比例与鸟类相近。

嘴部结构近似鸟喙。

呼吸系统开始转变。

走路方式以及运动支点和大多数恐龙不同。

在前肢和尾部很有可能存在羽毛。

前肢演化成像鸟类翅膀的结构，能向两侧伸出。

脚趾上长有类似鸟类的弯曲趾爪。

▲ 上图为中国猎龙早期复原图。因为没能发现羽毛存在的证据，古生物学家只是保守地为其画上了一层较短的绒毛。

从某种意义上讲，中国猎龙是连接恐龙和鸟类的一个不可或缺的环节。不管是对鸟类起源还是对恐龙的系统演化来说，中国猎龙都是非常重要的发现。

四、“时间倒置论”的解决

20 世纪 90 年代是长有羽毛的恐龙化石和古鸟类化石发现的井喷年代。众多化石的发现为恐龙起源假说提供了有力的支持。但是，问题很快又出现了。这些化石的埋藏年代普遍为白垩纪早期，但当时已发现的最早鸟类化石却是在侏罗纪晚期。两者时间上的冲突让鸟类恐龙起源假说的反对者掌握了攻击假说的武器。同时，在当时人们还没有在更加古老的地层中发现近似鸟类的恐龙化石的痕迹。因此，鸟类恐龙起源假说的地位一度摇摇欲坠。

2009 年，古生物学家在辽宁建昌发现了位于侏罗纪中期地层的长有羽毛的恐龙化石——郝氏近鸟龙（*Anchiornis huxleyi*）化石。经测定，郝氏近鸟龙远比当前发现的最早的鸟类还要年代久远。到此，所谓的“时间倒置论”被推翻，关于鸟类恐龙起源假说的争议暂时得以平息。

郝氏近鸟龙化石

郝氏近鸟龙复原图

五、“手指同源”与新假说

鸟类“手指同源”是进化生物学领域最具有争议性的问题之一，对许多古生物学家造成了困扰。

最早的兽脚类恐龙手指数目和人类的一样，均为5根。传统研究认为，在向鸟类演化的过程中，兽脚类恐龙的手指由5指演化成3指，最外侧的两根手指退化消失，只剩下内侧的3根手指。这种演化也叫“外侧退化模式”。

不过，现代发育生物学却显示，虽然鸟类保留了3指，但消失的应该是最外侧和最内侧的两根手指才对。

就这样，古生物学和发育生物学的研究在“手指同源”问题上产生了分歧。

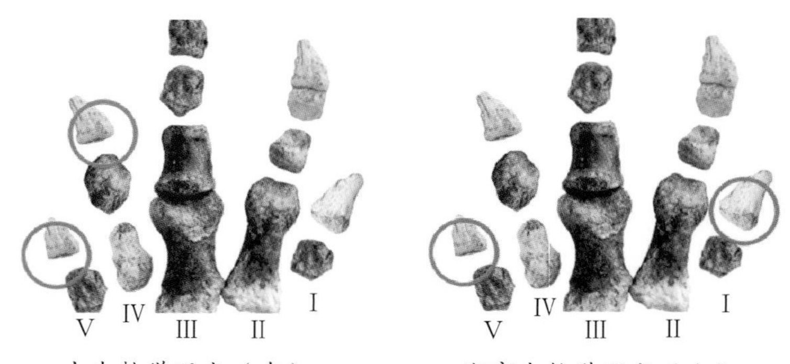

古生物学观点（左）　　发育生物学观点（右）

【红圈标注的为退化、消失的部分】

2001年，科研人员在中国新疆发现了一具十分特别的恐龙化石标本。它被命名为“泥潭龙”（*Limusaurus*）。经过研究，古生物学家惊奇地发现，泥潭龙长有4根手指，其中第一指严重退化。这表明恐龙手指的退化模式可能远比人们想象得复杂许多。

泥潭龙的4根手指

2009年，古生物学家徐星结合现代发育学提出了“外侧转移”的新假说来解释鸟类手指的演化。如果这个假说被证实，那么古生物学和现代发育学长久以来的矛盾冲突将得到解决。

泥潭龙复原图

六、半月形腕骨的新假说

鸟类和兽脚类恐龙都存在半月形腕骨。它是支持鸟类起源于恐龙假说的重要证据。但是，一直以来，因为化石证据和已有资料相互矛盾，人们始终对鸟类和兽脚类恐龙半月形腕骨的同源性存有质疑。

2014年，中国古生物学家徐星等人发表文章，提出了有关半月形腕骨的新的同源假说。他们认为，半月形腕骨在不同演化阶段由不同腕骨构成，位置会不断变动，由腕部内侧逐渐转移到外侧，并最终形成典型形态。文章还提到腕骨位置的变化跟鸟类翅膀演化是分不开的，认为这是由兽脚类恐龙手部折叠功能演化导致的。

徐星等人的观点并不是空口无凭。数年间，他们研究了许多兽脚类恐龙的腕部结构，并将恐龙的腕骨和古鸟类与现生鸟类的腕骨进行比较，才提出了该假说。

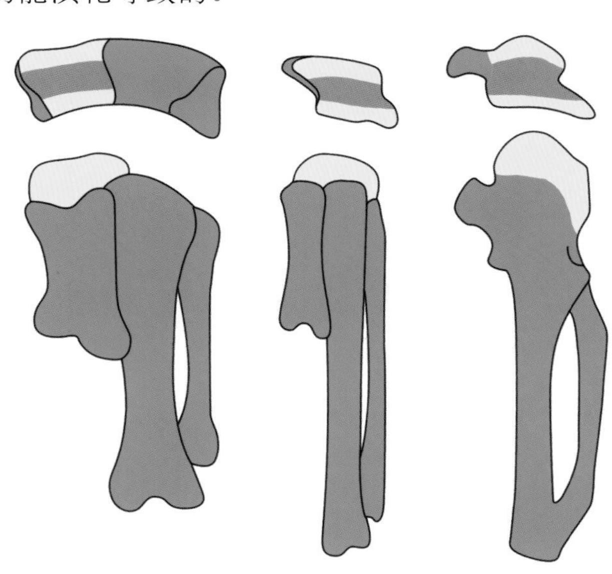

半月形腕骨的3个演化阶段（黄色部位为半月形腕骨，灰黄色部位为横沟，绿色部位为掌骨）

▲ 通过以上的发现与假说，我们不难看出，以往一直被古生物学家视为鸟类所独有的一些特征（如羽毛、呼吸系统、腕关节等）实际早在兽脚类恐龙演化的早期阶段就已经出现。很显然，恐龙与鸟类的界限已经变得模糊不清。该如何重新理解两者之间的关系也许将成为古生物学界又一个全新的课题。

泥潭龙化石

进化路上的“同行者”

哺乳动物的前夜

你也许会很好奇，前面基本都是在介绍恐龙，哺乳动物什么时候才能闪亮登场呢？不要急，真正的哺乳动物和恐龙一样，出现在三叠纪。不过，在更遥远的石炭纪、二叠纪，地球上曾出现过一种神奇的动物。虽然它们本质上依旧是爬行动物，但从某种意义上讲它们离哺乳动物又很近。这类动物就是哺乳动物的祖先——似哺乳爬行动物。

各种各样的似哺乳爬行动物

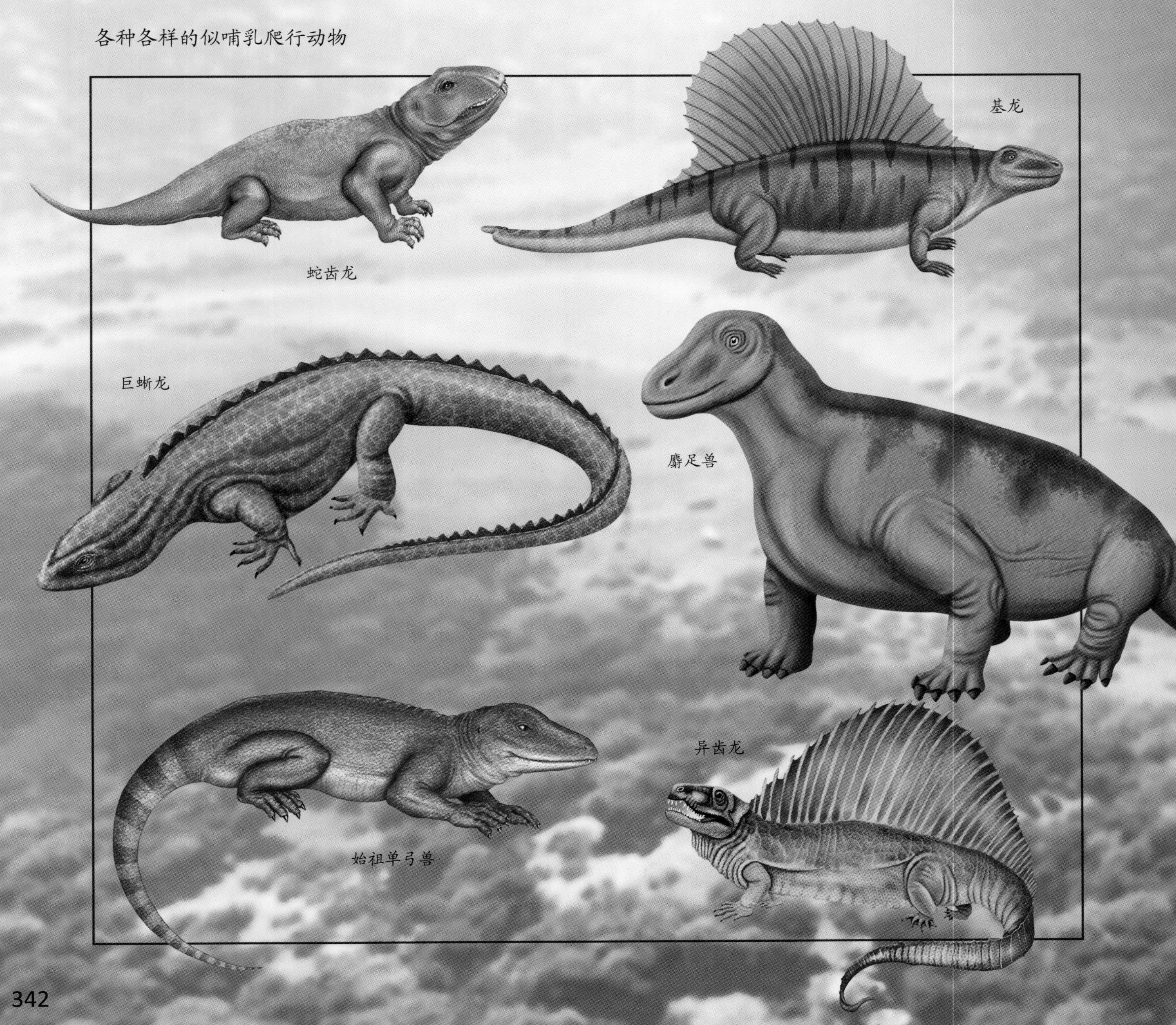

演化的源头

石炭纪是地球上生命演化的一个转折时期。从这时起，在地球上出现了真正意义上告别水域能长期生活在干燥地面的物种——爬行动物。可以说，此时的爬行动物是除昆虫外绝大多数陆生动物的始祖。

同依旧摆脱不了对水环境依存的两栖动物相比，爬行动物无疑取得了很大的进步。它们的皮肤表面长满粗糙的鳞甲，既能保护柔嫩的肌肤，又能阻挡水分的流失。

随着时间的推移，石炭纪即将走到尽头。但是，不知从何时起，一群从爬行动物里分化出来的似哺乳爬行动物开始在陆地上活跃。到了二叠纪，这些家伙变得强盛兴旺起来，俨然成为当时的地球霸主。

世界上最早的爬行动物之一——林蜥

皮肤裸露的笠头螈

皮糙肉厚的油页岩蜥

别具一格的似哺乳爬行动物

似哺乳爬行动物在石炭纪到二叠纪时期一直都表现得很特立独行。虽然它们和哺乳动物在名字上差不多，但二者在本质上相距甚远。可以说，它们是爬行动物，但身上又出现了一些与众不同的特征，显得不伦不类。

古生物学家通过研究、比较出土的爬行动物与似哺乳爬行动物的化石，发现牙齿的多样演化是似哺乳爬行动物走向另一条演化道路的关键。通过右侧图片中不同形态头骨的对比，我们可以看出，跟爬行动物口腔中形状、大小几乎一模一样的同形齿比起来，似哺乳爬行动物的牙齿和哺乳动物的牙齿更加接近，已经明显地分化成作用不同的门齿、犬齿、颊齿（前臼齿、臼齿）等。通常，古生物学家把牙齿的形态作为鉴定动物种类的重要标准之一。

分化的牙齿

爬行动物的头骨

似哺乳爬行动物的头骨

哺乳动物的头骨

匆匆过客——似哺乳爬行动物

似哺乳爬行动物是爬行动物和哺乳动物之间的过渡族群。它们在石炭纪末期出现，于二叠纪壮大、兴盛，在大灭绝时期遭受重创，在三叠纪早期彻底灭绝。相对于地球漫长的历史而言，似哺乳爬行动物只是一群生命短暂的匆匆过客。但是，它们终究在这颗星球上留下了属于自己的印迹。接下来，让我们了解一下这些动物吧！

三角龙

杯鼻龙

盘龙类

虽然盘龙类动物名字里带着“龙”字，但它们并不是恐龙，而是属于似哺乳爬行动物。它们生存的年代远比恐龙早很多。盘龙类动物早期的外表形态非常原始。这是因为它们刚刚从爬行动物中演化出来。后期时，盘龙类动物演化得愈加成熟，十分接近于哺乳动物。

兽孔类

兽孔类是盘龙类在接近演化晚期时分化出来的支系。与盘龙类一样，兽孔类也是似哺乳爬行动物，但要比盘龙类进步许多。兽孔类头部两侧的颞区（相当于人类的太阳穴）出现了颞颥孔，牙齿也开始分化成不同的类型。这些都是哺乳动物的典型特征。兽孔类在二叠纪非常活跃，在陆地上称王称霸，直到遭受“大灾难”重创，才慢慢退出历史的舞台。

右图为兽孔类的头骨化石，其头部出现颞孔，牙齿开始分化。

活跃的兽孔类动物

始巨鳄 *Eotitanosuchus*

始巨鳄生存在 2.5 亿多年前，是一种大型似哺乳爬行动物。它们以肉类为食，可牙齿的数量却不多。它们眼睛后面的颞颥孔虽然很小，但相比于其他鳄类仍然是最大的。

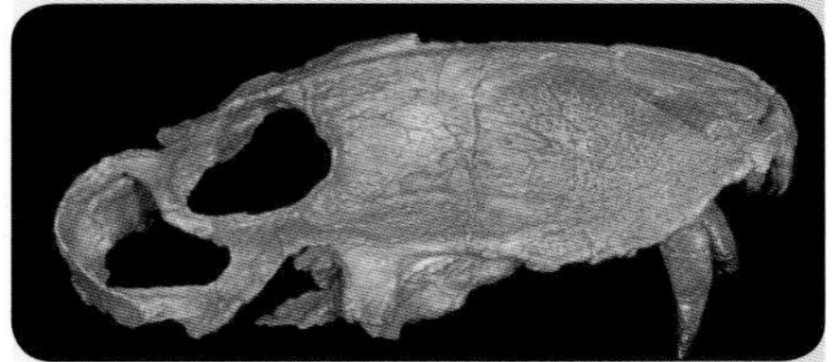

与其他肉食动物比起来，始巨鳄牙齿数量减少了。不过，始巨鳄的上下颌开始长出大型犬齿和肌肉群。这让始巨鳄大大增加了咬合力。

大　小	体长约为 5 米，体重为 500 ～ 600 千克
生活时期	二叠纪晚期（约 2.5 亿年前）
栖息环境	树林
食　物	肉类
化石发现地	俄罗斯

类似哺乳类的动物

始巨鳄是最早出现的似哺乳爬行动物之一。这类动物只有部分特征与哺乳类动物相似。始巨鳄身上只有外表有体毛、恒温、胎生等特征与哺乳动物相似，所以只能算是形似哺乳类。

原始的鳄类

始巨鳄生活在二叠纪晚期，身体结构还比较原始。比如：它们眼睛后面的颞颥孔虽然很小，但仍是当时鳄类中最大的。这也是它们比其他鳄类咬合力强的原因之一。

小知识

颞颥孔一般长在人类和某些哺乳动物头骨的两侧，始巨鳄的颞颥孔却长在眼睛后面。它们连接着始巨鳄上下颌的肌肉，控制着始巨鳄的咬合力。

正要吞食猎物尸体的始巨鳄

基龙 *Edaphosaurus*

基龙存活于二叠纪早期。它们的脊椎骨结构非常特别。除此之外，它们密集的钉状齿也很容易辨认。它们体长最长有 3 米，体重超过 300 千克。不过，跟生活于同一时期的异齿龙不同，它们喜欢吃植物。

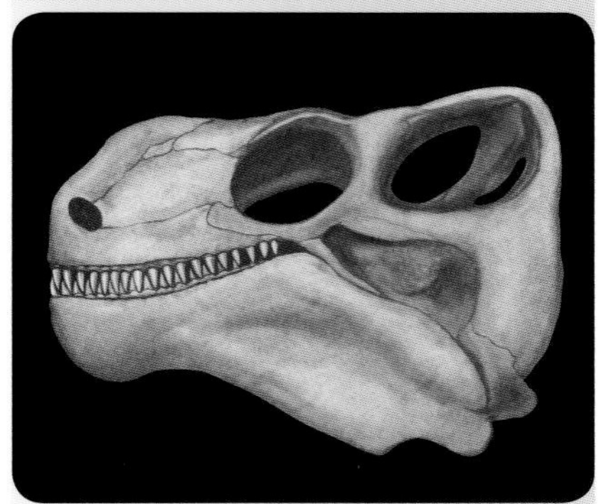

基龙是大型植食动物。与粗笨的、倒置的桶状身体相比，它们的头显得很小。它们的牙齿密集而呈钝圆锥形。

大　小	体长为 0.5 ～ 3 米，体重约为 300 千克
生活时期	二叠纪早期（约 2.9 亿年前）
栖息环境	森林
食　物	植物
化石发现地	美国

小知识

基龙的第一块化石来自美国的得克萨斯州。后来，人们在美国的俄克拉荷马州、西弗吉尼亚州、俄亥俄州以及新墨西哥州都发现了基龙化石。

比恐龙更早的“古兽”

早在恐龙出现之前，基龙就已经完全灭绝了。它们具有类似蜥蜴或鳄类的四肢构造与爬行姿态，是比恐龙更古老的爬行动物，但并不属于恐龙。

因何灭绝?

基龙生活在二叠纪早期，以植物为食。随着二叠纪巨大的气候变化和频繁的地壳活动，陆地上的气候越来越干旱，土地开始呈现沙漠化，导致许多动物消失、灭绝。基龙就是当时灭绝的动物之一。

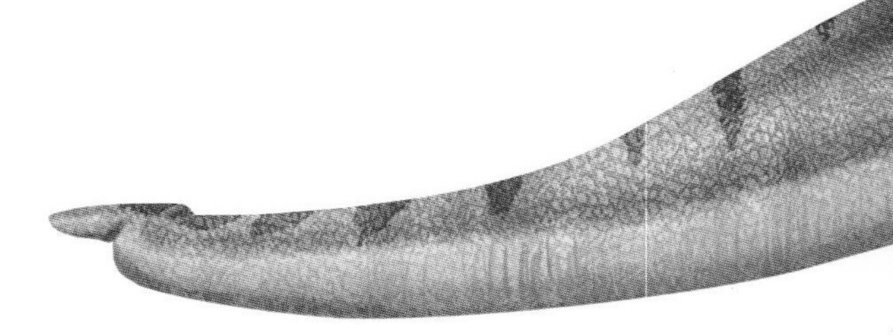

你知道吗？

跟身体比起来，基龙的脑袋显得特别短，看着非常不协调。

基龙的背帆又长又高，从脖子一直长到尾部前端。

基龙也叫“帆龙”或“帆背龙”。

始祖单弓兽 Archaeothyris

始祖单弓兽是一种羊膜动物——以产卵或卵胎生的方式产下幼崽，由羊膜保护幼崽成长的动物。它们生存于3亿2000多万年前的石炭纪中晚期，是目前已知的最古老的合弓动物之一。

悄悄靠近昆虫的始祖单弓兽

化 石 远古“蜥蜴”>>>

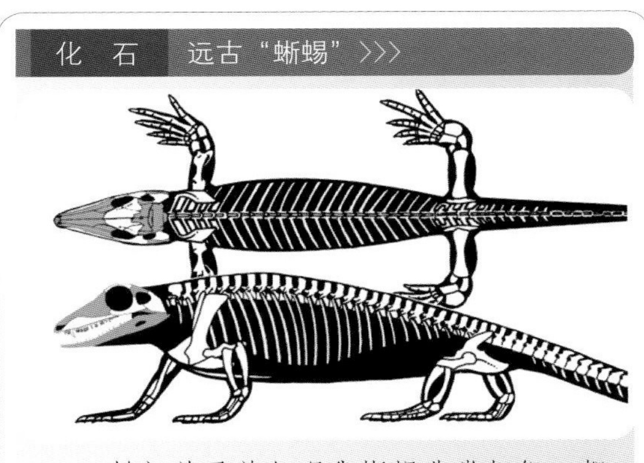

始祖单弓兽与现代蜥蜴非常相似，都有三角形的头骨、纤细的身体、细长的尾巴以及长有5根指（趾）的四肢。

大　　小	体长约为50厘米
生活时期	石炭纪晚期（约3.2亿年前）
栖息环境	森林、沼泽
食　　物	肉类
化石发现地	加拿大、美国

环境所迫

始祖单弓兽为了躲避水中生物对幼卵的威胁，同时为了适应陆地环境，逐渐演化出被羊膜包裹的卵——羊膜卵。这样，它们就能直接把卵产在陆地上，并让幼崽直接在陆地上成长、生活。

羊膜动物

始祖单弓兽是种羊膜动物。所谓羊膜动物，就是能够产出可以在远离水的环境中生长发育的卵的动物。这些卵具有交换空气、处理废物等功能。

捕猎小能手

与蜥蜴相似，始祖单弓兽体形娇小，四肢擅长攀爬，常在树枝间寻找食物。一旦发现目标，它们往往会先悄悄地靠近猎物，然后突然袭击，一口将猎物咬住，吃进肚子里。

小知识

羊膜卵很难成为化石被保存下来，因此我们必须借助生物的其他骨骼特征来判断。一般来说，判断一种动物是不是羊膜动物，可通过拥有至少两对荐部肋骨、肩带的胸骨以及脚踝的距骨来推断。

犬颌兽 Cynognathus

犬颌兽和狗很相像，是一种非常接近哺乳类的爬行动物。它们牙齿锋利，身体强壮，性格凶猛，与三叠纪早期的恐龙生活在同一时期。它们同样是残暴的肉食动物。

化石 犬齿 >>>

犬颌兽的头骨与犬齿特写

犬颌兽的牙齿与狗的牙齿非常相近。它们已经拥有用于切割的门牙、尖而锋利的用来撕裂猎物的犬齿以及用来磨碎食物的颊齿。这些牙齿表明犬颌兽已具备哺乳类动物的部分特征了。

小知识

犬颌兽的化石分布广泛。迄今为止，人们已多次在南非、南美洲、中国以及南极洲等地发现了犬颌兽的骨骼化石。

大　　小	体长约为 1 米，体重约为 40 千克
生活时期	三叠纪早期
栖息环境	树林
食　　物	肉类，包括腐肉
化石发现地	中国、南非、南美洲、南极洲

“大脑壳”

犬颌兽的头骨很大，超过 30 厘米。这个“大脑壳”十分坚硬，并长有锋利的犬牙和强有力的上下颌。

“小胖墩儿”

犬颌兽身长约为 1 米，重约 40 千克，生活在三叠纪早期。它们因与狗的外形相似而得名。它们虽是凶猛的野兽，但与同时期的肉食恐龙比起来显得又矮又胖，看上去就是“小胖墩儿”。

如何生活？

犬颌兽平时多以小型动物为食，或是三五成群地攻击体形比它们大得多的动物，如植食恐龙。不过，有人猜测，犬颌兽身材圆滚滚的，可能是缺乏运动造成的。因此，它们可能常常捡食其他食肉动物剩下的残肉尤其是腐肉，而不是自己亲自去打猎。

集体享用战利品的犬颌兽

中生代的哺乳动物

之前提到的盘龙类也好，兽孔类也罢，都只是爬行动物向哺乳动物演化的过渡类型，真正的哺乳动物出现在三叠纪晚期。当然，这个时期的哺乳动物形态还非常原始。等进入中生代以后，早期哺乳动物分化出了始兽类、异兽类以及真兽类 3 种类型，真正具备了兽类形态。

捕猎小能手

始兽类在分类上也叫“始兽亚纲”，是早期哺乳动物较为传统的类别，经历了三叠纪以及侏罗纪。被分配到这一类里的基本是一些非常原始的哺乳动物，主要分为柱齿兽和三尖齿兽两类。和似哺乳爬行动物比起来，它们更加进步，外表与内在都演化成了哺乳动物，虽然还不是很成熟，但终究迈出了生物演化的重要一步。

柱齿兽复原图

三尖齿兽颌骨与特殊的牙齿

异兽类

异兽类只有一个单独的科属，即多瘤齿兽类。这类动物外表上十分接近现代哺乳动物中的啮齿类动物（如老鼠等），体形娇小。古生物学家根据化石推测：它们主要以植物为食，也可能吃些昆虫。它们体表长有毛发，拥有十分明显的哺乳动物的姿态。

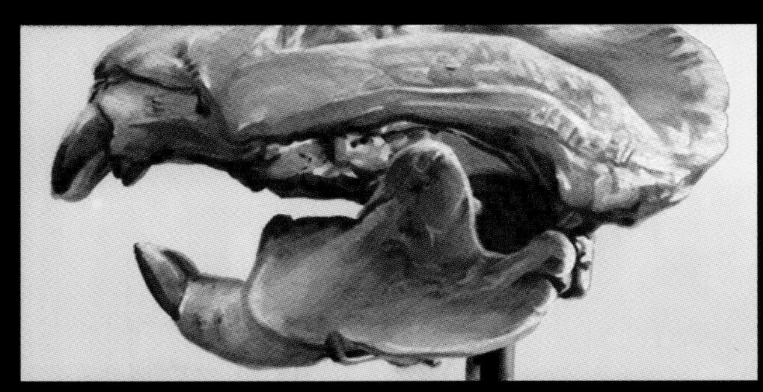

多瘤齿兽类的头骨

真兽类

跟前面的两类早期哺乳动物相比，真兽类动物无疑要进步得多。它们脑颅较大，智力较发达，适应环境变化的能力增强；牙齿进一步分化，拥有了更加全面的功能；繁衍方式变成靠胎盘生育，使幼崽的成长、发育变得更加顺利。正是由于种种优越性，真兽类在后来成为地球的主宰，是哺乳动物里演化最成功的类群。

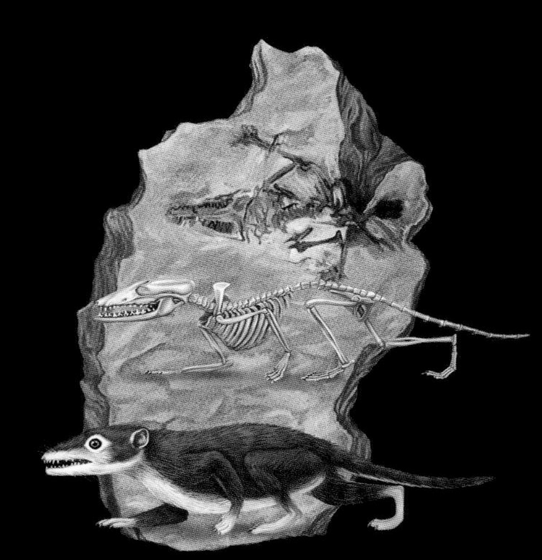

目前最古老的真兽类动物——中华侏罗兽（*Juramaia sinensis*）化石、骨架、复原三位一体图

通过颌骨化石，我们能清楚地发现，柱齿兽牙齿已经分化，有发达的犬齿和适于咀嚼的颊齿。

始祖兽 Eomaia

始祖兽是最早的哺乳动物之一，其化石出土于我国辽宁省义县。它们体长为 10 厘米左右，体重为 20 ~ 25 克，与现代的老鼠差不多大小。

化 石 始祖兽的牙齿 >>>

始祖兽的牙齿尖利锋锐，具有很多真兽类动物牙齿的典型特征。这些特征无疑表明始祖兽主要以昆虫为食。

擅长攀援

始祖兽的肩部、肢骨以及细长的足趾非常适合攀缘。因此，古生物学家推测它们很擅长在灌木丛中或树枝间攀爬，以此寻找食物或躲避敌人。

大　　小	体长约为 10 厘米，体重为 20 ～ 25 克
生活时期	白垩纪早期（约 1.25 亿年前）
栖息环境	河岸边、树丛
食　　物	昆虫
化石发现地	中国

小知识

始祖兽生活在白垩纪早期。当时，陆地上食肉的爬行动物较多，所以始祖兽的栖息地受到了影响和限制。为了生存，它们只好不断适应树丛间的生活，因此练就了一身“飞檐走壁”的本领。

你知道吗？

始祖兽是目前发现的最早的真兽类哺乳动物之一。

古老的化石

人们已发现的始祖兽化石显示，始祖兽的生存时代距今约有 1.25 亿年。尽管这块化石显示始祖兽的头骨已被压扁，但其他部分——包括牙齿、足骨、软骨以及表皮的毛发——都显示得一清二楚。

始祖兽化石

正在树上捕食的始祖兽

中国锥齿兽 *Sinoconodon*

中国锥齿兽是生存于侏罗纪早期的哺乳动物，其化石发现于我国云南，因牙齿呈锥子形状而得名。它们虽然属于早期哺乳类动物，但仍保留着爬行类一生都在不断换牙的习性。

正在夜间寻找食物的中国锥齿兽

大　　小	体长为 10 ～ 15 厘米，体重为 30 ～ 80 克
生活时期	侏罗纪早期（距今约 1.93 亿年前）
栖息环境	林地
食　　物	可能主要吃昆虫
化石发现地	中国

化　石　锥子牙 >>>

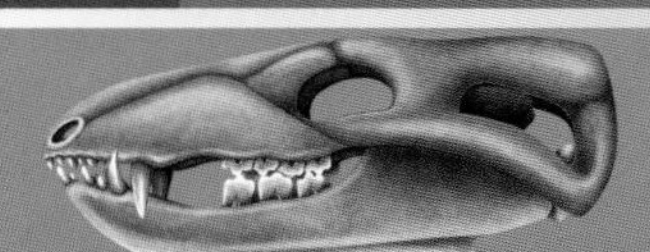

中国锥齿兽的吻部又细又窄。它们嘴里有许多锥子形状的牙齿，而且咬合力很强，能很容易咬碎昆虫的甲壳。

原始的“小不点儿”

中国锥齿兽由于颊齿尚未分化成前臼齿和臼齿，上下牙齿之间无法严丝合缝地咬合，因此不能轻易地将食物磨碎。这些结构特征比较原始，说明中国锥齿兽还没有演化成进步的哺乳类。

昼伏夜出

与同期生活的其他动物比起来，中国锥齿兽体形小、力气弱，很容易受到伤害。为了减少危险，它们只好昼伏夜出，在黑夜中捕食昆虫和其他小型动物填饱肚子。

小知识

早期哺乳类动物身体表面有层毛茸茸的“外套”，能让它们适当地保持恒定的体温。夜晚，当冷血的爬行类在休息的时候，哺乳类动物还可以出来继续活动。

体小如鼠的兽类

中生代正是恐龙在陆地上横行霸道的时候，而作为恐龙的“邻居”，弱小的早期哺乳类则饱受欺压。在恐龙的压力下，它们的演化甚至长时间处于停滞状态，乃至在整个中生代它们都一直保持着像老鼠一样的外形和大小。直到恐龙灭绝后，这些小家伙才真正发展起来。

虽然在我们看来早期哺乳类在外貌上几乎千篇一律，都和老鼠差不多，但从生活习性来看，它们大致可以分为两类：一种是手脚灵活、善于攀缘的树栖型哺乳动物，另一种则是善于掘洞、住在地穴中的穴居型哺乳动物。

1. 树栖型哺乳动物

正如字面上的意思，这种哺乳动物善于攀缘，活跃于树木上。它们体形娇小、身手灵活，拥有相当灵巧的手指与脚趾，能在攀缘过程中牢牢抓住树干或树枝，防止掉落。古生物学家认为，它们应该主要以植物为食，但不排除偶以昆虫为食的可能。

攀缘始祖兽（*Eomaia scansoria*），其化石发现于中国辽宁，由古生物学家季强等人命名。在中华侏罗兽发现之前，它们曾是最古老的真兽类动物。

2. 穴居型哺乳动物

顾名思义，它们是一种生活在地穴里的哺乳动物。从出土的化石来看，这类哺乳动物有着强壮的前肢以及适合挖掘的指爪，头部具有穴居动物的典型特征。古生物学家猜测，它们的主要食物应该是昆虫。

以上的例子表明早期哺乳类具有强大、多元的生态适应能力。正因为如此，它们才能在恐龙称霸的年代里生存下来，并且安然度过恐怖的大灭绝，繁衍生息至今，成为遍及全球的强大种群。

短指挖掘柱齿兽（*Docofossor brachydactylus*），是“第一例可以证实的具有地穴特化生活方式的原始哺乳动物”。

摩尔根兽 Morganucodon

摩尔根兽生活在约 2.5 亿年前的三叠纪中晚期，是人们目前发现的地球上最早的哺乳类代表之一。它们的化石大部分出土于英国南威尔士地区，但近年来也有人在中国发现了它们的化石。

化 石 下颌构造 >>>

摩尔根兽的下颌骨与牙齿分布

摩尔根兽的下颌骨由单一的齿骨组成。下颌内侧有条沟，里面保留着原始的一小块关节骨。这让我们联想到它们可能起源于早期的爬行动物。

大　小	未知
生活时期	三叠纪至侏罗纪早期
栖息环境	林地
食　物	昆虫
化石发现地	中国、美国、英国威尔士

小知识

世界各地出土的摩尔根兽化石告诉我们，摩尔根兽在当时曾是一种分布十分广泛的早期哺乳动物。

多种牙齿

摩尔根兽已具有哺乳类的部分特征：有较小的门齿，单个的、大而尖锐的犬齿，以及表面上有许多齿尖的前臼齿和臼齿。这些牙齿在进食和咀嚼食物时能够起到不同的作用。

鼠模鼠样

摩尔根兽体形娇小，是目前已知的地球上最早的哺乳类代表之一。它们有短短的腿和长长的尾巴，外形看上去像极了老鼠，具有爬行动物与哺乳动物的混合特征。

多瘤齿兽 Multituberculate

多瘤齿兽是一种外表像老鼠的小型哺乳动物，生存于侏罗纪至渐新世早期，存在了 1.3 亿多年。这期间，它们从地下洞穴搬到树上，并且逐渐适应了树上生活。

大　　小	未知
生活时期	侏罗纪至渐新世早期
栖息环境	树林
食　　物	以昆虫为主
化石发现地	北美洲、欧洲

小知识

从骨骼上看，多瘤齿兽已经具有了哺乳动物的特征。比如：它们的耳朵有3块听小骨，身上长有毛发，骨盆部位有“育儿袋”等。

在树上生活的多瘤齿兽

从地下搬到树上

多瘤齿兽生活在侏罗纪至渐新世早期，当时陆地上有许多食肉动物。为了生存，多瘤齿兽只能躲在地下的洞穴里，等到晚上才出来觅食。后来，它们借助强壮的四肢和灵活的尾巴爬到树上去生活。

多功能的牙齿

多瘤齿兽的前臼齿形状特殊。这也是它们最突出的特点。这些牙齿比其他颊齿更大、更长，而且具有锯齿状的切合表面，能帮助瘤齿兽轻松地食用种子和坚果以及小型的昆虫、蠕虫或水果。

化　石　有结节的牙齿 >>>

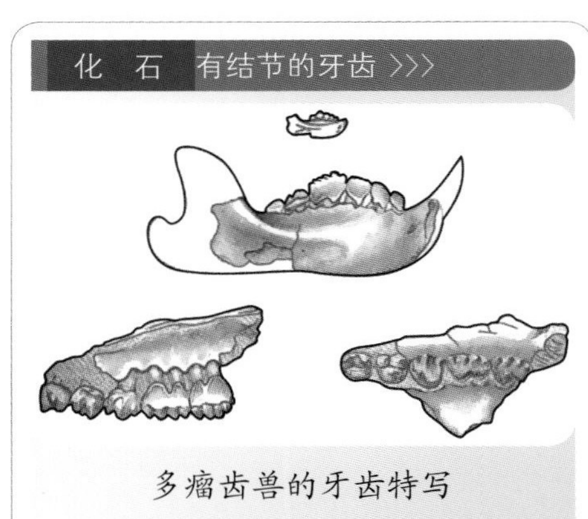

多瘤齿兽的牙齿特写

从多瘤齿兽的牙齿解剖图看，它们的牙齿包括凿状的门齿和颊齿，每个颊齿上都有较小的结节，看上去像在牙齿上长出的瘤状物一样。它们正是因此而得名。

重褶齿猬 *Zalambdalestes lechei*

重褶齿猬生存于白垩纪晚期，外表像老鼠。它们尾巴长长的，十分灵活；后肢强壮有力，比前肢长很多；前爪很小，不能抓握。重褶齿猬的鼻拱尖尖的，向上翘起，非常敏感。

化 石　尖鼻子 >>>

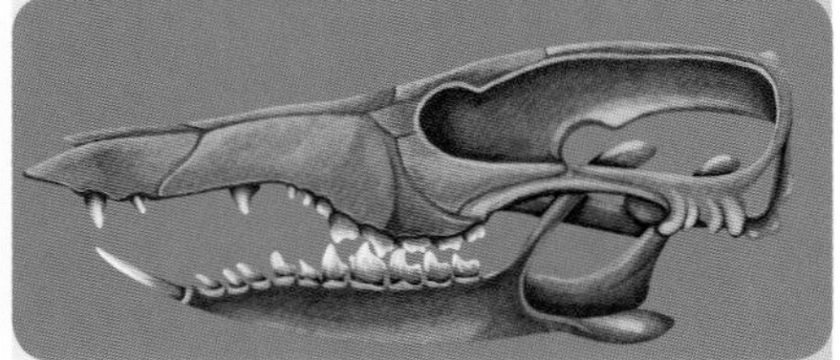

重褶齿猬的鼻子尖尖的，有点儿像“人”字形。它们的鼻子向上翘起，非常敏感，能够准确嗅到躲藏起来的昆虫。

大　小	体长约为 20 厘米，体重约为 25 克
生活时期	白垩纪晚期（距今 8350 万～ 7100 万年前）
栖息环境	草地
食　物	昆虫
化石发现地	蒙古国

小知识

人们曾在重褶齿猬的一具化石上发现了上耻骨骨骼。这是非胎生哺乳动物才有的骨头。因此，人们对重褶齿猬是不是胎生动物尚未给出确切的答案。

重褶齿猬的后肢比前肢长出很多。

它们才不是鼠！

重褶齿猬外形看着像老鼠。不过，它们与老鼠还是不一样的。第一，老鼠是胎生动物，而重褶齿猬的繁殖方式尚不确定；第二，老鼠的前爪可以抓握食物，但重褶齿猬的前爪却不能抓握。另外，重褶齿猬的后肢比前肢长出许多，这一点也与老鼠不同。

不会爬树

重褶齿猬的前肢十分短小，而且不能抓握东西。所以，它们不能像其他小动物那样爬树。科研人员推测，重褶齿猬可能生活在地下洞穴里，以昆虫为食。

哺乳动物中的王者

中生代结束以后，不再被恐龙压制的哺乳动物焕发了演化史上的“第二春”，以一种近乎恐怖的速度发展壮大。很快，它们的足迹遍及全球。这时的哺乳动物不再是“獐头鼠目”的模样，而是走向了各自不同的演化道路。到第四纪时，人类正式登上了历史的舞台。

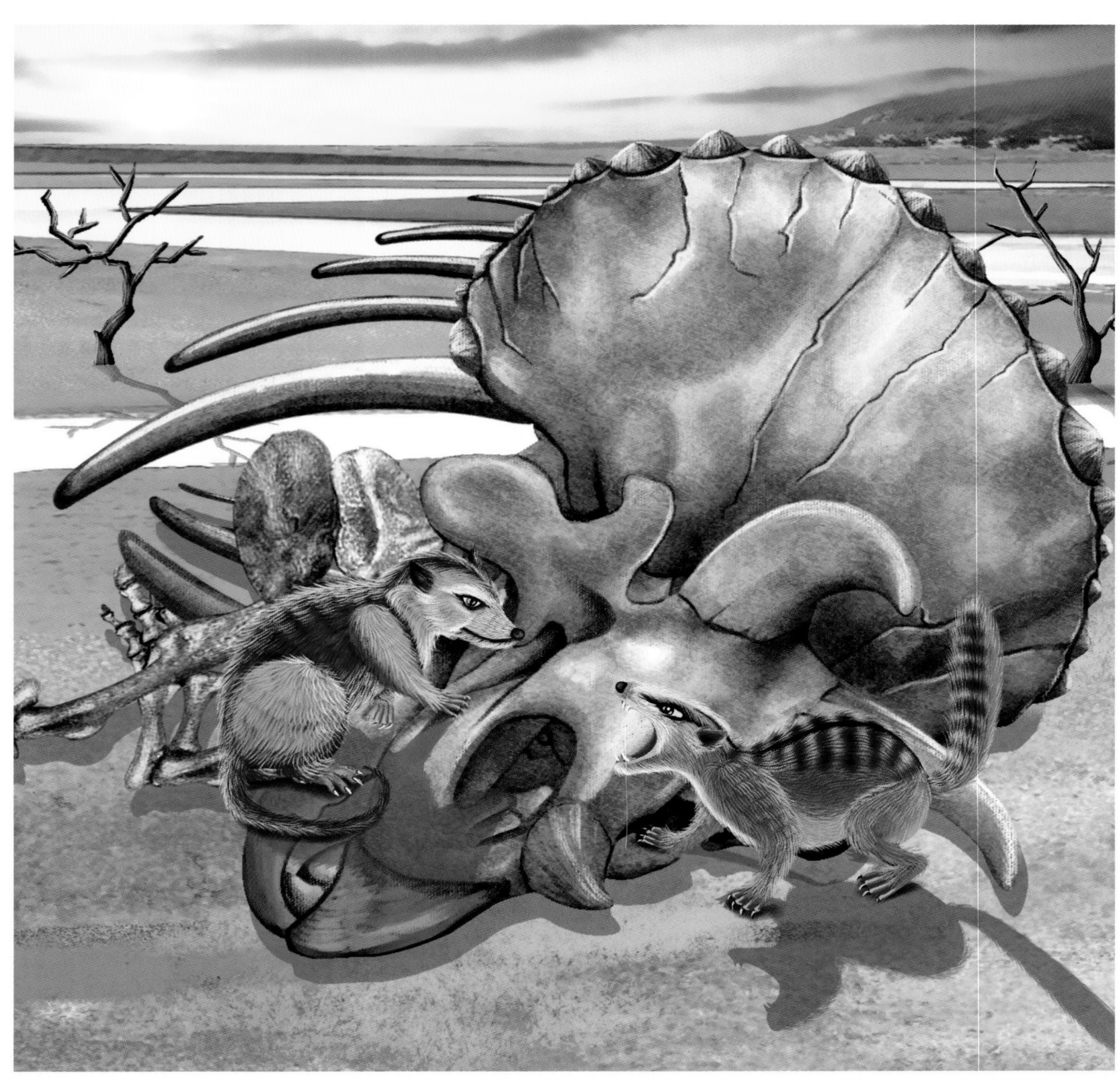

提起猛兽，人们往往会想到老虎、狮子、猎豹等。可是，你有没有注意到，刚才提到的这些凶猛的兽类其实有一个共同点？那就是它们都是大型猫科动物。

狮子

老虎

猎豹

这并不是现生动物独有的现象。实际上，早在新生代早期，哺乳动物中就曾演化出许多凶暴的大型猫科动物，比如剑齿虎、恐猫等。它们在当时属于陆地上顶尖的肉食动物，就连它们的后代也是现代哺乳动物中当之无愧的猎食王者。

人类的出现是生物演化史乃至地球发展历史上的一个重大转折点。经历漫长岁月的洗礼，人类从原始的灵长类中慢慢地演化出来，由孱弱走向强大，一步步走到了今天。

从猿到人的演化，由原始蒙昧走向文明

剑齿虎 Machairodus

剑齿虎生存于气候寒冷的第四纪冰川时期，为大型肉食动物，其剑形犬齿约有 12 厘米。它们是史前最大的猫科动物，也是现代老虎的“大哥”。

优势 vs 弱点

剑齿虎的上下颌能张开约 90 度，上犬齿长约 12 厘米，边缘呈锯齿状。这样的牙齿能轻易刺穿猎物的咽喉。不过，剑齿虎的“剑齿”并不坚硬，不足以直接咬断猎物的脖子。因此，它们必须将“剑齿”和其他牙齿配合使用，才能顺利捕杀猎物。

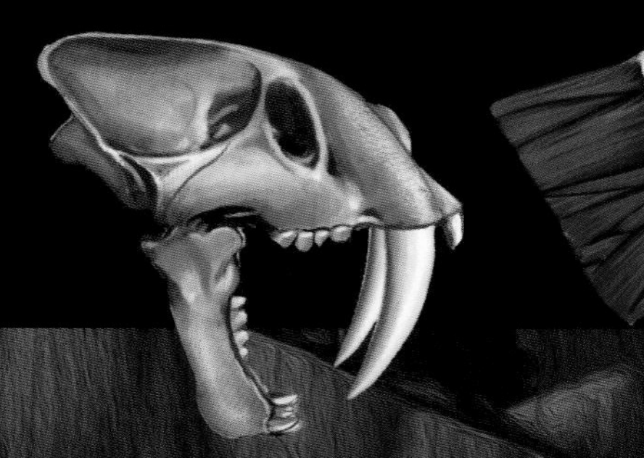

剑齿虎的头部复原图

化 石　倒插的“剑”>>>

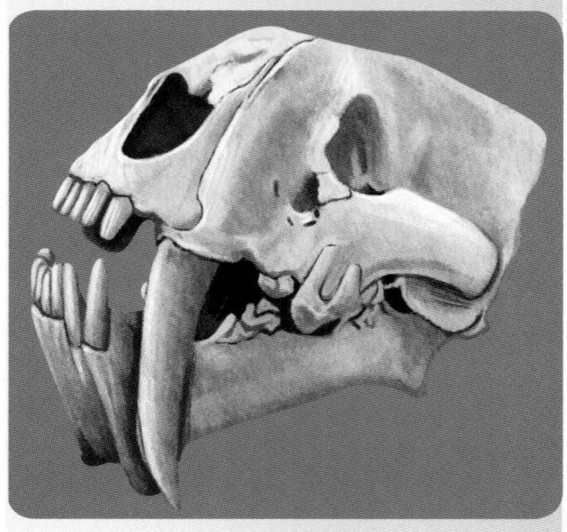

剑齿虎的头骨

体形较大的剑齿虎与现代的老虎差不多大，但它们的上犬齿却比现代老虎的上犬齿要长得多，甚至比野猪的獠牙还要长，好像两把倒插的短剑似的。

大　　小	体长约为 2.7 米，体重为 200 ～ 400 千克
生活时期	上新世至更新世（300 万～ 1 万年前）
栖息环境	平原、草原
食　　物	肉类
化石发现地	中国、美国

小知识

近年来有研究称，在美国洛杉矶拉布雷亚焦油坑出土的剑齿虎化石含有 DNA，或许科学家可以借此将剑齿虎复活。不过，要从焦油中提取 DNA 非常困难，因此至今还没有人分离出剑齿虎的 DNA。

出色的猎手

与其他猫科动物一样，剑齿虎肌肉发达，奔跑迅速，是出色的捕猎高手。当时的美洲野牛、马以及猛犸象的幼崽等动物都是剑齿虎最爱的食物。通常，剑齿虎会采用“先扑倒猎物再撕咬猎物咽喉”的战术来捕杀猎物。

恐猫 *Dinofelis*

恐猫是一种长得很像金钱豹的猫科动物，生活在距今 500 多万年前的亚欧大陆。由于长相与剑齿虎相像，因此它们又被叫作“伪剑齿虎”。

大　　小	体长约为 2 米，体重约为 190 千克
生活时期	上新世至更新世（距今 500 万～100 万年前）
栖息环境	森林
食　　物	肉类
化石发现地	亚洲、欧洲、非洲、北美洲

化　石　短粗的牙齿 >>>

与牙齿长而脆弱的剑齿虎不同，恐猫犬齿比较粗短，反而更适合捕食灵长类动物，如南猿等。由于短粗的牙齿更加坚固，它们可以直接咬开灵长类动物的脖子，甚至能够啃咬头骨。

在树上休息的恐猫

“我”会爬树

恐猫与现代的花豹一样擅长爬树，并且会把捕获的猎物拖到树上，独自慢慢地享用。只不过，它们的动作没有花豹那么敏捷。

抓猎物靠智取

恐猫的捕猎方式与众不同。其他动物大多在白天捕猎，它们却喜欢夜间偷袭。不过，夜间捕猎有个好处，那就是捕杀猎物时不用拼命地狂追和肉搏。

小知识

恐猫善于隐藏，喜欢突袭猎物。它们常常依靠可以自由伸缩的爪子潜行到猎物附近，然后以突然攻击的方式进行猎杀。这一点和家猫类似。

雕齿兽 Glyptodont

雕齿兽和现在生活在南美洲的大犰狳长得很像。它们全身覆盖着坚硬的甲壳，在地上爬行的时候犹如移动的战车。在冰河时期，雕齿兽和其他大型哺乳动物一起灭绝，它们的近亲——犰狳却存活了下来，并且一直存活到现在。

化　石　雕齿兽的头骨 >>>

雕齿兽的外壳既具有一定的硬度，又能够进行局部的灵活变形，使得雕齿兽不会因为身体背负重壳而行动迟缓。

大　小	体长为 3 ～ 4 米，体重为 1 ～ 2 吨
生活时期	上新世至全新世
栖息环境	大草原
食　物	青草
化石发现地	南美洲

铁甲武士

雕齿兽堪称哺乳动物中的“铁甲武士”。它们身上长着坚硬的、巨大的盔甲保护着身躯，同时长有管状的尾巴。它们的尾巴内有环形骨，末端还有厚角质化的刺，就像带刺的巨型棍棒，是很厉害的防御利器。显然，在这样坚硬装备与武器的武装之下，再凶猛的肉食动物也很难对雕齿兽进行攻击。

不一样的甲壳

雕齿兽的外壳是由表皮结构衍生出来的坚硬骨片与角质化硬皮镶嵌而形成的厚重的鳞甲。每个骨片都呈六角形，相互交错在一起，既有足够的硬度，又能随着雕齿兽的行动灵活地变形与摆动。不过，这种背壳不允许雕齿兽将头缩进去，于是它们只好在头骨上长出硬硬的骨冠来保护头部。

小知识

在 2500 万年前，在北美洲与南美洲因巴拿马地峡的出现而连接时，雕齿兽首次在美国西南部出现。它们约于 1 万年前灭绝。那时住在它们附近的原住人类曾猎杀过它们，并且曾用它们的壳作为遮蔽物。

真猛犸象 *Mammuthus primigenius*

真猛犸象又名“长毛象”，是种生存在冻原的动物。它们浑身长满毛，耳朵又圆又小，背上长有能储存脂肪的“驼峰”，皮肤下面还有厚厚的脂肪。因此，即使生活在寒冷的冻原地带，它们也并不怕冷。

大　　小	体长约为 3.5 米
生活时期	全新世
栖息环境	冻原
食　　物	干草、灌木、树皮
化石发现地	亚洲、欧洲、北美洲

化石 真猛犸象象牙

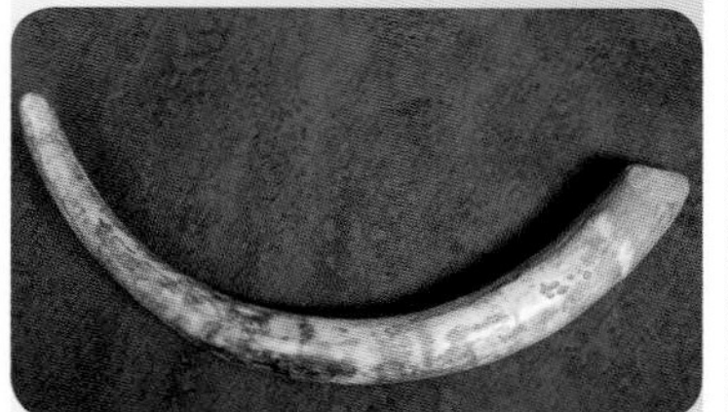

和现代大象的牙齿比起来，真猛犸象的牙齿不仅更加巨大，而且带有十分夸张的弯曲弧度，是它们主要的防御武器。

厚厚的“毛大衣”

真猛犸象因身披又长又厚的皮毛也被叫作“长毛象”。它们身上细密的长毛甚至可垂到地面，把身体遮盖得严严实实的，就像给它们穿上了厚厚的“毛大衣”。

皮糙脂肪厚

真猛犸象在猛犸象家族中体形较小，主要活动在气候寒冷的冻原地带。为了适应寒冷的环境，它们的皮长得很厚，而且皮肤下面具有非常厚的脂肪层。

真猛犸象过着群居生活，一起外出，一起觅食。有人猜测，万一遭遇恶劣的风雪严寒天气，它们会像企鹅一样堆挤在一起互相取暖。

一起外出觅食的真猛犸象一家

小知识

科学家把猛犸象与现代大象作了对比研究，发现猛犸象的怀孕期竟然长达 22 个月，而且一胎只能生育一个猛犸象宝宝。

森林古猿 Dryopithecus

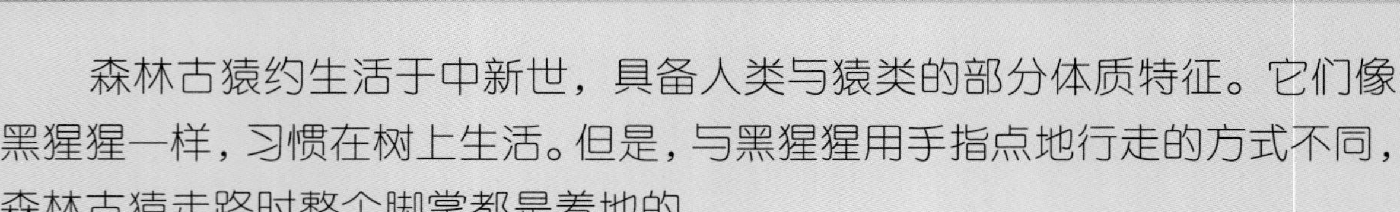
森林古猿约生活于中新世，具备人类与猿类的部分体质特征。它们像黑猩猩一样，习惯在树上生活。但是，与黑猩猩用手指点地行走的方式不同，森林古猿走路时整个脚掌都是着地的。

共同的祖先

森林古猿体长约为60厘米，比现代的黑猩猩小一些。除此以外，它们与黑猩猩长得差不多。古人类学家认为，森林古猿具备了猿类与人类的部分体质特征，可能是类人猿和人类共同的祖先。

脚踏实地

森林古猿行走时会把整个脚掌踩在地面上。这与黑猩猩用手指关节点地走路的方式不同。看来，森林古猿可能对“脚踏实地”的生活并不排斥。

化 石　齿骨 >>>

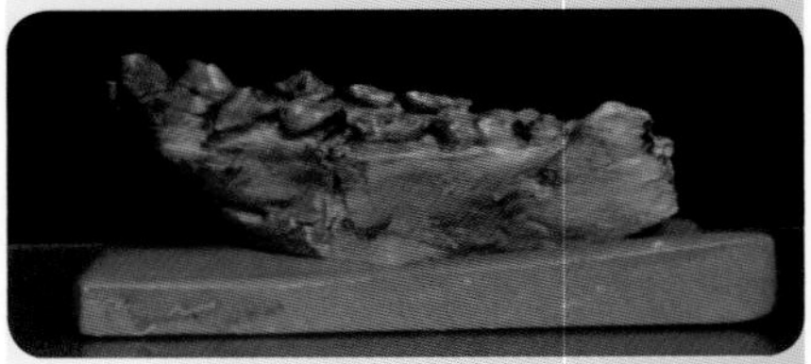

森林古猿的下颌骨化石

人们最早发现的森林古猿化石出土于法国，是一块包含牙齿的下颌骨化石。从化石来看，森林古猿犬齿发达，且具有臼齿。这种牙齿能磨碎粗糙的植物，有助于促进食物消化。

林中的“荡秋千”高手

森林古猿与黑猩猩不仅体形相近，生活习惯也大致相同。比如：森林古猿可能会像黑猩猩一样用长长的手臂在高大的树木间“荡秋千”，以此获得树上的食物或躲避食肉动物的攻击。

小知识

中新世时期，气候的变化使森林面积逐渐减少，林间空地大量出现。这让森林古猿不得不增加了地上的活动，从而逐渐由树居生活过渡到地面生活。

大　小	体长约为 60 厘米
生活时期	中新世（距今 1500 万～ 1000 万年前）
栖息环境	森林
食　物	以果实为主
化石发现地	亚洲、欧洲、非洲

南方古猿 Australopithecus

1924年，人们第一次发现了南方古猿化石，并将化石标本简称为“南猿”。它们比其他猿类更接近现代人类——约有现代人1/3大小的大脑，皮肤上长有长毛，并且能直立行走。因此，它们被认为是猿类向人类转变的重要过渡物种。

大　　小	体长约为1.5米，体重约为65千克
生活时期	上新世至更新世（距今400万～100万年前）
栖息环境	森林
食　　物	以植物为主
化石发现地	非洲

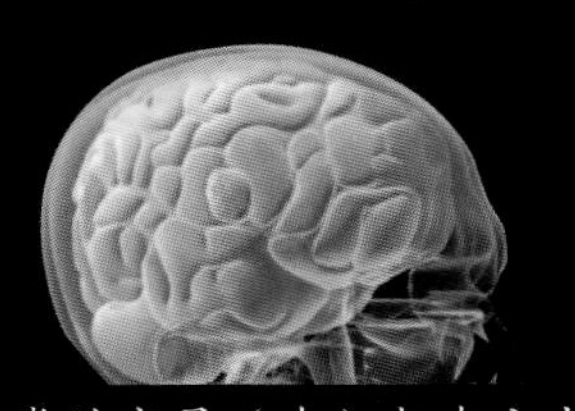

人类脑容量（左）与南方古猿脑容量（右）对比图

小知识

南方古猿的脑容量在 450 ～ 530 毫升之间，约是人类大脑容量的 1/3。这解释了它们为什么可以直立行走和比其他生物更聪明。

首领之争

科学家认为，南方古猿过着群居生活。一个群体往往由一只雄性和数只雌性组成，以雄性古猿为群体的首领。不过，首领并不是固定的，可能随时会受到其他雄性的挑战。这时，为了保住地位，首领就不得不与挑战者相互厮杀，直到一方认输或逃走。

离开森林

与其他同类不同，南方古猿虽然也会在森林里活动，但常常到开阔的草原散步、觅食。这样一来，它们选择栖息地时，大多会选择既有森林又临近草原的地方。

化 石　直立行走 >>>

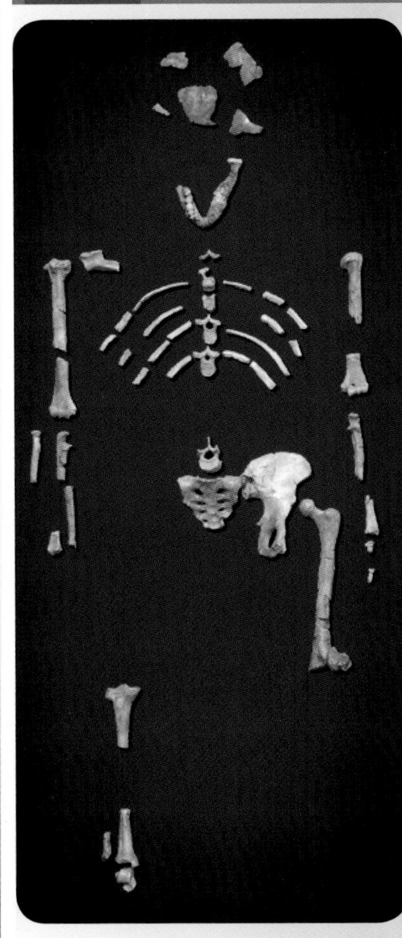
著名南方古猿“Lucy”的骨架

南方古猿的骨骼化石表明它们已经具备了直立行走的能力。直立行走既能让它们走得更远，也能让它们看得更远，以便及时发现远处潜藏的危险。

尼安德特人 *Homo neanderthalensis*

尼安德特人额头扁平，下颌角圆滑，是一群身体健壮、头脑聪明的古人类。他们会用火和工具，拥有固定的“房子”。科学家认为，尼安德特人是现代欧洲人祖先的近亲。

怎样防寒?

尼安德特人生活在非常寒冷的冰期。不过，他们很聪明，知道躲进山洞避风保暖，并且把动物的皮毛裹在身上。这样一来，只要他们不离开洞穴，就不用担心被寒冷的天气冻伤或冻死。

大　　小	身高为 1.5 ～ 1.6 米
生活时期	更新世（距今 35 万～ 3 万年前）
栖息环境	草原和林地
食　　物	以肉类为主
化石发现地	欧洲、亚洲、非洲

身披防寒兽皮大衣的尼安德特人正在打磨石制工具。

你知道吗？

尼安德特人可以用鹰爪打造出手镯、项链等最早的人类首饰。人们曾发现8件由鹰爪化石做成的首饰。这些鹰爪至少来自3只白尾海雕。

尼安德特人制作的首饰

化　石　尼安德特人的头骨 >>>

根据已经发现的头骨化石，尼安德特人在外貌上和现代欧洲人比较接近——拥有宽脸盘、大鼻子、深眼窝。

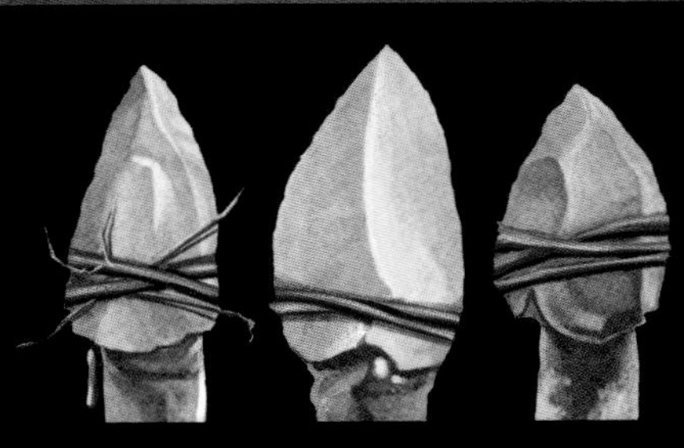

多样的生活工具

尼安德特人的生活工具种类多样，除了重型的手斧，还有块状的石刀、短剑以及将动物毛皮绑在棍子上的石矛。

小知识

有的科学家认为，尼安德特人是由于一场严重的饥荒才灭绝的。有的科学家则认为，尼安德特人可能存在近亲繁殖，从而导致后代的寿命都不长，所以才逐渐灭绝的。

索引 INDEX

C

H

J

K

L

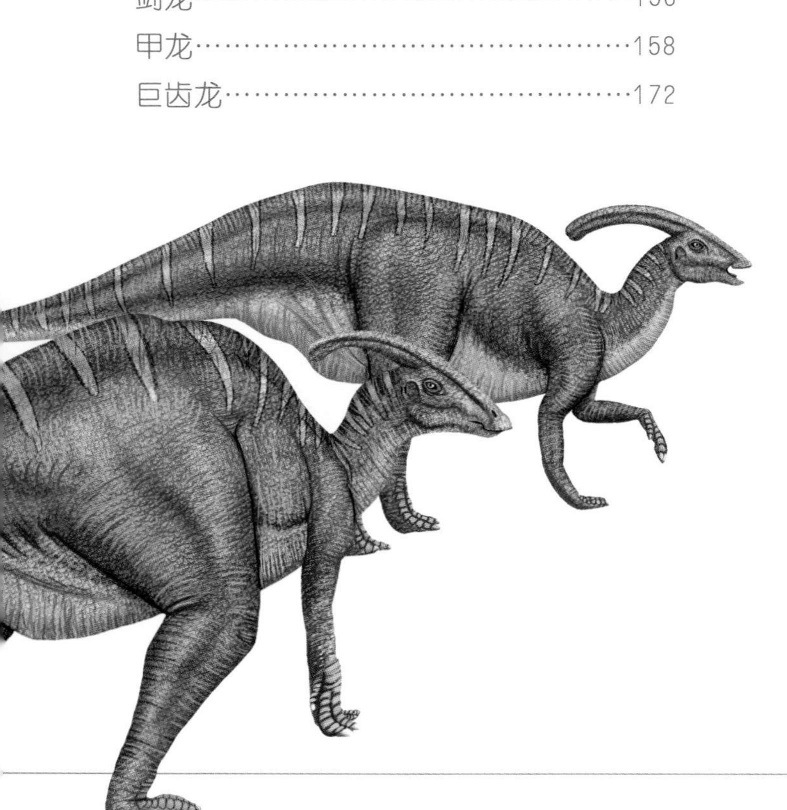

M

N

P

Q

S

R

T

X

Z